全国高职高专计算机立体化系列规划教材

数据结构及应用

主　编　朱　珍　徐丽新
副主编　黄　玲　李天祥　魏瑞娟
参　编　钟祥睿　卢世军　杨　咏

内 容 简 介

本书内容全面，包括认识数据结构、线性表及应用、栈及应用、队列及应用、字符串及应用、树及应用、图及应用、查找、内部排序、课程设计 10 个部分。为了便于读者学习，在讲解每一个知识点时都引入具体的项目，并结合图例进行分析，然后是算法描述，最后是具体程序实现。每一个例子都比较典型且知识点覆盖完整。本书所有算法都是用 C 语言描述，在 Visual C++ 6.0 环境下测试通过，能够直接运行。

本书可作为大中专院校的计算机相关专业数据结构的教材，也可作为计算机软件开发、考研和软件等级考试相关人员的参考书。

图书在版编目(CIP)数据

数据结构及应用/朱珍，徐丽新主编. —北京：北京大学出版社，2012.1

(全国高职高专计算机立体化系列规划教材)

ISBN 978-7-301-19801-8

Ⅰ. ①数… Ⅱ. ①朱…②徐… Ⅲ. ①数据结构－高等职业教育－教材 Ⅳ. ①TP311.12

中国版本图书馆 CIP 数据核字(2011)第 240640 号

书　　名：数据结构及应用

著作责任者：朱　珍　徐丽新　主编

责 任 编 辑：李彦红

标 准 书 号：ISBN 978-7-301-19801-8/TP・1197

出　版　者：北京大学出版社

地　　址：北京市海淀区成府路 205 号　100871

网　　址：http://www.pup.cn　http://www.pup6.cn

电　　话：邮购部 62752015　发行部 62750672　编辑部 62750667　出版部 62754962

电 子 邮 箱：pup_6@163.com

印　刷　者：北京鑫海金澳胶印有限公司

发　行　者：北京大学出版社

经　销　者：新华书店

787mm×1092mm　16 开本　14.5 印张　336 千字

2012 年 1 月第 1 版　2012 年 1 月第 1 次印刷

定　　价：28.00 元

前　言

“数据结构及应用”是计算机类相关专业的专业基础和核心课程，是算法设计的基础。“数据结构及应用”就是完成将一个现实生活中的具体问题进行抽象表示的任务，研究如何将数据进行逻辑表示，再根据数据的逻辑结构表示为相应的存储结构，然后找到一个有效的解决问题的方法即算法，最后通过计算机程序设计语言编制程序、运行程序并得到最终的结果。

本书具有以下特点。

(1) 本书覆盖了数据结构中线性表、树和图的所有知识点，每种数据结构都使用了逻辑结构和存储结构进行描述，并对算法的实现尽可能采用多种实现方式，从而使读者对算法的理解更加深刻。

(2) 本书将每种数据结构用一个大项目贯穿，用项目、任务、子任务、模块划分各知识点，易于读者理解。在知识点的讲解过程中，循序渐进，由浅入深，先引出概念，再用例子说明，然后是算法描述，最后是具体程序实现。这样的层次易于读者理解和消化。

(3) 本书中各项目都配有实训。每个实训均包含两类项目，第一类项目的重点在于对所学知识的理解和应用，第二类项目的重点在于对实际问题的解决。通过这两个实训项目，不仅能帮助学生加深对基础理论知识的理解，也培养了学生解决实际应用问题的能力。

(4) 本书中各项目均配有小结和习题，方便学生课后复习、巩固。

(5) 为方便学生学习，本书的算法部分均采用 C 语言描述，实训项目也是完整的 C 语言程序，读者可以很方便地对书中的算法进行上机测试。

本书的内容主要分为 5 部分：第 1 部分是基础篇，包括项目 1，主要内容是数据结构概述和算法知识概述；第 2 部分是线性数据结构，包括项目 2、项目 3、项目 4 和项目 5，主要内容是线性表、栈、队列、字符串及其应用；第 3 部分是非线性数据结构，包括项目 6 和项目 7，主要内容是树和图及其应用；第 4 部分是查找和排序及其应用，包括项目 8 和项目 9；第 5 部分是课程设计。

在第 2、3、4 部分中，分别贯穿一个完整的项目，如第 2 部分的学生成绩管理系统、数制转换系统、学生答疑系统和文本编辑器，第 3 部分的哈弗曼编译器，第 4 部分的旅游景区管理信息系统，便于读者更好地学习和理解相关知识点。

本书的教学时数以 60～80 学时为宜，其中上机安排 40 学时左右。教师可以根据实际的教学时数和学生情况等自行调整教学进度和教学内容。

本书由广东工程职业技术学院朱珍、徐丽新担任主编，广东工程职业技术学院黄玲、四川科技职业学院李天祥和山东冶金技术学院魏瑞娟担任副主编，广东工程职业技术学院钟祥睿、卢世军、杨咏参与了编写。其中，朱珍编写了项目 2，徐丽新编写了项目 3 和项目 4，黄玲编写了项目 8 和项目 9，钟祥睿编写了项目 1 和项目 7，卢世军编写了项目 5，杨咏编写了项目 6，李天祥编写了课程设计，魏瑞娟审阅了全书。广东工程职业技术学院计算机信息系的领导和其他老师在本书编写过程中给予了大力的协助和支持，在此表示衷心的感谢。

由于时间紧迫，加之编者水平有限，书中难免存在疏漏之处，欢迎读者批评指正。

编　者

2011 年 5 月

目　录

项目 1　认识数据结构 1

任务 1.1　了解数据结构研究的主要内容 2

任务 1.2　理解相关基本概念和术语 4

任务 1.3　算法 6

小结 10

实训：算法时间复杂度分析 10

习题 11

项目 2　线性表及应用——学生成绩管理系统 14

任务 2.1　理解线性表的逻辑结构 15

任务 2.2　线性表的顺序表示和实现 18

任务 2.3　线性表的链式表示和实现——学生成绩管理系统链表实现 29

任务 2.4　线性表应用举例 40

小结 41

实训：线性表 42

习题 43

项目 3　栈及应用——数制转换系统 45

任务 3.1　理解栈的逻辑结构 46

任务 3.2　栈的顺序表示和实现 47

任务 3.3　栈的链式表示和实现 54

小结 59

实训：栈及应用 59

习题 60

项目 4　队列及应用——学生答疑系统 62

任务 4.1　理解队列的逻辑结构 63

任务 4.2　队列的顺序表示和实现 65

任务 4.3　队列的链式表示和实现 74

小结 77

实训：队列及应用 78

习题 78

项目 5　字符串及应用——文本编辑器 80

任务 5.1　理解字符串的逻辑结构 81

任务 5.2　字符串的表示和实现 84

任务 5.3　字符串的模式匹配算法 92

任务 5.4　文本编辑器的实现 98

小结 101

实训：字符串及应用 101

习题 102

项目 6　树及应用——哈弗曼译码器 103

任务 6.1　理解树的逻辑结构 104

任务 6.2　二叉树的存储结构和基本操作 107

任务 6.3　二叉树的遍历和线索化 109

任务 6.4　树和二叉树的转换 118

任务 6.5　哈弗曼树及其应用 122

小结 126

实训：二叉排序树的实现 126

习题 127

项目 7　图及应用——旅游景区管理信息系统 128

任务 7.1　理解图的基本概念 129

任务 7.2　图的存储结构——旅游景区管理信息系统的物理实现 132

任务 7.3　图的遍历 137

任务 7.4　最小生成树 140

任务 7.5　最短路径 143

任务 7.6 拓扑排序和关键路径 146
任务 7.7 旅游景区管理信息系统的实现 152
小结 158
实训：图及应用 158
习题 159

项目8 查找 163

任务 8.1 理解查找 164
任务 8.2 掌握基于线性表的查找 165
任务 8.3 掌握基于树的查找 177
小结 186
实训：查找 186
习题 187

项目9 内部排序 189

任务 9.1 理解排序 190
任务 9.2 学习插入排序 193
任务 9.3 学习交换排序 198
任务 9.4 学习选择排序 205
任务 9.5 学生成绩管理系统排序案例 207
小结 216
实训：排序 216
习题 217

课程设计 219

参考文献 223

项目1 认识数据结构

教学目标

本项目将介绍数据结构的基本知识，包括其基本概念与术语、数据的逻辑结构与存储结构、算法描述与分析。通过本项目的学习，应了解数据结构的概念、算法的基本功能特征和算法的评价标准，掌握估算算法的时间复杂度的方法。

教学要求

知识要点	能力要求	相关知识
基本概念	掌握和理解常用数据结构的概念和术语	高级语言数据类型
算法描述	理解算法五要素的含义	
算法评价标准	理解和掌握算法的4个评价标准，掌握时间复杂度的求法	

引言

随着计算机技术的快速发展与日益普及，计算机应用的范围也越来越广泛。从最初的数值计算，发展到现在的数据处理、自动控制、信息处理、办公自动化等非数值计算领域。所处理的数据也从简单的数字发展到复杂的文字、图形、图像、音频和视频等数据。因此，要想高效地处理好这些数据，必须解决好3个方面的问题：第一，数据本身的特性及它们之间的关系；第二，如何有效地将数据组织存储在计算机内；第三，对于存储在计算机中的数据可以进行哪些操作，如何实现这些操作，对同一问题的不同操作方法如何进行评价。这些问题就是数据结构所要研究的主要内容。

本项目主要介绍数据结构的基本概念，数据的逻辑结构、存储结构及其关系，然后讨论算法的基本特征、评价标准及算法的时间复杂度的估算方法。

任务 1.1　了解数据结构研究的主要内容

【工作任务】

在理解数据结构的概念之前，应先了解数据结构研究的主要内容及范围。

在介绍数据结构定义之前，先来看看几个具体问题。

【例 1-1】公司员工信息管理。

某公司有“张兵”、“杨明”、“李婷婷”等员工。现公司想要用计算机管理其员工信息，要求能够完成以下操作。

(1) 当有新员工时，能将新员工信息添加进来。

(2) 当有员工辞职时，能够删除该员工信息。

(3) 可以修改员工信息。

(4) 能够以某种方式查找员工信息。

分析：

通过对以上问题的描述，可以把公司员工信息用表 1-1 表示出来。其中，每个员工的信息由员工号、姓名、性别、年龄、住址、电话、所属部门等组成，员工信息按一定的顺序线性排列，这就是解决该问题的模型(线性表)。有了模型以后，就可以围绕该模型设计算法，即实现员工信息的添加、修改、删除、查找等操作。

表 1-1　员工信息表

员工号	姓名	性别	年龄	住址	电话	所属部门
01001	张兵	男	42	中山路 12 号	3872	办公室
02001	杨明	男	38	解放路 35 号	5077	财务部
02002	李婷婷	女	29	北京路 5 号	5078	财务部
03001	王丽丽	女	21	环市路 189 号	2250	销售部
…	…	…	…	…	…	…

类似的还有学生信息管理系统、图书管理系统、飞机订票系统等，它们具有共同之处，即被处理的对象之间具有线性关系，这就是一类数据结构——线性结构。

【例 1-2】CBA 季后赛对阵形势。

在中国男子篮球职业联赛的每个赛季，进入季后赛的有 8 支球队，进行淘汰赛，胜者进入下一轮。现在希望得到各队对阵形势，以及输赢情况。

分析：

通过对以上问题的描述，可以把各队对阵形势用图 1.1 表示出来。这是一棵倒长的树，树根在最上面，树叶在下面。树根就是总冠军，树叶就是参赛的各支球队。内部的树杈和结点表示两支球队对阵情况和获胜一方。如果要查看广东东莞银行队的比赛情况，可以从树根开始沿树杈到达表示广东东莞银行队的树叶即可。树也是一种数据结构，也能表达某些非数值计算问题。

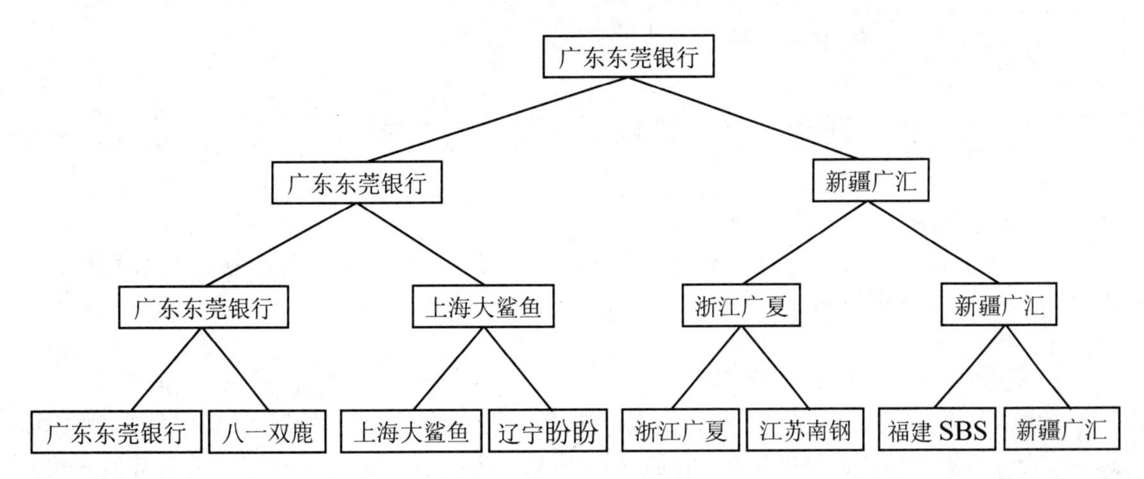

图 1.1　球队对阵形势

【例 1-3】桂林 3 日游。

某旅行社想开辟桂林旅游线路，为降低成本，决定用火车作为交通工具，希望乘车时间越少越好，以便增加游览时间，从而吸引更多游客。

分析：

该问题可用图 1.2 所示的铁路交通图来解决，找出桂林的所有乘车线路中花费时间最少的线路。这类问题的数学模型是图状数据结构。

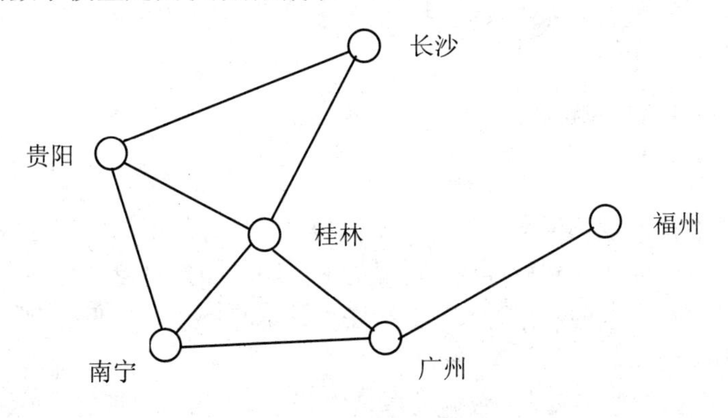

图 1.2　旅游交通图

从上述 3 个例子可以看出，这些发生在人们身边的事都不是数值计算问题，而是非数值计算问题。这些非数值计算问题不能通过列方程、解方程等数学方法来求解，而是用线性表、树、图等数据结构来描述。为了求解这些问题，通常的做法是：先对问题进行抽象，获得表示问题的一个模型；然后围绕该模型设计求解问题的算法；最后用程序实现。获得模型的实质就是分析问题，寻找要操作的对象，以及对象之间的关系。而数据结构正是实际问题中的操作对象，以及这些对象关系的数学抽象。它反映了这些操作对象的内部数据组成，即数据由哪几部分构成、以什么方式构成、呈现什么样的结构、在计算机内如何存储等。因此，数据结构是一门研究非数值计算程序设计问题中计算机的操作对象以及它们之间的关系和操作的学科。它的主要研究内容如下。

(1) 数据元素之间固有的逻辑关系——数据逻辑结构。

(2) 数据元素及关系在计算机内的表示——数据存储结构。

(3) 对数据结构的操作——算法。

任务 1.2　理解相关基本概念和术语

【工作任务】

在了解了数据结构研究的主要内容及范围后，还要理解和掌握数据结构的相关概念和术语。

1. 数据

数据是人们利用文字符号以及其他规定的符号对现实世界的事物及其活动所做的抽象描述，或者说数据是能被计算机识别、存储和加工处理的一切信息。数据一般可分为数值型数据和非数值型数据，如数学中的整数、实数等都是数值型数据，字符、表格、图形、图像和声音等都是非数值型数据。

2. 数据元素

数据元素是数据的基本单位，在计算机程序中通常作为一个整体进行考虑和处理。有时一个数据元素可以由若干个数据项组成，数据项是具有独立含义的最小单位。数据元素有时也称为结点、元素、顶点、记录等。例如，在数据库管理系统中，数据库中的一条记录就是一个数据元素，这条记录中的每一个字段就是构成这个数据元素的数据项。

3. 数据对象

数据对象是性质相同的数据元素的集合，它是数据的一个子集。

4. 数据类型

数据类型是高级程序设计语言中的一个基本概念，是对数据的取值范围、数据的结构以及允许对这些数据进行的操作的一种描述，它规定了程序中操作对象的特性。或者说数据类型是程序设计语言中各变量可取的数据种类。在程序设计语言中，每个变量、常量或表达式都应该属于某种确定的数据类型。

因此，可以把数据类型定义为：数据类型是由若干个值组成的集合以及定义在这个集合上的一组操作的总称，或者说，数据类型是在程序设计语言中已经实现了的数据结构。实际上，数据类型规定了在程序执行期间变量、常量或表达式所有可能的取值范围，以及允许进行的操作。例如，在 C 语言中，如果说一个变量是整数类型的变量，实际上就规定了这个变量的取值范围只能是[-maxint，maxint]上的整数，其中 maxint 是计算机所允许的最大整数。而且，这个变量在该取值范围内所进行的操作只能是加法、减法、乘法、整除和取余。

数据类型可分为简单类型和结构类型。简单类型中的每个数据都是无法再分割的整体，结构类型是由简单类型按照一定的规则构造而成的，并且结构类型中还可以包括结构类型。例如，在 C 语言中，整数、实数、字符、指针等都是无法再分割的整体，它们所属的类型都是简单类型；数组是一种结构类型，它是由若干个相同类型的数据顺序排列而成的一种数据类型；结构体也是一种结构类型，它是由若干个不同类型的数据顺序排列而成的。

5. 数据结构

数据结构是相互之间存在一种或多种特定关系的数据元素的集合。数据结构包括 3 方面的内容：数据的逻辑结构、数据的存储结构和数据的操作。

1) 数据的逻辑结构

数据的逻辑结构是指数据元素之间存在的固有的逻辑关系，常简称为数据结构。数据的逻辑结构是从逻辑关系上描述数据的，与数据的存储无关，是独立于计算机的。数据的逻辑结构可以看做是从具体问题抽象出来的数学模型。

依据数据元素之间的关系，可把数据的逻辑结构分为以下4种基本类型。

(1) 集合。集合中的数据元素之间除了“同属于一个集合”的关系外，没有其他任何关系。它是数据结构的一种特例，本书不予讨论。

(2) 线性结构。线性结构中的数据元素之间存在“一对一”的关系。若线性结构为非空集合，则除了第一个元素外，其他的每个元素都有唯一的一个直接前驱；除了最后一个元素外，每个元素都有唯一的一个直接后继，如例1-1的员工信息表。

(3) 树形结构。树形结构中的数据元素之间存在“一对多”的关系。若树形结构为非空集合，则除第一个数据元素外，其他每个数据元素都只有一个直接前驱，以及零个或多个直接后继，如例1-2的球队对阵形势。

(4) 图形结构。图形结构中的数据元素之间存在“多对多”的关系，若图形结构为非空集合，则每个数据元素可以有多个(或零个)直接前驱和多个(或零个)直接后继。

数据结构的4种基本类型如图1.3所示。有时也可以把数据结构分为两种类型：线性结构和非线性结构。非线性结构包括树形结构和图形结构。

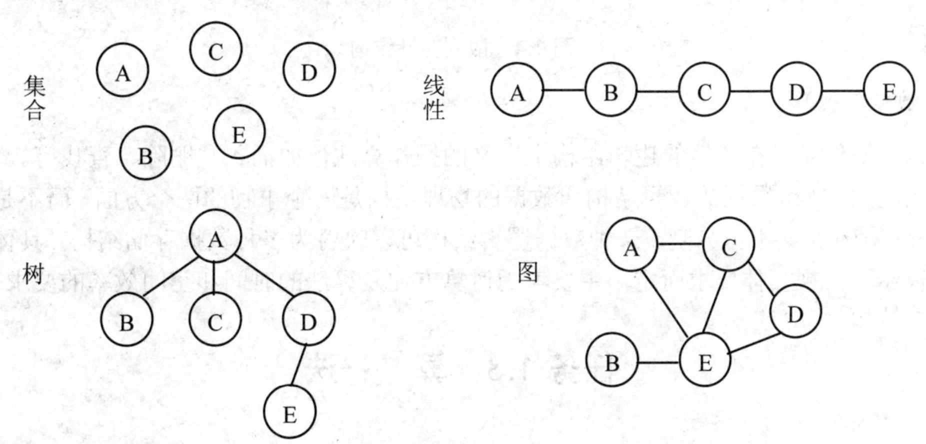

图1.3　数据逻辑结构

数据结构可以用一个二元组来表示：

Data_Structure =(D，R)

其中，D是某个数据对象，R是该对象中所有数据元素之间的关系的有限集合。

【例1-4】例1-1的数据结构：

Employee =(D，R)

D = {张兵，杨明，李婷婷，王丽丽}，

R = {<张兵，杨明>，<杨明，李婷婷>，<李婷婷，王丽丽>}。

2) 数据的存储结构

数据元素及其关系在计算机内的表示称为数据的存储结构。

要想用计算机处理数据，就必须把数据的逻辑结构映射为数据的存储结构。逻辑结构可以映射为以下 4 种存储结构。

(1) 顺序存储结构。把逻辑上相邻的数据元素存储在物理位置也相邻的存储单元中，借助元素在存储器中的相对位置来表示数据元素之间的逻辑关系，由此得到的存储结构称为顺序存储结构。计算机的内存单元是一维结构，因此顺序存储结构很方便实现。

(2) 链式存储结构。借助指针表达数据元素之间的逻辑关系。不要求逻辑上相邻的数据元素在物理位置上也相邻，由此得到的存储结构称为链式存储结构。链式存储结构既可以用于实现线性数据结构，也可用于实现非线性数据结构。

(3) 索引存储结构。在存储数据元素的同时，还建立附加的索引表。通过索引表，可以找到存储数据元素的特点。

(4) 散列存储结构。根据散列函数和处理冲突的方法确定数据元素的存储位置。

例如，一个包含数据元素“张兵、杨明、李婷婷、王丽丽”的线性结构，其顺序存储结构和链式存储结构如图 1.4 所示。

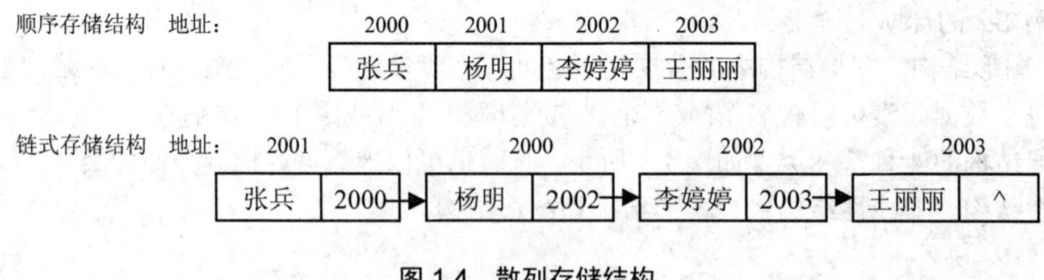

图 1.4　散列存储结构

3) 数据的操作

数据的操作是指在数据的逻辑结构上定义的操作算法，如插入、删除、查找等。

应当注意的是，数据的逻辑结构和数据的物理结构是一个事物的两个方面，而不是两个事物。两者相辅相成，不可分割。一种数据逻辑结构可以映射为多种数据存储结构，具体映射为哪种存储结构，视具体要求而定，主要考虑运算方便及算法的时间和空间效率的要求。

任务 1.3　算　　法

【工作任务】

理解算法的概念和进行算法的性能分析。

子任务 1.3.1　理解算法的概念

【课堂任务】理解什么是算法、算法的 5 个特性以及算法描述的不同方式。

1. 算法的概念

简单地说，算法就是解决特定问题的方法。严格地说，算法是由若干条指令组成的有穷序列，其中每条指令表示计算机的一个或多个操作。例如，将一组给定的数据由小到大进行排序，解决这个问题的方法有若干种，因此每一种排序方法就是一种算法。

一个算法必须具有以下 5 个特性。

(1) 有穷性。一个算法在执行有限条指令后必须要终止，且每条指令都要在有限时间内完成。

(2) 确定性。算法中的每条指令必须有确切的含义，不会产生二义性。

(3) 可行性。一个算法是可行的，即算法中描述的操作都可以通过执行已经实现的基本运算有限次来实现。

(4) 输入。一个算法有零个或多个输入，这些输入取决于某个特定的对象的集合。

(5) 输出。一个算法有一个或多个结果输出。

算法和程序有所不同，程序可以不满足上述的有穷性。例如，Windows 操作系统在用户未操作之前一直处于“等待”的循环中，直到出现新的用户操作为止。

2. 算法的描述

算法的描述有多种方式。例如，可以用自然语言、数字语言、图形方式、表格方式或其他约定的符号来描述，也可以用计算机高级语言来描述，如 C 语言、Java 语言、C++语言等。本书采用 C 语言作为描述算法的工具。

下面通过一个例子来说明算法的不同描述方式。

【例 1-5】已知 n 个整数，求这 n 个整数中的最大数。

这是一个简单的问题，下面先用自然语言描述其求解过程。

(1) 将第 1 个数赋值给 max。

(2) 初始化计数变量 i 为 1。

(3) 当 i<n 时，执行以下代码。

① 比较 a[i]与 max，若 a[i]大于 max，则将 a[i]赋值给 max；

② i 自加 1。

(4) 返回 max 的值。

对于上述问题，现在用 C 语言来描述其求解过程。

```
int Max(int a[], int n)
{
  int i, max;
  max = a[0];
  for(i=1; i<=n; i++)
    if (a[i]>max)  max=a[i];
  return
}
```

子任务 1.3.2　算法的性能分析

【课堂任务】了解算法的评价标准，理解算法的空间复杂度和时间复杂度，掌握估算算法时间复杂度的方法。

1. 算法的评价标准

对于一个特定的问题，采用不同的存储结构，其算法描述一般是不相同的，即使在同一种存储结构下，也可以采用不同的求解策略，从而有许多不同的算法。那么，对于解决同一问题的不同算法，选择哪一种算法较为合适，以及如何对现有的算法进行改进，从而设计出更好的算法，这就是算法评价问题。评价一个算法的优劣主要有以下几个标准。

(1) 正确性。一个算法能否正确地执行预先的功能，这是评价一个算法最重要也是最基本的标准。算法的正确性还包括对输入、输出处理的明确的无歧义性的描述。

(2) 可读性。算法主要是为了便于人的阅读理解与交流，其次才是机器执行。即使算法已转变成机器可执行的程序，也需考虑人能较好地阅读理解。可读性好有助于人对算法的理解，这既有助于对算法中隐藏错误的排除，也有助于算法的交流和移植。

(3) 健壮性。算法应具有很强的容错能力，即算法能对非法数据的输入进行检查和处理，不会因非法数据的输入而导致异常中断或死机等现象。

(4) 运行时间。运行时间是指算法在计算机上运行所花费的时间，它等于算法中每条语句执行时间的总和。对于同一个问题如果有多个算法可供选择，应尽可能选择执行时间短的算法。一般说来，执行时间越短，算法的效率越高，性能越好。

(5) 占用空间。占用空间是指算法在计算机存储器上所占用的存储空间，包括存储算法本身所占用的存储空间，算法的输入、输出数据所占用的存储空间和算法运行过程中临时占用的存储空间。算法占用的存储空间是指算法执行过程中所需要的最大存储空间，对于一个问题如果有多个算法可供选择，应尽可能选择存储量需求低的算法。实际上，算法的时间效率和空间效率经常是一对矛盾，相互抵触，有时增加辅助存储空间可以加快算法的运行速度，即用空间换取时间，有时因为内存空间不够，必须压缩辅助存储空间，从而降低了算法的运行速度，即用时间换取空间。

通常把算法在运行过程中临时占用的存储空间的大小叫做算法的空间复杂度。算法的空间复杂度比较容易计算，它主要包括局部变量所占用的存储空间和系统为实现递归所使用的堆栈占用的存储空间。

2. 算法的时间复杂度

一个算法的运行时间是该算法中每条语句执行时间的总和，而每条语句的执行时间是该语句的执行次数(也称为语句频度)与该语句执行一次所需时间的乘积。由于同一条语句在不同的机器上执行所需要的时间是不相同的，也就是说执行一条语句所需的时间与具体的机器有关，所以要想精确地计算出各种语句执行一次所需的时间是比较困难的。实际上，为了评价一个算法的性能，只需计算算法中所有语句执行的总次数即可。

任何一个算法最终都要被分解成一系列基本操作(如赋值、转向、比较、输入、输出等)来具体执行，每一条语句也要分解成具体的基本操作来执行，所以算法的运行时间也可以用算法中所进行的基本操作的总次数来估算。在一个算法中，进行简单操作的次数越少，其运算时间也就相对越少。为了便于比较同一问题的不同算法，也可以用算法中的基本操作重复执行的频度作为算法运行时间的度量标准。

通常把算法中的基本操作重复执行的频度称为算法的时间复杂度。算法中的基本操作一般是指算法最里层循环内的语句，因此，算法中基本操作重复执行的频度$T(n)$是问题规模 n 的某个函数 $f(n)$，记作：$T(n)=O(f(n))$，其中 O 表示随问题规模 n 的增大，算法执行时间的增长率和$f(n)$的增长率相同，或者说，用O符号表示数量级的概念。例如，若 $T(n)=2n^2+5n+7$，则$2n^2+5n+7$的数量级与 n^2 的数量级相同，所以 $T(n)=O(n^2)$。

如果一个算法没有循环语句，则算法中的基本操作的执行频度与问题规模 n 无关，记作$O(1)$，也称为常数阶。如果一个算法只有一重循环，则算法的基本操作的执行频度随问题规模

n 的增大而呈线性增大关系，记作 $O(n)$，也称为线性阶。常用的还有平方阶 $O(n^2)$、立方阶 $O(n^3)$、对数阶 $O(\log_2 n)$、指数阶 $O(2^n)$等。这些时间复杂度之间的关系为：$O(1)<O(\log_2 n)<O(n)<O(n\log_2 n)<O(n^2)< O(n^3)< O(n!)< O(n^n)$。

下面通过几个例子来说明计算算法时间复杂度的方法。

【例 1-6】分析以下程序段的时间复杂度。

```
void print( )
{
  int x = 10;
  x++;
  printf("%d", x);
}
```

解：该算法的基本语句为“x++”，它与问题的规模 n 无关，因此算法的时间复杂度为 T(n)=O(1)。

【例 1-7】分析以下程序段的时间复杂度。

```
  void fibonacci(int n)
  {
    int fn, f0, f1;
    int i;
    f0=0;
    f1=1;
    for(i=2; i<=n; i++)
    {
      fn=f0+f1;
      printf("%d\t", fn);
      f0=f1;
      f1=fn;
    }
}
```

解：算法的基本语句是“fn=f0+f1”，其执行次数 f(n)=n−1≤n，因此算法的时间复杂度是 T(n)=O(n)。

【例 1-8】分析以下程序段的时间复杂度。

```
void sum(int n)
  {
    int i, j;
    int tmp, s=0;
    f0=0;
    for(i=1; i<=n; i++)
    {
      tmp=1;
      for(j=1; j<=i; j++) tmp*=j;
      s+=tmp;
      printf("%d\t", s);
    }
}
```

解：算法的基本语句是“tmp*=j”，其执行次数 $f(n)= 1+2+\cdots+n=n(n+1)\leq n^2$，因此算法的

时间复杂度是 $T(n)=O(n^2)$。

【例 1-9】 分析以下程序段的时间复杂度。

```
void print( )
{
  int i;
  for(i=1; i<=n; i*=2
    printf("%d\t", i);
}
```

解： 该算法的基本语句“printf("%d\t", i)”，关于执行次数 f(n)，有 $2^{f(n)} \leqslant n$，即 $f(n) \leqslant \log_2 n$，因此算法的时间复杂度为 $T(n)=O(\log_2 n)$。

小　　结

本项目主要介绍了数据结构及其相关概念，包括数据、数据元素、数据对象、数据类型、数据结构、逻辑结构、存储结构和算法等基本概念。

根据数据元素之间的不同特性，可以把数据结构分为集合、线性结构、树形结构和图形结构 4 种基本类型。集合中的数据元素之间除了“同属于一个集合”的关系外，没有其他任何关系，它是数据结构的一种特例；线性结构中的数据元素之间存在一个一对一的关系；树形结构中的数据元素之间存在一个一对多的关系；图形结构中的数据元素之间存在多个多对多的关系。有时也可以把数据结构分为两种类型：线性结构和非线性结构。非线性结构包括树形结构和图形结构。

数据的逻辑结构是指数据元素之间的逻辑关系，是用户根据需要而建立起来的；数据的存储结构是指数据元素在计算机的存储器中的存储方式。一般来说，存储结构有 4 种基本类型：顺序存储结构、链式存储结构、Hash 存储结构和索引存储结构。

数据结构一般包括以下 3 个方面的内容：数据的逻辑结构、数据的存储结构、对数据元素所进行的操作。

算法是解决特定问题的方法，是由若干条指令组成的有穷序列。一个算法应具有以下 5 个基本特征：有穷性、确定性、可行性、输入和输出；评价一个算法的标准主要有以下 5 个方面：正确性、可读性、健壮性、运行时间、占用的存储空间。

实训：算法时间复杂度分析

1. 实训目的

(1) 掌握算法时间复杂度的计算方法。

(2) 了解测试算法运行时间的基本方法。

2. 实训内容

(1) 分析下列程序的时间复杂度。

程序 1：

```
float sum1(int n)
```

```
{
  float sum=0;
  int i,j;
  for(i=0;i<n;i++)
    for(j=0;j<n;j++)
      sum+=i*j;
  return sum;
}
```

程序 2：

```
float sum2(int n)
{
  float sum=0;
  int i=0;
  while(i<n)
  {
    sum+=i;
    i+=2;
  }
  return sum;
}
```

(2) 使用 C 语言的标准库函数 ftime，计算以上程序的运行时间，并与分析得出的时间复杂度进行比较。

习　　题

一、选择题

1. 数据结构是一门研究非数值计算程序设计问题中计算机的(　　)以及它们之间的(　　)和操作的学科。

①A. 操作对象　　B. 计算方法　　C. 逻辑存储　　D. 数据映像
②A. 结构　　B. 关系　　C. 运算　　D. 算法

2. 数据结构被形式定义为(D，R)，其中 D 是(　　)的有限集合，R 是 D 上的(　　)的有限集合。

①A. 算法　　B. 数据元素　　C. 数据操作　　D. 逻辑结构
②A. 操作　　B. 映像　　C. 存储　　D. 关系

3. 在数据结构中，从逻辑上可以把数据结构分成(　　)。

A. 动态结构和静态结构　　B. 紧凑结构和非紧凑结构
C. 线性结构和非线性结构　　D. 内部结构和外部结构

4. 线性表的顺序存储结构是一种(　　)的存储结构，线性表的链式存储结构是一种(　　)的存储结构。

A. 随机存取　　B. 顺序存取　　C. 索引存取　　D. 散列存取

5. 进行算法分析的目的是(　　)，算法分析的两个主要方面是(　　)。

①A. 找出数据结构的合理性　　B. 研究算法中的输入和输出的关系
C. 分析算法的效率以求改进　　D. 分析算法的易懂性和文档性

②A. 空间复杂性和时间复杂性　　B. 正确性
C. 可读性和文档性　　D. 数据复杂性和程序复杂性

6. 算法分析的目的是(　　)，它必具备输入、输出和(　　)5 个特性。
①A. 计算方法　　B. 排序方法
C. 可读性和文档性　　D. 调度方法
②A. 可行性、确定性和有穷性　　B. 可行性、可移植性和可扩充性
C. 确定性、有穷性和稳定性　　D. 易读性、稳定性和安全性

7. 线性表的逻辑顺序与存储顺序总是一致的，这种说法(　　)。
A. 正确　　B. 不正确

8. 若线性表采用链式存储结构，要求内存中可用存储单元的地址(　　)。
A. 必须是连续的　　B. 部分必须是连续的
C. 一定是不连续的　　D. 连续或不连续都可以

9. 从逻辑上可以把数据结构分为(　　)两大类。
A. 动态结构、静态结构　　B. 顺序结构、链式结构
C. 线性结构、非线性结构　　D. 初等结构、构造型结构

10. 以下数据结构中(　　)是非线性数据结构
A. 树　　B. 字符串　　C. 队　　D. 栈

二、填空题

1. 数据结构研究的主要内容包括__________、__________和__________。

2. 数据元素是数据的__________，数据项是数据的__________。

3. 根据数据元素之间关系的不同，可以将数据的逻辑结构分为__________、__________、__________和__________4 种类型。

4. 常见的数据存储结构一般有 4 种类型，分别是__________、__________、__________和__________。

5. 在线性结构中，第一个结点__________前驱结点，其余每个结点有且只有__________个前驱结点；最后一个结点__________后继结点，其余每个结点有且只有__________个后继结结点。

6. 在树形结构中，树根结点没有__________结点，其余每个结点有且只有__________个前驱结点；叶子结点没有__________结点，其余每个结点的后继结点可以有__________个。

7. 在图形结构中，每个结点的前驱结点数和后继结点数可以有__________个。

8. 算法的5个重要特性是__________、__________、__________、__________、__________。

9. 以下程序段的时间复杂度为__________。

```
void avg(int n)
{
  int i,sum;
  i=0;
  sum=0;
  while(i<n)
  {
    sum+=2;
```

```
        i++;
    }
    printf("avg=%d\n",sum/i);
}
```

10. 以下时间复杂度由大到小的排列次序为__________。

2^{n+2}　　$(n+2)!$　　$(n+2)^4$　　100000　　$n\log_2 n$

三、问答题

1. 根据数据元素之间的逻辑关系，一般分为哪几类基本的数据结构？

2. 数据结构与数据类型有什么区别？

3. 对于一个数据结构，一般包括哪 3 个方面的讨论？

4. 一个算法要从哪几方面来评价？

5. 有实现同一功能的两个算法 A1 和 A2，其中 A1 的时间复杂度为 $T1=O(2^n)$，A2 的时间复杂度为 $T2=O(n^2)$，仅就时间复杂度而言，具体分析这两个算法哪一个好。

项目 2
线性表及应用
——学生成绩管理系统

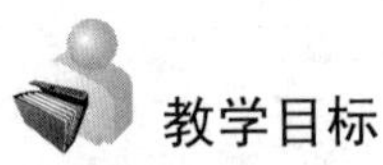

教学目标

本项目将介绍数据结构中最简单的结构线性表，包括其基本概念和基本操作。通过本项目的学习，应了解什么是线性表、线性表在顺序和链式两种存储结构上的操作算法的实现。掌握线性表的两种存储结构的运算特点，能够解决现实生活中线性结构的实际问题。

教学要求

知识要点	能力要求	相关知识
线性表的逻辑结构	理解线性表的逻辑结构，熟悉什么是线性表	抽象数据类型定义
顺序存储结构	理解顺序存储结构及其操作，熟悉在顺序表中进行数据的插入、删除和查找，并能应用到实际项目中	插入、删除、查找算法
链式存储结构	理解链式存储结构及其操作，熟悉在链表中进行数据的插入、删除和查找，并能应用到实际项目中	建立链表、插入、删除、查找算法

引例

在项目 1 中提到例如学生信息检索系统、电话自动查号系统、考试查分系统、仓库库存管理系统等这类文档管理的数学模型中，计算机处理的对象之间通常存在的是一种简单的线性关系。在本项目中将用一个学生成绩管理系统来介绍这种线性关系的相关知识。

学生成绩管理系统是学校很实用的一个系统，常见的功能有学生成绩的查询、增加、删除等。可以把每个学生的成绩信息看成是一条记录或一个结点，多个学生的成绩信息构成的表就是一个线性表，对学生成绩的查询、增加和删除其实就是对线性表的操作。

在计算机中线性表的存储主要有两种方法，把线性表的全部数据连续放在一起存放，就是顺序表；通过指针的方式连接就是链表。顺序表在查找的时候比较方便，但在添加、删除的时候比较麻烦，链表则相反。在实际的情况中，可根据项目实际的需求进行选择。

任务 2.1　理解线性表的逻辑结构

【工作任务】

在用线性表制作学生成绩管理系统之前，理解线性表的基本概念、逻辑结构以及如何使用非常重要。理解什么是线性表以及线性表的逻辑结构和基本操作，为后面的学习奠定基础。要把学生成绩信息按线性表来处理，必须解决下面的问题。

(1) 线性表的逻辑结构是什么？如何定义？有什么特点？

(3) 线性表有哪些操作？如何用抽象数据类型表示线性表？

(3) 学生成绩管理系统中结点应如何定义？

下面我们来看几个例子。

例 1：字母序列{A,B,C,D,E,F}。

例 2：奇数序列{1,3,5,7,9,11}。

例 3：学生成绩表表 2-1。

表 2-1　学生成绩表

学号	姓名	性别	成绩
2009001	张三	男	53
2009001	李玉	女	67
2009001	王平	男	78
…	…	…	…
2009001	刘芳	女	45

把上面几个例子中的每一项，例如字母 A、奇数 1 或信息表中的一条记录看成一个整体或叫一个结点，可以发现，结点和结点间的关系是一对一的关系。数据元素一个接一个的排列，而且每个例子中各个结点的数据元素的类型都是相同的，这些都是线性结构，它们形成的数据结构就是线性表。

线性表是最简单、最基本、也是最常用的一种线性结构。它有两种存储方法，顺序存储和链式存储，它的基本操作是插入、删除和检索等。

子任务 2.1.1　理解线性表的定义

【课堂任务】理解什么是线性表、线性表结点的定义方法、定义学生成绩系统的结点，为后面的学习奠定基础。

1) 线性表的定义

线性表是一种线性结构。线性结构的特点是数据元素之间是一种线性关系，数据元素一个接一个的排列。在一个线性表中，数据元素的类型是相同的，或者说线性表是由同一类型的数据元素构成的线性结构。在实际问题中线性表的例子很多，例如学生情况信息表是一个线性表，表中数据元素的类型为学生类型；一个字符串也是一个线性表，表中数据元素的类型为字符型等。

综上所述，线性表定义如下。

线性表是具有相同数据类型的 $n(n\geqslant 0)$个数据元素的有限序列，上面例子中的每个元素就是一个结点，通常记为：

$$(a_1,\ a_2,\ \cdots,\ a_{i-1},\ a_i,\ a_{i+1},\ \cdots,\ a_n)$$

其中 n 为表长，n=0 时称为空表。

表中相邻元素之间存在着顺序关系，将 a_{i-1} 称为 a_i 的直接前驱，a_{i+1} 称为 a_i 的直接后继。就是说，对于 a_i，当 i=2，…，n 时，有且仅有一个直接前驱 a_{i-1}，当 i=1，2，…，n−1 时，有且仅有一个直接后继 a_{i+1}，而 a_1 是表中第一个元素，它没有前驱，a_n 是最后一个元素无后继。线性表可以看作是除第一个元素无前驱，最后一个元素无后继外，其余元素都有唯一的直接前驱和直接后继的一组元素构成的有序集合。

一个线性表可以用一个标识符来命名，例如用 L 命名上面的线性表，则：

$$L=(a_1,\ a_2,\ \cdots,\ a_{i-1},\ a_i,\ a_{i+1},\ \cdots,\ a_n)$$

线性表的逻辑图如图 2.1 所示。

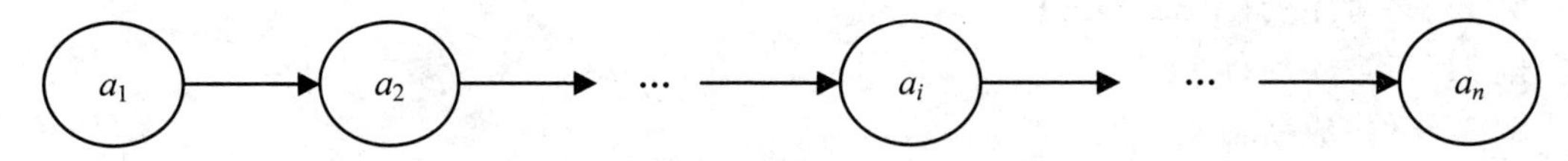

图 2.1　线性表的逻辑结构示意图

需要说明的是，a_i 为序号为 i 的数据元素(i=1,2,⋯,n)，通常将它的数据类型抽象为 ElemType，ElemType 根据具体问题而定，例如，在学生情况信息表中，它是用户自定义的学生类型；在字符串中，它是字符型；在奇数序列中，它是整型。

例 3 中的学生成绩表中数据元素定义的结构类型如下。

```
typedef struct  std_info
     {
       long int    num;                    /* 学号域  */
       char       name[10];                /* 姓名域 */
       char       sex[3];                  /* 性别域 */
       float      score;                   /* 成绩域 */
      } ElemType;
```

子任务 2.1.2　理解线性表的基本操作

【**课堂任务**】熟悉线性表的基本操作，为后面的学习奠定基础。

在项目 1 中提到，数据结构的运算是定义在逻辑结构层次上的，而运算的具体实现是建立在存储结构上的，因此，下面定义的线性表的基本运算作为逻辑结构的一部分，每一个操作的具体实现只有在确定了线性表的存储结构之后才能完成。

线性表上的基本操作有以下几种。

(1) 初始化线性表：Init_List(L)。

初始条件：表 L 不存在。

操作结果：构造一个空的线性表。

(2) 求线性表的长度：Length_List(L)。

初始条件：表 L 存在。

操作结果：返回线性表中所含元素的个数。

(3) 取表元：Get_List(L,i)。

初始条件：表 L 存在且 1≤i≤Length_List(L)。

操作结果：返回线性表 L 中的第 i 个元素的值或地址。

(4) 按值查找：Locate_List(L,x)，x 是给定的一个数据元素。

初始条件：线性表 L 存在。

操作结果：在表 L 中查找值为 x 的数据元素，返回在 L 中首次出现的值为 x 的那个元素的序号或地址，称为查找成功；否则，在 L 中未找到值为 x 的数据元素，返回一个特殊值表示查找失败。

(5) 插入操作：Insert_List(L,i,x)。

初始条件：线性表 L 存在，插入位置正确($1 \leq i \leq n+1$，n 为插入前的表长)。

操作结果：在线性表 L 的第 i 个位置上插入一个值为 x 的新元素，这样使原序号为 $i, i+1, \cdots, n$ 的数据元素的序号变为 $i+1, i+2, \cdots, n+1$，插入后，表长=原表长+1。

(6) 删除操作：Delete_List(L,i)。

初始条件：线性表 L 存在，$1 \leq i \leq n$。

操作结果：在线性表 L 中删除序号为 i 的数据元素，删除后使序号为 $i+1, i+2, \cdots, n$ 的元素变为序号为 $i, i+1, \cdots, n-1$，新表长=原表长−1。

需要说明以下两两。

(1) 数据结构上的基本运算，不是它的全部运算，而是一些常用的基本运算，而每一个基本运算在实现时也可能根据不同的存储结构派生出一系列相关的运算来。比如线性表的查找在链式存储结构中还会有按序号查找。再如插入运算，也可能是将新元素 x 插入到适当位置上。不可能也没有必要全部定义出数据结构的运算集，读者掌握了某一数据结构上的基本运算后，其他的运算可以通过基本运算来实现，也可以直接去实现。

(2) 在上面各操作中定义的线性表 L 仅仅是一个抽象在逻辑结构层次的线性表，尚未涉及到它的存储结构，因此每个操作在逻辑结构层次上尚不能用具体的某种程序语言写出具体的算法，而算法的实现只有在存储结构确立之后才能确定。

线性表的抽象数据类型为:

ADT　List {

数据对象：D={ai|ai ∈ ElemType　i=1,2, · · · ,n , n ≥0 }

数据关系：R={ <ai, ai+1> | ai , ai+1 ∈ D

i=1,2, · · · ,n−1,　n ≥0　　　　}

基本操作如下。

InitList(&L)：线性表的初始化。

ListLength(L)：求线性表的长度。

ListInsert(&L , i , e)：　在第 i 个位置插入元素 e。

ListDelete(&L , i , e)：在线性表第 i 个位置删除元素 e。

Location(L, e)：定 e 的位置。

任务 2.2　线性表的顺序表示和实现

【工作任务】

理解了线性表的概念及操作后，本任务将介绍线性表的两种存储方式：顺序存储和链式存储。本任务将用顺序表的存储方式来实现学生成绩管理系统。要用顺序表实现学生成绩信息，必须解决下面的问题。

(1) 什么是顺序表？有什么特点？

(2) 如何用顺序表定义学生成绩管理系统？

(3) 学生成绩管理系统的插入、删除、查找等操作应如何实现？

子任务 2.2.1　建立顺序表

【课堂任务】理解顺序表的概念及特点，掌握不同类型数据创建顺序表的方法，建立学生成绩管理系统顺序表。

顺序表是指在内存中用一块地址连续的存储空间，按顺序存储线性表的各个数据元素。线性表顺序存储示意图如图 2.2 所示。

数组下标　1　2　i-1　i　···　n-1　length　···MAXSIZE-1

Data

a_1	a_2	···	a_{i-1}	a_i	a_{i+1}	···	a_n	···	

存储地址　b　$b+d$　···　···　$b+(i-1)d$　···　···　···　$b+($length$-1)d$

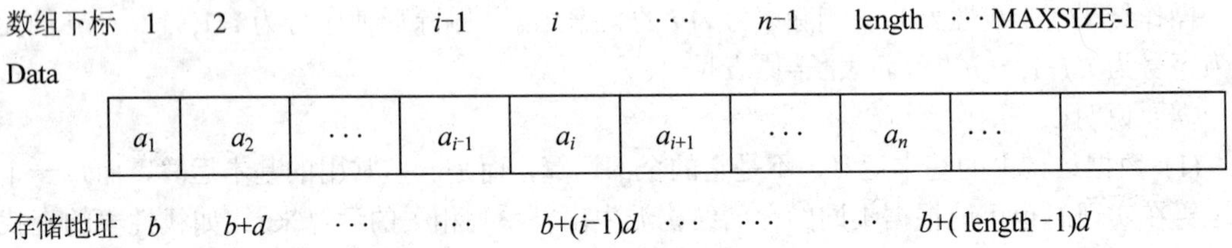

图 2.2　线性表顺序存储示意图

如图 2.2 所示，已知该线性表的首地址(a_1)为 b，那么任意一个元素的地址为：

$a_i=B+(i-1)\times d$(其中 d 为该类型元素所占空间)。

在 C 语言中，一维数组的元素就是存放在一块连续的存储空间中的，故可借助于 C 语言中的一维数组类型来描述线性表的顺序存储结构。

```
#define MAXSIZE 1024                //线性表的最大长度
typedef  struct {                   //表的类型
  ElemType  elem[MAXSIZE];          //表的存储空间
  int length;                       //线性表长度
} SeqList;                          //表的说明符
```

例如 1、3、5、7 组成的线性表的结构定义如下。

```
typedef  struct {                   //表的类型
  int  elem[5];                     //表的存储空间
  int length;                       //线性表长度
} SeqList;                          //表的说明符
```

在 C 语言中，定义一个顺序表的语句是：

SeqList　*L ;

那么，顺序表的长度为 L->length;

数据元素范围是 L->data[1]～L->data[L->length]。

因为在 C 语言中数组的下标是从 0 开始的，为了与线性表中数据元素的序号保持一致，不使用数组下标为 0 的单元，下标的取值范围为 1≤i≤MAXSIZE-1。

用 100 个学生信息建立学生成绩管理系统顺序表的程序段如下。

【程序段 2-1】

```
#define MAXSIZE 100
typedef struct                   //定义结点类型
{  long int num;
   char name[10];
   char sex[3];
   float score;
}ElemType;
typedef  struct {                //定义顺序存储结构
 ElemType  elem[MAXSIZE];
 int length;
   /*  线性表长度  */
} SeqList;
SeqList   *L ;                   //定义学生信息的顺序表
```

子任务 2.2.2　顺序表上基本运算的实现——用顺序表完成学生成绩管理系统

【课堂任务】掌握顺序表基本运算的算法，并用这些算法完成学生成绩管理系统顺序表。主要模块包括初始化学生信息、插入学生记录、删除学生记录、查询学生信息、浏览学生信息等。

首先学生成绩管理系统的功能分解图如图 2.3 所示。

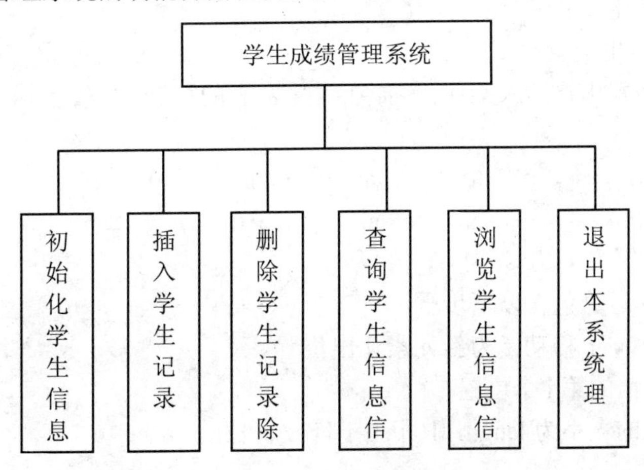

图 2.3　学生成绩管理系统的功能分解图

【模块 1】初始化学生信息

该模块是对顺序表的初始化，例如构造一个空表，算法如下。

【算法 2.1】

```
SeqList  init_SeqList(SeqList *L)
```

```
{
 L->length =0;
}
```

算法说明：在定义顺序表之后，只要设置顺序表的长度为 0 就构造了一个空的线性表。

设调用函数为主函数，主函数对初始化函数的调用如下。

```
main()
{
Seqlist *L;
L=Init_Seqlist();
}
```

在学生成绩管理系统中建立学生信息表的过程就是初始化顺序表，如果设置学生信息表的长度为 0，则顺序表中就没记录。当然也可以根据输入学生的记录数对 L->length 赋值。

建立并初始化学生信息表的程序段如下。

【程序段 2-2】

```
定义顺序存储结构                          // 见程序段 2-1
main()
{  SeqList L;
  int i;
  printf("请输入学号，姓名，性别，成绩：");
  for(i=1;i<3;i++)                       // 结点内容初始化
      scanf("%d%s%s%f",&L.elem[i].num,L.elem[i].name,
                          L.elem[i].sex,&L.elem[i].score);
  L.length=--i;                          //顺序表长度初始化
}
```

程序说明，在本例中共输入两条学生的信息，对线性表的初始化，除了对长度 length 赋值，还需对结点内容初始化。

【模块 2】插入学生记录

该模块是对顺序表进行插入操作，例如在线性表 L 的第 i 个位置上插入一个值为 x 的数据元素。

插入前的表：L(a_1，a_2，…，a_{i-1}，a_i，a_{i+1}，…，a_n)

插入后的表：L(a_1，a_2，…，a_{i-1}，x，ai，a_{i+1}，…，a_n)

位置 i 的取值范围为 $1 \leqslant i \leqslant n+1$。

完成顺序表插入运算包含以下步骤。

(1) 将 a_i~a_n 顺序向下移动，为新元素让出位置。

(2) 将 x 置入空出的第 i 个位置。

(3) 修改 length 的大小为 length+1(相当于修改表长)。

算法如下：

【算法 2.2】

```
int  Insert_SeqList(SeqList *L,int i,ElemType  x)
  {
   int j;
   if (L->length==MAXSIZE-1)
   {printf("表满"); return -1; }
```

```
   if (i<1 || i>L->length+1)
        /*检查插位置的正确性 */
    {printf("位置错"); return 0  ; }
   for ( j=L->length;j>=i;j--)
      L->elem[j+1]=L->elem[j];
  L->elem[i]=x;
  L->length++;
     return 1;
      /* 插入成功，返回 */
}
```

算法说明：在本算法中，是从最后一个元素开始后移，直到第 i 个元素停止。该算法时间主要花费在 for 循环语句上，执行的次数为 n−i+1。当 i=1 时，全部元素均参加移动，共需要移动 n 次；当 i=n+1 时，不需移动元素。算法在最坏情况下，时间复杂度为 O(n)，最好情况下时间复杂度为 O(1)。显然，元素移动的次数直接影响了算法执行时间。

在学生成绩管理系统中插入某个学生操作的程序段如下。

【程序段 2-3】

```
定义顺序存储结构                                    // 见程序段 2-1
函数定义                                            //见算法 2.2
main()
{  int ins;
   SeqList L;
   int i,n=0,m;
   ElemType  x;
   初始化顺序表                                     // 见程序段 2-2
   printf("==================插入记录==================\n");
   printf("学号：");
   scanf("%d",&x.num);
   printf("姓名：");
   scanf("%s",x.name);
   printf("性别：");
   scanf("%s",x.sex);
   printf("成绩：");
   scanf("%f",&x.score);
   printf("在几号学生后面插入:");
   scanf("%d",&m);
   ins=Insert_SeqList(&L,m+1,x);            //函数插入记录
}
```

【模块 3】删除学生记录

该模块是对顺序表中的记录进行删除，例如在线性表 L 中删除第 i 个元素，i 的取值范围为 $1 \leqslant i \leqslant n$。

运算的步骤为：先将 $a_{i+1} \sim a_n$ 依次向上移动，然后将 length 值减 1。

算法如下。

【算法 2.3】

```
int  Delete_SeqList(SeqList *L, int i)
{ int  j;
if(i<1 || i>L->length)
```

```
{ printf ("不存在第 i 个元素");
 return -1 ; }
for(j=i;j<=L->length-1; j++)
    L->elem[j]=L->elem[j+1];
L->length--;
return  1 ; }
```

算法说明，本算法中删除第 i 个元素时，其后面的元素 a_{i+1}～a_n 都要向上移动一个位置，共移动了 $n-i$ 个元素，这说明顺序表上作删除运算时大约需要移动表中一半的元素，显然该算法的时间复杂度为 $O(n)$。

在学生成绩管理系统中删除某个学生操作的程序段如下。

【程序段 2-4】

```
定义顺序存储结构                    //见程序段 2-1
函数定义                            //见算法 2.2、2.3
main()
{  int deltnum,delt;
   SeqList L;
   int i;
   初始化顺序表                     //见程序段 2-2
   printf("==================删除====================\n");
   printf("请输入删除第几条记录：");
   scanf("%d",&deltnum);
   delt=Delete_SeqList(&L,deltnum);
}
```

【模块 4】查找学生信息

该模块是对顺序表中的记录进行查找，本模块主要介绍按值查找的算法，即在线性表中查找与给定值 x 相等的数据元素。

运算的步骤为从顺序表的第一个元素开始和给定值进行比较，直到找到与给定值相等的元素为止。

算法如下。

【算法 2.4】

```
int Location_SeqList(SeqList *L, ElemType x)
{  int i=1;
    while(i<=L->length && L->elem[i]!=x)
        i++;
   if (i>L->length)  return -1;      /*查找失败*/
    else    return i;                /*返回 x 的存储位置*/
}
```

算法说明，在本算法中，当 L->elem[1]=x 时，只比较一次；当 L->elem[n]=x 时需要比较 n 次，平均比较次数为$(n+1)/2$，所以时间复杂度为 $O(n)$，即时间复杂度与表长有关。

本算法中查找是把 L->elem[i]与 x 进行比较，如果顺序表中的结点是整型或是字符型是可以实现的，但如果是结构体，结构体是不能整个进行比较的，那又该如何查找呢？现实中很多系统的查找都是分类别查找，例如按学号查找、按姓名查找等，那学生成绩管理系统又该如何完成查找功能呢？

算法如下。

【算法 2.4.1】按学号查找

```
int Location_SeqList_num(SeqList *L, int x)
{  int i=1;
    while(i<=L->length && L->elem[i].num!=x)
          i++;
   if (i>L->length)  return -1;      /*查找失败*/
    else    return i;                /*返回 x 的存储位置*/
}
```

【算法 2.4.2】按姓名查找

```
void Location_SeqList_name(SeqList *L, char *x)
{  int i=1;
   int a[MAXSIZE],n=0;
    while(i<=L->length)
     { if(strcmp(L->elem[i].name,x)==0)
        {a[n]=i;n++;}
            i++;
     }

    if (n==0)
        printf("没找到! ");  /*查找失败*/
    else
     {   printf("共查找到%d 条记录\n",n);
         printf("学号       姓名    性别    成绩\n");
     for(i=0;i<n;i++)
      printf("%7d%10s%4s%7.0f\n",L->elem[a[i]].num,
L->elem[a[i]].name,L->elem[a[i]].sex,L->elem[a[i]].score);
     }
}
```

注：按性别查找、按成绩查找的算法读者可根据按姓名查找编写。

在学生成绩管理系统中查询学生记录操作的程序段如下。

【程序段 2-5】

```
定义顺序存储结构                        //见程序段 2-1
函数定义                                //见算法 2.2、2.3、2.4
main()
{
   变量定义;
   初始化顺序表                         //见程序段 2-2
   printf("===============查找===============\n");
   printf("1 按学号查找   2 按姓名查找 \n");
   printf("3 按性别查找   4 按成绩查找 \n 请选择: ");
   scanf("%d",&sea_n);
   switch (sea_n)
   {
     case 1:
          printf("请输入要查找的学生学号: ");
          scanf("%d",&locnum);
          findnum=Location_SeqList_num(&L,locnum);
          if(findnum>=1)
```

```
        {
        printf("学号      姓名    性别    成绩\n");
        printf("%7d%10s%4s%7.0f\n",L.elem[findnum].num,
L.elem[findnum].name,L.elem[findnum].sex,L.elem[findnum].score);
        }
        else
            printf("没找到! ");
         break;
    case 2:
          printf("请输入要查找的学生姓名: ");
          scanf("%s",locname);
          Location_SeqList_name(&L,locname);
          break;
    …
  }
}
```

【模块汇总】学生成绩管理系统，完整程序清单如下。

```
#define MAXSIZE 100
#include "string.h"
typedef struct
{  long int num;
   char name[10];
   char sex[3];
   float score;
}ElemType;

typedef  struct {
 ElemType  elem[MAXSIZE];
 int length;
   /*  线性表长度  */
} SeqList;

int  Insert_SeqList(SeqList *L,int i,ElemType  x)
   {int j;
    if (L->length==MAXSIZE-1)
    {printf("表满"); return -1; }
    if (i<1 || i>L->length+1)
      /*检查插入位置的正确性 */
     {printf("位置错"); return 0  ; }
    for ( j=L->length;j>=i;j--)
      L->elem[j+1]=L->elem[j];
   L->elem[i]=x;
   L->length++;
      return 1;
       /* 插入成功, 返回 */
}
int  Delete_SeqList(SeqList *L, int i)
{ int  j;
if(i<1 || i>L->length)
{printf ("不存在第 i 个元素");
```

```
return -1 ;  }
    for(j=i;j<=L->length-1; j++)
     L->elem[j]=L->elem[j+1];
L->length--; return  1 ; }

 int Location_SeqList_num(SeqList *L, int x)
{  int i=1;
     while(i<=L->length && L->elem[i].num!=x)
            i++;
    if (i>L->length)  return -1;      /*查找失败*/
     else    return i;                /* 返回 x 的存储位置 */
}

void Location_SeqList_name(SeqList *L, char *x)
{  int i=1;
   int a[MAXSIZE],n=0;
     while(i<=L->length)
      { if(strcmp(L->elem[i].name,x)==0)
         {a[n]=i;n++;}
             i++;
      }

     if (n==0)
         printf("没找到! ");             /*查找失败*/
     else
      {   printf("共查找到%d 条记录\n",n);
          printf("学号       姓名    性别    成绩\n");
    for(i=0;i<n;i++)
     printf("%7d%10s%4s%7.0f\n",L->elem[a[i]].num,
L->elem[a[i]].name,L->elem[a[i]].sex,L->elem[a[i]].score);
      }
}

void Location_SeqList_sex(SeqList *L, char *x)
{  int i=1;
   int a[MAXSIZE],n=0;
     while(i<=L->length)
      { if(strcmp(L->elem[i].sex,x)==0)
         {a[n]=i;n++;}
             i++;
      }
     if (n==0)
         printf("没找到! ");             /*查找失败*/
     else
      {   printf("共查找到%d 条记录\n",n);
          printf("学号       姓名    性别    成绩\n");
    for(i=0;i<n;i++)
     printf("%7d%10s%4s%7.0f\n",L->elem[a[i]].num,
L->elem[a[i]].name,L->elem[a[i]].sex,L->elem[a[i]].score);
      }
}
```

```
void Location_SeqList_score(SeqList *L, float x)
{  int i=1;
   int a[MAXSIZE],n=0;
     while(i<=L->length)
      {
           if(L->elem[i].score==x)
           { a[n]=i;n++;}
               i++;
      }

     if (n==0)
         printf("没找到！");        /*查找失败*/
     else
      {   printf("共查找到%d 条记录\n",n);
          printf("学号      姓名    性别    成绩\n");
    for(i=0;i<n;i++)
     printf("%7d%10s%4s%7.0f\n",L->elem[a[i]].num,
L->elem[a[i]].name,L->elem[a[i]].sex,L->elem[a[i]].score);
      }
}
main()
{  ElemType  x;                    //插入的记录
   int deltnum,delt;               //删除序号
   SeqList L;
   int i,sys_n,n=0,locnum,findnum,sea_n,ins;
   float locscore;
   char locname[10],locsex[3];
  int insplace;
a:
   system("cls");
   printf(" ---------------学生成绩管理系统-------------- \n");
   printf("|                                              |\n");
   printf("|        1 输入学生信息  2  插入记录           | \n");
   printf("|        3 删除记录      4  查找               |\n");
   printf("|        5 浏览记录      6  退出               | \n");
   printf("|                                              |\n");
   printf(" -------------------- \n");
   printf("请输入 1~5 选择：");
   scanf("%d",&sys_n);
   switch (sys_n)
   {
   case 1:
       printf("==============输入==============\n");
       printf("请输入学号，姓名，性别，成绩：(输入学号为 0 结束)\n");
       do{
       n++;
       scanf("%d%s%s%f",&L.elem[n].num,
L.elem[n].name,L.elem[n].sex,&L.elem[n].score);
       }while(L.elem[n].num!=0);
       L.length=--n;
       printf("按任意键返回.............\n");
       getchar(); getchar();
```

```
        goto a;
    case 2:
        printf("===================插入记录===================\n");
        printf("学号：");
        scanf("%d",&x.num);
        printf("姓名：");
        scanf("%s",x.name);
        printf("性别：");
        scanf("%s",x.sex);
        printf("成绩：");
        scanf("%f",&x.score);
        printf("插入位置：");
        scanf("%d",&insplace);
        ins=Insert_SeqList(&L,insplace,x);   //函数插入记录
        printf("===================插入后===================\n");
        printf("学号        姓名    性别    成绩\n");
         for(i=1;i<=L.length;i++)
        printf("%7d%10s%4s%7.0f\n",L.elem[i].num,
L.elem[i].name,L.elem[i].sex,L.elem[i].score);
        printf("按任意键返回.............\n");
        getchar(); getchar();
         goto a;

    case 3:
        printf("===================删除=====================\n");
        printf("请输入删除第几条记录：");
        scanf("%d",&deltnum);
        delt=Delete_SeqList(&L,deltnum);
        if(delt)
        {  printf("===================显示删除后=====================\n");
        printf("   学号        姓名    性别    成绩\n");
        for(i=1;i<=L.length;i++)
         printf("%7d%10s%4s%7.0f\n",L.elem[i].num,
L.elem[i].name,L.elem[i].sex,L.elem[i].score);
        }
        else
            printf("删除不成功！");
        printf("按任意键返回.............\n");
        getchar(); getchar();
        goto a;

    case 4:
        printf("===============查找===============\n");
        printf("1 按学号查找    2 按姓名查找 \n");
        printf("3 按性别查找    4 按成绩查找 \n 请选择：");

        scanf("%d",&sea_n);
        switch (sea_n)
        {
          case 1:

                printf("请输入要查找的学生学号：");
```

```
            scanf("%d",&locnum);
            findnum=Location_SeqList_num(&L,locnum);
            if(findnum>=1)
            {
            printf("学号      姓名    性别    成绩\n");
            printf("%7d%10s%4s%7.0f\n",L.elem[findnum].num,
L.elem[findnum].name,L.elem[findnum].sex,L.elem[findnum].score);
            }
            else
              printf("没找到! ");
             break;

        case 2:
             printf("请输入要查找的学生姓名: ");
             scanf("%s",locname);
             Location_SeqList_name(&L,locname);
             break;

        case 3:
              printf("请输入要查找的学生性别: ");
              scanf("%s",locsex);
              Location_SeqList_name(&L,locsex);
             break;
        case 4:
              printf("请输入要查找的学生成绩: ");
              scanf("%f",&locscore);
              Location_SeqList_score(&L,locscore);
             break;
       }
      printf("按任意键返回.............\n");
       getchar(); getchar();
       goto a;
    case 5:
        printf("   学号      姓名    性别    成绩\n");
       for(i=1;i<=L.length;i++)
        printf("%7d%10s%4s%7.0f\n",L.elem[i].num,
L.elem[i].name,L.elem[i].sex,L.elem[i].score);
         printf("按任意键返回.............\n");
       getchar(); getchar();
       goto a;
    case 6:exit(0);
}
}
```

运行结果如图 2.4 所示。

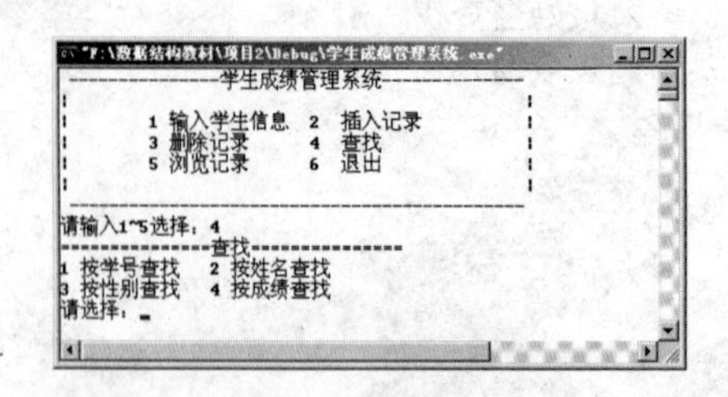

图 2.4 学生成绩管理系统运行界面

任务 2.3 线性表的链式表示和实现——学生成绩管理系统链表实现

【工作任务】

在任务 2.2 中用顺序表实现了学生成绩管理系统，但发现顺序表有下面两个缺点：①顺序存储结构必须在程序编译前就规定好数组元素的多少(即数组长度)，事先难估计，多了造成存储空间浪费，少了不够用；②顺序存储结构在查找和删除运算中可能需要大量移动元素，降低了程序执行效率。基于上述两点，需要引入链式存储结构，链式存储结构与顺序存储结构的不同点是内存位置不一定相邻，即每一个数据元素都有一个链接字段，用来存放下一个数据元素的地址，从而形成链表结构。

本任务将用链表结构来实现学生成绩管理系统。读者可以比较顺序结构和链表结构的优缺点，针对不同的系统选择不同的存储结构。要用链表结构实现学生成绩信息，必须解决下面的问题。

(1) 什么是链表？它有什么特点？

(2) 如何生成学生成绩表链表？

(3) 学生成绩管理系统的插入、删除、查找等操作应如何实现？

子任务 2.3.1 理解单链表

【课堂任务】理解单链表的概念及特点，掌握在单链表中不同类型数据结点的定义方法，为学生成绩管理系统定义结点。

线性表的链式存储结构是通过链建立起数据元素之间的逻辑关系的。如图 2.5 所示，它不需要连续地址的存储单元来实现。

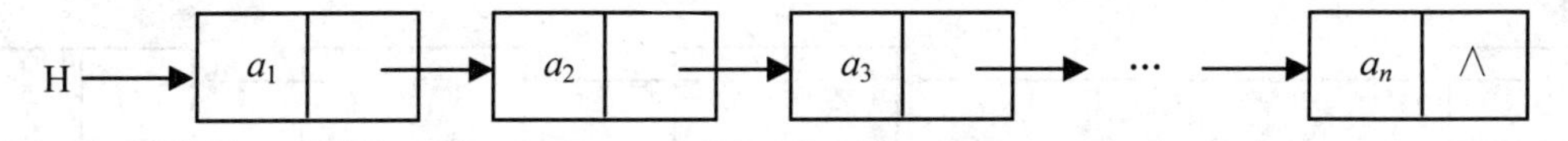

图 2.5 线性表的链式存储结构

为了正确表示数据元素之间的逻辑关系，在存储线性表时，存储每个数据元素值的同时，还要存储指示其后继数据元素的地址(或位置)信息，这两部分信息共用一个结点，结构如图 2.6 所示。

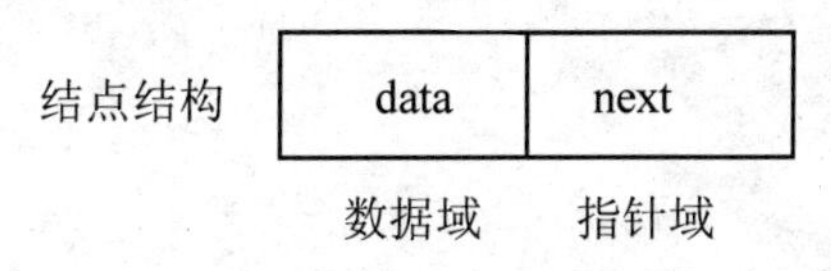

图 2.6 数据元素的结点结构

结点的定义如下。

```
typedef struct node
     { ElemType  data;          /* 数据域 */
       struct node *next;       /* 指针域 */
} LNode,*LinkList;
```

ElemType 为通用数据类型；next 为指向结构体类型的指针，指示下一结点(后继，最后一个元素除外)所在的位置。

头指针变量定义方法如下。

LinkList H;

算法中用到指向某结点的指针变量时按如下格式进行说明。

LNode *p;

语句表示 p=(LinkList)malloc(sizeof(LNode))。

子任务 2.3.2 单链表基本运算的实现——用链表实现学生成绩管理系统

【课堂任务】 掌握链表基本运算的算法，并用这些算法完成学生成绩管理系统。

本任务仍然以学生成绩管理系统为例讲解线性表的基本运算在链表上的实现。学生成绩管理系统的功能分解图，如子任务 2.2.2 中图 2.3 所示。

【模块 1】初始化学生信息，建立链表

该模块是建立单链表的过程，建立单链表有在链表的头部插入结点建立单链表和在单链表的尾部插入结点建立单链表两种方法。

(1) 在链表的头部插入结点建立单链表。例如结点为(7，5，3，1)的链表的建立过程，如图 2.7 所示。

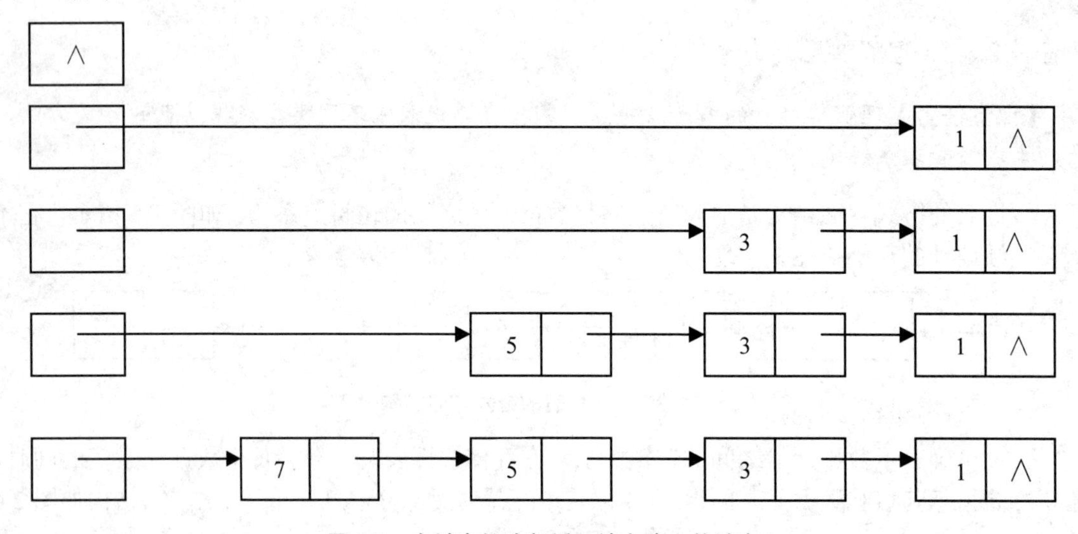

图 2.7 在链表的头部插入结点建立单链表

算法如下。

【算法 2.5.1】

```
LinkList  Creat_LinkList1( )
{   LNode *s;int  x;
   LinkList H=(LinkList)malloc(sizeof(LNode));
    H ->next=NULL;
    scanf("%d",&x);
    while (x!=-1)
    {
        s=(LinkList)malloc(sizeof(LNode));
```

```
        s->data=x;
        s->next=H->next;
        H->next=s;
        scanf ("%d",&x);
  }
    return H ;
}
```

算法说明：本算法中假设结点的类型是整型，但在学生成绩管理系统中，结点的类型是结构体，那么算法就如算法 2.5.2 所示。

【算法 2.5.2】

```
LinkList Creat_LinkList1()          //在头部建立链表
{
    LinkList L=NULL;
    LNode *s;
    long int num;  float score;
    char name[10],sex[3];
    scanf("%d%s%s%f",&num,name,sex,&score);
    while (num!=0)
    {
        s=(LNode *)malloc(sizeof(LNode));
        s->num=num;
        strcpy(s->name,name);
        strcpy(s->sex, sex);
        s->score=score;
        s->next=L;L=s;
        scanf("%d%s%s%f",&num,name,sex,&score);
      }
    return L;
}
```

算法说明：在用链表的头部插入结点建立单链表的方法建立的链表中，先输入的记录在链表的尾部，最后输入的记录是链表的第一个结点。

(2) 在链表的尾部插入结点建立单链表。例如结点为(1，3，5，7)链表的建立过程，如图 2.8 所示。

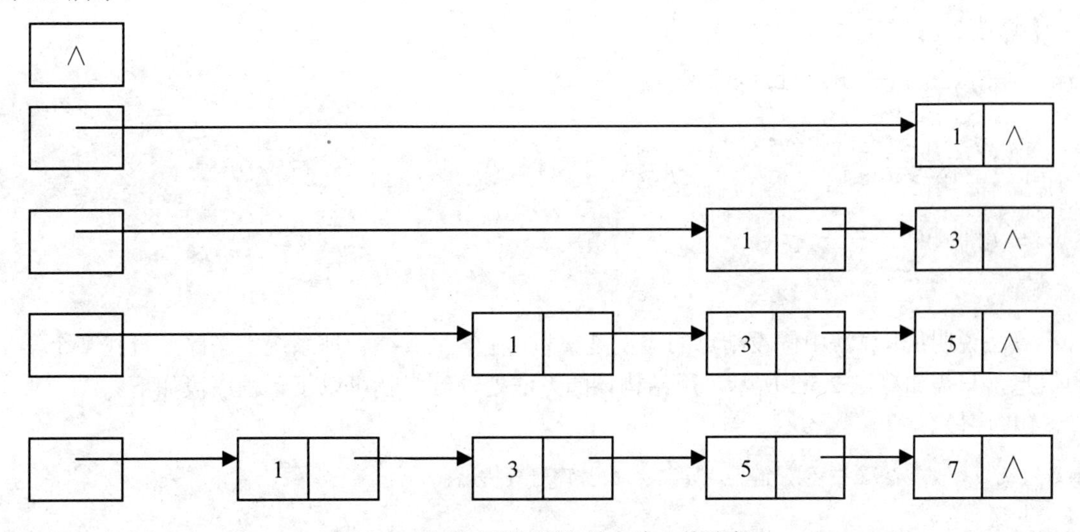

图 2.8　在链表尾部插入结点建立单链表

算法如下。

【算法 2.6】

```
LinkList  Creat_LinkList2( )
 {  LinkList H=(LinkList)malloc(sizeof(LNode));
        LNode  *s,*r=H ;int  x;   /* 设数据元素的类型为 int */
    H ->next=NULL;                /* 空表 */
    scanf("%d",&x);
    while  (x!=-1)
    {
        s=  (LinkList)malloc(sizeof(LNode));
        s->data=x;  s ->next =r->next ;
        r->next=s;  r=s;          /*r 指向新的尾结点 */
        scanf("%d",&x);
    }
    return H ;
}
```

算法说明：本算法中假设结点的类型是整型，学生成绩管理系统中在链表尾部插入结点建立链表，只需如算法 2.5.2 所示，用结构体的方法处理结点就可以了，算法请读者自己编写。从尾部插入结点建立单链表的方法建立的链表，先输入的结点在链表的前面，后输入的结点在链表的后面。

【模块 2】查找学生信息

该模块是对链表的记录进行查找，本模块主要介绍按序号查找和按值查找的算法。

1) 按序号查找

算法的步骤如下。

(1) 从链表的第一个结点开始查找，并且用计数器进行计数，判断计数器的值。

(2) 若等于要找的序号，则找到，返回改结点的指针。

(3) 否则，继续查找，直到表结束。

(4) 没有查找到要查找的结点返回值为空。

算法如下。

【算法 2.7】

```
LinkList Get_LinkList(LinkList H,int k)
{
   LNode  *p=H; int  j=0;
   while (p->next!=NULL && j<k )        //p->next 取第一个数据结点
   {p=p->next;  j++;  }
   if (j==k)  return p ;
   else  return NULL;
}
```

算法说明：本算法中假设结点的类型是整型，在学生成绩管理系统中按序号查找某个学生的信息，只需如算法 2.5.2 所示，用结构体的方法处理结点就可以了，程序段如下。

【程序段 2-6】

```
函数定义 //见算法 2.5 创建链表、算法 2.6 按序号查找元素
main()
{  LinkList h; int j,k;
```

```
    LNode *q;
    h=Creat_LinkList1();
    printf("请输入要查找学生的序号：");
    scanf("%d",&k);
        q=Get_LinkList(h,k);
        printf("您要查找的学生的信息如下：\n");
        printf("%7d%10s%4s%7.0f\n",q->data.num,q->data.name,q->data.sex,
        q->data.score);
}
```

2) 按值查找

步骤如下。

(1) 从表的第一个元素开始查找，遍历链表，判断当前结点的值是否是要查找结点的值。

(2) 若是，则找到，返回该结点的指针。

(3) 否则继续后一个，直到表结束为止。

(4) 找不到时返回空。

【算法 2.8.1】

```
LinkList Get_LinkList_num(LinkList H,int k)
{LNode  *p=H;
while (p!=NULL && p->data.num!=k )
          p=p->next;
  if (p!=NULL)  return p ;
  else  return NULL;
 }
```

算法说明：本算法可以实现学生成绩管理系统中按学号查找某个学生的信息。那么按姓名查找、按性别查找又该如何实现呢？如果在同一链表中有相同姓名的学生，那又该如何做呢？

【算法 2.8.2】

```
void  Get_LinkList_name(LinkList H,char * k)
{
    LNode  *p=H; int i,n=0;
    LNode *a[MAXSIZE];
   while (p!=NULL)
   {    if( strcmp(p->data.name,k)==0)
         {a[n]=p; n++; }
             p=p->next;
   }
   if (n==0)
    printf("no!");
   else
   { printf("  学号      姓名    性别    成绩\n");
     for(i=0;i<n;i++)
      {
        printf("%7d%10s%4s%7.0f\n",a[i]->data.num,
        a[i]->data.name,a[i]->data.sex,a[i]->data.score);
      }
   }
}
```

在学生成绩管理系统中查询学生记录用链表实现操作的程序段如下。

【程序段 2-6】

```
#include "stdio.h"
#include "stdlib.h"
#define MAXSIZE 100
typedef struct     //结点定义
{  long int num;
   char name[10];
   char sex[3];
   float score;
}ElemType;
typedef struct node  //结点定义
{  ElemType data;
   struct node *next;
}LNode,*LinkList;

LinkList  Creat_LinkList2( ) //尾部插入算法 2.6 中的结点是结构体
{   LinkList H=(LinkList)malloc(sizeof(LNode));
     LNode  *s,*r=H ;
     ElemType x;
    H ->next=NULL;
  printf("===================输入==================\n");
   printf("请输入学号，姓名，性别，成绩：(输入学号为 0 结束)\n");
     scanf("%d%s%s%f",&x.num,x.name,x.sex,&x.score);
  while (x.num!=0)
  { s= (LinkList)malloc(sizeof(LNode));
    s->data.num=x.num;
    strcpy(s->data.name,x.name);
    strcpy(s->data.sex,x.sex);
    s->data.score=x.score;
    s ->next =r->next ;
      r->next=s;  r=s;
     scanf("%d%s%s%f",&x.num,&x.name,&x.sex,&x.score);  }
     return H ;
}
LinkList Get_LinkList(LinkList H,int k) //算法 2.7
LinkList Get_LinkList_num(LinkList H,int k) //算法 2.8.1
void  Get_LinkList_name(LinkList H,char * k) //算法 2.8.2
…
main()
{ int secno,sec;
  LNode *p,*q;
  char secname[10];
  p=Creat_LinkList2();
  q=p;
   p=p->next;
   printf("===============查找===============\n");
       printf("1 按学号查找   2 按姓名查找 \n");
       printf("3 按性别查找   4 按成绩查找 \n");
       printf("5 按位置查找  \n   请选择：");
   fflush(stdin);
```

```
    scanf("%d",&sec);
  switch(sec)
       {
      case 1:
         printf("查找记录的学号:");
         scanf("%d",&secno);
         p=Get_LinkList_num(q,secno);
         printf("   学号      姓名    性别    成绩\n");
         printf("%7d%10s%4s%7.0f\n",p->data.num,
          p->data.name,p->data.sex,p->data.score);
         break;
      case 2:
         printf("查找记录的姓名:");
         scanf("%s",secname);
         Get_LinkList_name(q,secname);
         break;
         …
         case 5:
         printf("查找第几条:");
         scanf("%d",&secno);
         p=Get_LinkList(q,secno);
         printf("   学号      姓名    性别    成绩\n");
         printf("%7d%10s%4s%7.0f\n",p->data.num,
          p->data.name,p->data.sex,p->data.score);
       }
}
```

运行结果如图 2.9 所示。

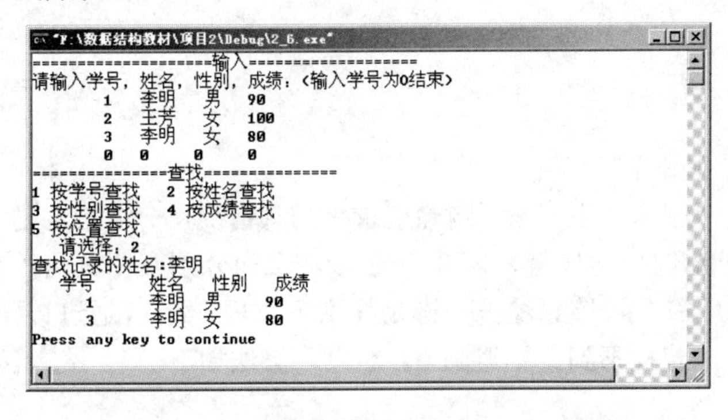

图 2.9　学生成绩管理系统链表查找功能界面

【模块 3】插入学生记录

该模块是在链表中插入记录，若在单链表的第 *i* 个位置插入一个结点 s，则要先找到第 *i*-1 个结点，若存在，建立并插入新结点，若找不到第 *i*-1 个结点，则返回 0，结束。

算法如下。

【算法 2.9.1】

```
int Insert_LinkList(LinkList H,int i, int x)
{ LNode  *p,*s;
 p=Get_LinkList(H,i-1);                    //找到第 i-1 个结点
 if(p==NULL)                               //没有找到合理的插入点，返回 0，结束
```

```
  { return 0;   }
  else
  { s=(LinkList)malloc(sizeof(LNode)); //为 x 申请一个新的结点 s
s->data=x;,                              //将待插入结点的值赋给 s 的数据域
s->next=p->next;                         //s 与后面的结点相连接
 p->next=s;                              //s 与前面的结点相连接
return 1;
  }
}
```

算法说明：本算法中插入的记录是整型，要实现学生成绩管理系统中插入学生记录，则插入的记录是结构体，算法如下。

【算法 2.9.2】

```
int  Insert_LinkList( LinkList H, int i, ElemType  x)
      /* 在单链表 H 的第 i 个位置上插入值为 x 的元素 */
 {   LNode  * p,*s;
    p=Get_LinkList(H,i-1);
    if (p==NULL)
    { printf("插入位置 i 错");return 0; }
    else
    {
      s=(LinkList)malloc(sizeof(LNode));
         s->data.num=x.num;
         strcpy(s->data.name,x.name);
         strcpy(s->data.sex,x.sex);
         s->data.score=x.score;
      s->next=p->next;
      p->next=s;
          return 1;   }
}
```

【模块 4】删除学生记录

该模块是在链表中删除学生记录，删除记录有两种情况，一是指定删除第几条记录，二是删除满足某条件的记录(例如学号是×××的记录)，下面分别介绍这两种方法。

(1) 指定删除第 i 条记录。该算法中关键是找到第 i-1 个结点，通过该结点找到第 i 个结点，若存在，则将其删除，若找不到，则返回 0，结束，算法如下。

【算法 2.10.1】

```
int  Del_LinkList(LinkList H,int i)
/* 删除单链表 H 上的第 i 个数据结点  */
{ LinkList  p, q;
  p=Get_LinkList(H,i-1);                //找到第 i-1 个结点
  if(p==NULL)                        //删除结点的位置错误
  { printf("第 i-1 个结点不存在") ;return 0; }
   else if(p->next==NULL)
          {  printf("第 i 个结点不存在");return 0;}//删除结点的位置错误
         else{
             q=p->next; /* q 指向第 i 个结点 */
           p->next=q->next;
           free(q);                       //释放被删除结点所占用的内存空间
```

```
        return 1;
      }
}
```

(2) 删除满足某条件的记录。该算法就需要将条件和结点的成员进行比较，例如找学号是 *X* 的学生，只要遍历链表，将 *X* 和链表中结点的学号逐一进行比较，删除满足条件的结点。按学号删除的算法如下。

【算法 2.10.2】

```
int   Delete_Linkst2 (LNode *H, int  x )
{ LNode  *p, *q; int count=0;
  q=H;
   while( q ->next )
   {  p=q->next ;
     if(p->data.num ==x)
     { q->next=p->next ;       /*逐个判断结点值，为 x 则删除*/
         free(p); ++count; }   /* count +1*/
      else  q=p;
   }
return  count;
}
```

算法说明，本算法中实现了按学号删除学生记录，在学生成绩管理系统中，还可以按姓名删除、按性别删除等，相关算法请读者自行编写。

【模块汇总】本任务介绍了用链表实现学生成绩管理系统的关键算法。

从上面的讨论可以看出以下几点。

(1) 在单链表上插入、删除一个结点，必须知道其前驱结点。

(2) 单链表不具有按序号随机访问的特点，只能从头指针开始依次进行访问。

(3) 在链表上实现插入和删除运算，可不用移动结点，仅需修改指针。

完整程序清单请读者自行组织。

子任务 2.3.3　循环链表应用——链表合并

【课堂任务】掌握循环链表的特性和基本运算，并能用循环链表解决实际问题。

1. 循环链表的定义

循环链表是另一种形式的链表存储结构，实现方法是将表中最后一个结点的指针域指向单链表的头结点，这样就形成了一个环。这种结构便于查找结点，如图 2.10 所示。

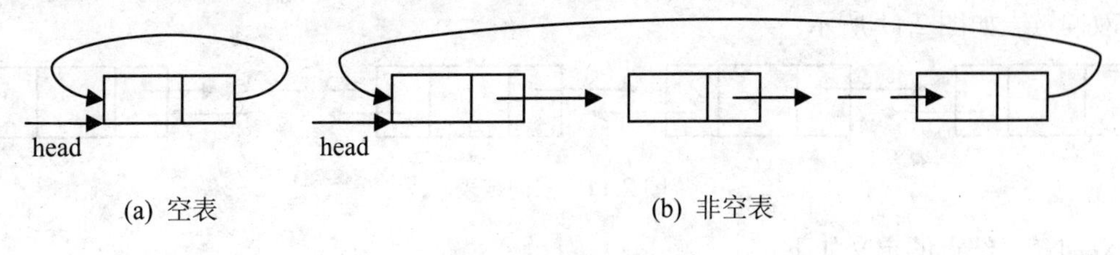

图 2.10　循环链表

2. 循环链表的操作

循环链表的操作和线性链表基本一致，差别仅在于算法中的循环结束条件不是 p 或

p->next 为空，而是 p 或 p->next 等于头结点。

通常在循环链表中只设尾结点而不设头结点，这样尾结点就起到了既指头结点又指尾结点的功能。

3. 循环链表的应用—两个单循环链表 La、Lb 合并成一个循环单链表

要进行链表合并必须先找到两个链表的尾，并分别由指针 p、q 指向它们，然后将第一个链表的尾与第二个链表的第一个结点链接起来，并修改指针 q, 使它的链域指向第一个表的头结点，算法如下。

【算法 2.11】

```
LinkList  Merge_c(LinkList La, LinkList Lb)
{
  p=La;
  q=Lb;
while(p->next!=La) p=p->next;   //找到表 La 的表尾
while(q->next!=Lb) q=q->next;   //找到表 Lb 的表尾
q->next=La;                     //修改表 Lb 的表尾,使之指向表 La 的头结点
p->next=Lb->next;               //修改表 La 的表尾，使之指向表 Lb 的第一个结点
free(Lb);
return La;
}
```

算法说明：采用上面的方法，需要遍历链表，找到表尾，其执行时间是 O(n)。若在尾指针表示的单循环链表上实现，则只需要修改指针，无需遍历，其执行时间是 O(1)。相关算法请读者自行编写。

子任务 2.3.4　双向链表

【课堂任务】掌握双向链表的特性和基本运算，并能用双向链表解决实际问题。

1. 双向链表的定义

在单链表中，从任何一个结点都可以找到它的后继结点，但是寻找它的前驱结点，就必须要从表头开始顺序查找。

双向链表的每一个结点除了包括数据域外，还包括两个指针域，一个指向后继结点，另一个指针指向前驱结点。

使用双向链表可从两个方向搜索某个结点，并且无论利用向前这一链还是向后这一链，都可以遍历这个链表。特别是当一根链失效时，还可以利用另一根链修复整个链表。

双向链表如图 2.11 所示。

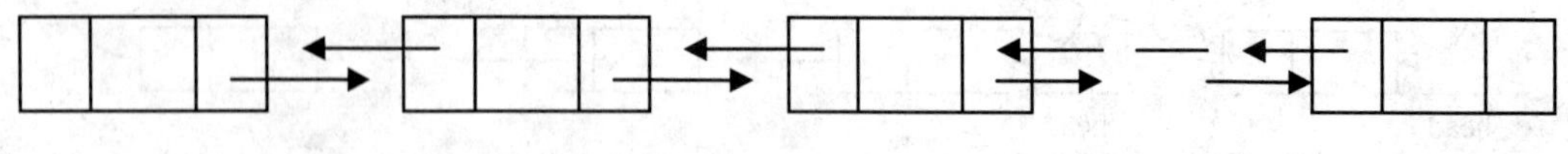

图 2.11　双向链表

双向链表结点的定义如下。

```
typedef struct  dlnode
{
ElemType data;
```

```
    struct dlnode *prior, *next;
}DLNode, *DLinkList;
```

当 p 指向双向循环链表中的某一结点时，则有以下等式。

p->prior->next=p；

p=p->next->prior。

2. 双向链表的操作

1) 双向链表中结点的插入操作

设 p 指向双向链表中某结点，s 指向待插入的新结点，将 *s 插入到 *p 的前面，插入过程如图 2.12 所示，注意操作顺序，操作过程如下。

① s->prior=p->prior。

② p->prior->next=s。

③ s->next=p。

④ p->prior=s。

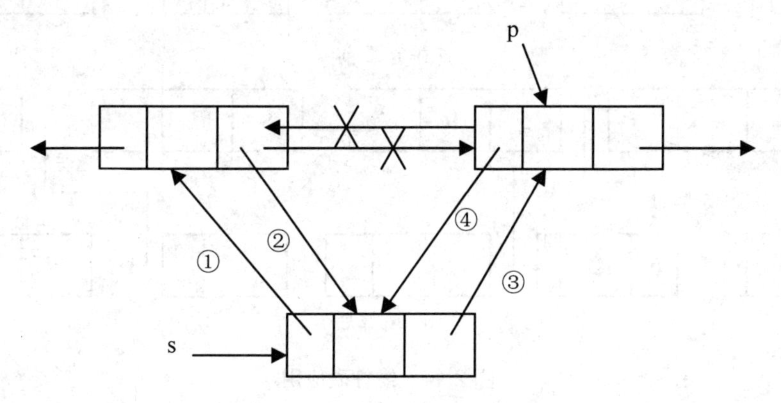

图 2.12　双向链表中插入结点

具体算法请读者自行编写。

2) 双向链表中结点的删除操作

设 p 指向双向链表中待删除的结点,插入过程如图 2.13 所示，操作过程如下。

① p->prior->next=p->next。

② p->next->prior=p->prior。

③ free(p)。

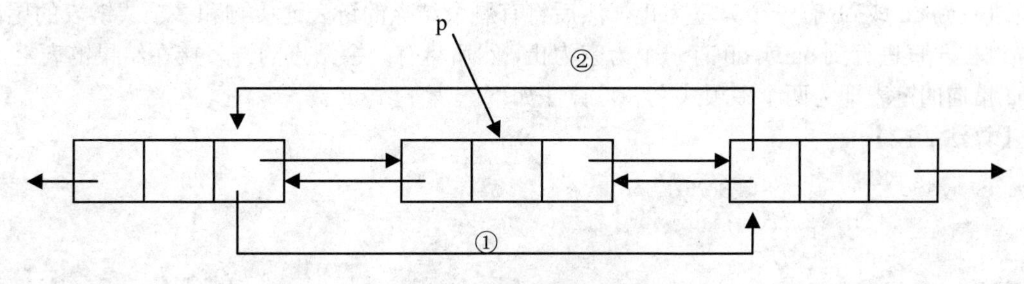

图 2.13　双向链表中删除结点

具体算法请读者自行编写。

任务 2.4　线性表应用举例

在数学上，一个多项式可写成下列形式：$P(x)=a_nx^n+a_{n-1}x^{n-1}+\cdots+a_1x^1+a_0$，其中 a_i 为 x^i 的非零系数。此多项式可采用单链表来表示。多项式中的每一项为单链表中的一个结点，每个结点包含 3 个域：系数域、指数域和指针域。

设有两个多项式做相加运算，图 2.14(a)、2.14(b)所示分别为运算前和运算后的存储点示意图。

$A(x)=5x^9+8x^7+3x^2$　　　$B(x)=6x^{12}+10x^9-3x^2-12$

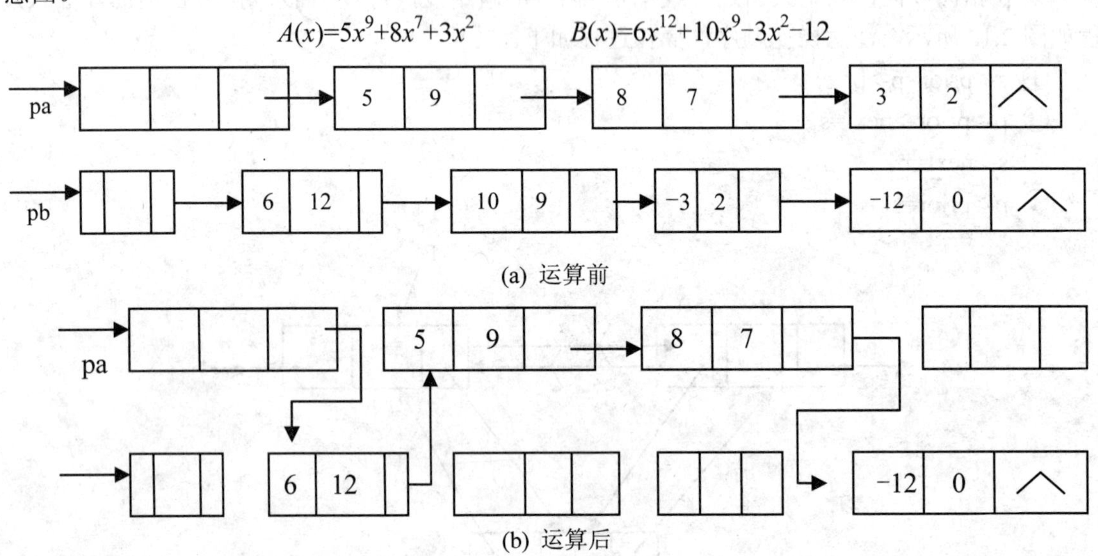

图 2.14　线性表应用

算法分析，首先设 3 个指针变量：pre、qa 和 qb，其中 pre 永远指向和多项式链表的尾结点，qa 和 qb 分别从多项式 pa 和 pb 链表的首项开始扫描，比较 qa 和 qb 所指结点指数域的值，可能出现下列 3 种情况之一。

(1) qa->exp 大于 qb->exp，qa 继续向后扫描。

(2) qa->exp 等于 qb->exp，系数相加。若结果不为零，将结果放入 qa->coef 中，并删除 qb 所指结点，否则同时删除 qa 和 qb 所指结点，然后 qa、qb 继续向后扫描。

(3) qa->exp 小于 qb->exp，则将 qb 结点插入到 qa 所指结点之前，然后 qb 继续向后扫描，一直进行到 qa 或 qb 有一个为空为止，然后将有剩余结点的链表连接到和多项式链表的尾部。扫描过程一直进行到 qa 或 qb 有一个为空为止，然后将有剩余结点的链表接在结果链表上，所得 pa 指向的链表即为两个多项式之和，算法如下。

【算法 2.12】

```
void ployadd(PNode *pa,PNode *pb)
{  PNode *qa,*qb,*q,*pre;int sum;
   pre=pa;
   qa=pa->next;qb=pb->next;
   while(qa&&qb)
    { if(qa->exp==qb->exp)
      { sum=qa->coef+qb->coef;
```

```
    if(sum)
       { qa->coef=sum;pre=qa; }
    else
        {pre->next=qa->next;free(qa);}
  qa=pre->next;
  q=qb;qb=qb->next;free(q);
   }
  }
  else
     { if(qa->exp>qb->exp)
      { pre=qa;qa=qa->next; }
     else
      {pre->next=qb; pre=qb;
     qb=qb->next; pre->next=qa;} }
     }
   if(qb) pre->next=qb;
   free(pb);
 }
```

小　　结

本项目先介绍了线性表的逻辑结构，然后通过学生成绩管理系统的实现介绍了线性表顺序存储和链式存储的基本运算及其实现算法，最后深化线性表的应用。

下面比较顺序表和链表。

顺序存储有以下 3 个优点。

(1) 方法简单，各种高级语言中都有数组，容易实现。

(2) 不用为表示结点间的逻辑关系而增加额外的存储开销。

(3) 顺序表具有按元素序号随机访问的特点。

但它也有以下两个缺点。

(1) 插入、删除操作时，平均大约移动表中一半元素，效率低。

(2) 需要预先分配足够大的存储空间。

在实际中怎样选取存储结构的几点考虑。

1) 基于存储的考虑

顺序表的存储空间是静态分配的，在程序执行之前必须明确规定 MAXSIZE 大小，估计过大，造成浪费，估计过小会造成溢出。链表不用事先估计存储规模，但链表的存储密度较低。存储密度是指一个结点中数据元素所占的存储单元数和整个结点所占的存储单元数之比。显然顺序表的存储密度为 1，链式存储结构的存储密度小于 1 。

2) 基于运算的考虑

如果对线性表的主要是查找操作，适宜采用顺序表结构。对于频繁进行插入和删除操作的线性表，适宜采用链表结构。

3) 基于环境的考虑

顺序表的实现基于数组类型，链表的实现是基于指针。

实训：线性表

1. 实训目的

(1) 掌握线性表的定义与表示方法。

(2) 掌握线性表的基本运算在两种存储结构上的实现算法。

(3) 熟练应用线性表解决实际问题。

2. 实训内容

1) 熟悉顺序表、链表的插入算法

(1) 使用顺序表或链表编写程序实现在 23、35、54、45、12、98 中 45 后插入 0。

(2) 有人员信息表见表 2-2。

表 2-2　人员信息

学号	姓名	性别	成绩
1	aa	男	77
2	gh	男	89
3	sads	女	78
4	asd	男	80

使用顺序表或链表在 1 号后插入一条记录{12,"bb","男",88 }

2) 熟悉顺序表、链表的删除算法

使用顺序表或链表删除 1)中(2)的第二条记录。

3) 熟悉顺序表、链表的查找算法

使用顺序表或链表分别按学号、姓名、性别、年龄查找相应记录。

4) 信息系统案例

请用链表或顺序表设计一个管理系统(例如职工管理系统、图书馆藏书管理系统)，系统的基本功能必须含有添加、删除、查找、退出功能。

上交内容：(1) 源文件(例如 stu.c)。

(2) 可执行文件(例如 stu.exe)。

(3) 系统设计过程说明文档(例如 stu.doc) 。

系统设计过程说明文档的包含内容。

(1) 总体设计图及说明。

(2) 系统主程序流程图及说明。

(3) 主程序中所有所用变量说明。

(4) 所有函数说明。

(5) 调试说明(调试中遇到的问题及最终解决的方法)。

(6) 创新功能模块说明。

(7) 制作感想。

习　题

一、选择题

1. 下述(　　)是顺序存储结构的优点。

A. 存储密度大　　B. 插入运算方便

C. 删除运算方便　　D. 可方便地用于各种逻辑结构的存储表示

2. 下面关于线性表的叙述中，错误的是(　　)。

A. 线性表采用顺序存储，必须占用一片连续的存储单元

B. 线性表采用顺序存储，便于进行插入和删除操作

C. 线性表采用链接存储，不必占用一片连续的存储单元

D. 线性表采用链接存储，便于插入和删除操作

3. 线性表是具有 n 个(　　)的有限序列($n>0$)。

A. 表元素　　B. 字符　　C. 数据元素　　D. 数据项　　E. 信息项

4. 若某线性表最常用的操作是存取任一指定序号的元素和在最后进行插入和删除运算，则利用(　　)存储方式最节省时间。

A. 顺序表　　B. 双链表

C. 带头结点的双循环链表　　D. 单循环链表

5. 某线性表中最常用的操作是在最后一个元素之后插入一个元素和删除第一个元素，则采用(　　)存储方式最节省运算时间。

A. 单链表　　B. 仅有头指针的单循环链表

C. 双链表　　D. 仅有尾指针的单循环链表

6. 设一个链表最常用的操作是在末尾插入结点和删除尾结点，则选用(　　)最节省时间。

A. 单链表　　B. 单循环链表

C. 带尾指针的单循环链表　　D. 带头结点的双循环链表

7. 若某表最常用的操作是在最后一个结点之后插入一个结点或删除最后一个结点，则采用(　　)存储方式最节省运算时间。

A. 单链表　　B. 双链表　　C. 单循环链表　　D. 带头结点的双循环链表

8. 链表不具有的特点是(　　)。

A. 插入、删除不需要移动元素　　B. 可随机访问任一元素

C. 不必事先估计存储空间　　D. 所需空间与线性长度成正比

9. 对于一个头指针为 head 的带头结点的单链表，判定该表为空表的条件是(　　)。

A. head==NULL　　B. head→next==NULL

C. head→next==head　　D. head!=NULL

10. 下面的叙述不正确的是(　　)。

A. 线性表在链式存储时，查找第 i 个元素的时间同 i 的值成正比

B. 线性表在链式存储时，查找第 i 个元素的时间同 i 的值无关

C. 线性表在顺序存储时，查找第 i 个元素的时间同 i 的值成正比

D. 线性表在顺序存储时，查找第 i 个元素的时间同 i 的值无关

二、填空题

1．当线性表的元素总数基本稳定且很少进行插入和删除操作，但要求以最快的速度存取线性表中的元素时，应采用____________存储结构。

2．线性表$L=(a_1,a_2,\cdots,a_n)$用数组表示，假定删除表中任一元素的概率相同，则删除一个元素平均需要移动元素的个数是____________。

3．设单链表的结点结构为(data,next)，next 为指针域，已知指针 px 指向单链表中数据元素为 x 的结点，指针 py 指向数据元素为 y 的新结点 ，若将结点 y 插入结点 x 之后，则需要执行以下语句:____________________；____________________；

4．在一个长度为 n 的顺序表的第 i 个元素($1\leqslant i\leqslant n$)之前插入一个元素时，需向后移动____________个元素。

5．在单链表中设置头结点的作用是____。

6．对于一个具有 n 个结点的单链表，在已知的结点*p 后插入一个新结点的时间复杂度为____________，在给定值为 x 的结点后插入一个新结点的时间复杂度为____________。

7．根据线性表的链式存储结构中每一个结点包含的指针个数，将线性链表分成____________和____________；而又根据指针的连接方式，链表又可分成____________和____________。

8．在双向循环链表中,向指针 p 所指的结点之后插入指针 f 所指的结点，其操作是____________、____________、____________、____________。

三、应用题

1．线性表有两种存储结构，一是顺序表，二是链表。试问：

(1) 如果有 n 个线性表同时并存，并且在处理过程中各表的长度会动态变化，线性表的总数也会自动地改变。在此情况下，应选用哪种存储结构？为什么？

(2) 若线性表的总数基本稳定，且很少进行插入和删除，但要求以最快的速度存取线性表中的元素，那么应采用哪种存储结构？为什么？

2．线性表的顺序存储结构具有 3 个弱点，其一，在作插入或删除操作时，需移动大量元素；其二，由于难以估计，必须预先分配较大的空间，往往使存储空间不能得到充分利用；其三，线性表的容量难以扩充。线性表的链式存储结构是否一定都能够克服上述 3 个弱点，试讨论。

3．若较频繁地对一个线性表进行插入和删除操作，该线性表宜采用哪种存储结构？为什么？

4．假设有两个按元素值递增次序排列的线性表，均以单链表形式存储。请编写算法将这两个单链表合并为一个按元素值递减次序排列的单链表，并要求利用原来两个单链表的结点存放合并后的单链表。

项目 3 栈及应用——数制转换系统

教学目标

本项目将介绍数据结构中一种特殊的线性结构：栈。通过本项目的学习，应了解什么是栈，能够实现栈在顺序和链式两种存储结构上的操作算法。根据栈的两种存储结构的运算特点，能够解决现实生活中的实际问题。

教学要求

知识要点	能力要求	相关知识
栈的逻辑结构	理解栈的逻辑结构及特点	抽象数据类型定义
顺序存储结构	理解栈的顺序存储结构及操作，熟悉顺序栈中进栈、出栈等操作，并能应用到实际项目中	建立栈、进栈、出栈、取栈顶元素等的算法
链式存储结构	理解栈的链式存储结构及操作，熟悉链栈中进栈、出栈等操作，并能应用到实际项目中	建立栈、进栈、出栈、取栈顶元素等的算法

引例

项目 2 通过学生成绩管理系统介绍了一种线性数据结构——线性表，线性表的插入和删除可以在表的任意位置进行，在现实生活中，有许多符合线性结构的例子，却限制了插入和删除的位置。栈是一种操作受限的线性表，只允许在栈的一端进行插入和删除操作。在本项目中将通过一个数制转换系统来介绍栈的相关知识。

数制转换系统主要用来实现不同进制数之间的转换，本项目主要研究十进制向其他进制的转换，数制转换遵循一定的转换规则，可以通过使所有余数进栈，然后出栈来获取转换后的数据。

任务 3.1　理解栈的逻辑结构

【工作任务】

在用栈实现数制转换之前，理解栈的基本概念、逻辑结构以及如何使用这些概念非常重要。要用栈来处理数制转换问题，必须解答下面的问题。

(1) 栈的逻辑结构是什么？如何定义？有什么特点？

(2) 栈有哪些操作？如何用抽象数据类型表示栈？

下面来看一个例子。

【例 3-1】交作业与批改作业(假设作业必须一本一本交，一本一本批改，不得插入和抽取)。

交作业过程：最早交的作业本放在最底下，最后交的放在最上面，其他的作业按交作业的顺序依次存放。

批改作业：放在最上面的第一个批改，依次往下，最下面的最后一个批改。

从上面的过程看，无论交作业还是批改作业都是一本接着一本，是一个线性结构，但是这个结构是有方向性的，先交的作业最后一个批改，换句话说最后交的最先批改，并且一端固定，数据从另一端进出，先进入的后取出，后进入的先取出。

子任务 3.1.1　理解栈的定义

【课堂任务】理解什么是栈，栈结点的定义方法，定义数制转换系统的结点，为后面的学习奠定基础。

栈是一种特殊的线性表。如果一个线性表的插入和删除操作只能在线性表的一端进行，而不能在其他位置上进行，那么这个线性表就称为栈(Stack)。允许插入和删除的一端称为栈顶(Top)，另一端称为栈底(Bottom)。栈的插入操作称为进栈(Push)，栈的删除操作称为出栈(Pop)。

假设栈 $S=(a_1,a_2,\cdots,a_n)$，其中 a_1 称为栈底元素，a_n 称为栈顶元素。栈中的元素按 a_1、a_2 一直到 a_n 的次序进栈，a_1 第一个进栈，a_n 最后一个进栈。出栈的顺序正好相反，每次出栈的都是当前的栈顶元素，而最先进栈的最后出栈，因为栈又称为后进先出(Last In First Out，LIFO)线性表。

子任务 3.1.2　理解栈的基本操作

【课堂任务】熟悉栈的基本操作，为后面的学习奠定基础。

栈的基本操作除了包括在栈顶进行插入或删除操作外，还包括栈的初始化、清空以及取栈顶元素等操作。

(1) 栈的初始化：Init_Stack(S)。

初始条件：栈 S 不存在。

操作结果：创建一个空栈 S。

(2) 求栈的长度：Length_Stack(S)。

初始条件：栈 S 已存在。

操作结果：返回栈 S 的元素的个数。

(3) 清空栈：Clear_Stack(S)。

初始条件：栈 S 已存在。

操作结果：将栈 S 清为空栈。

(4) 判断空栈：Empty_Stack(S)。

初始条件：栈 S 已存在。

操作结果：若 S 为空栈，则返回 TRUE(或返回 1)；否则返回 FALSE(或返回 0)。

(5) 进栈：Push(S,e)，e 为要插入的数据元素。

初始条件：栈 S 已存在。

操作结果：若栈 S 未满，将 e 插进栈 S 的栈顶位置，函数返回 TURE；否则返回 FALSE，表示插入失败。

(6) 出栈：Pop(S,e)。

初始条件：栈 S 已存在。

操作结果：在栈 S 的顶部弹出栈顶元素，并用 e 带回该值，若栈 S 为空，返回值为 FALSE，表示操作失败；否则返回 TRUE。

(7) 取栈顶元素：Get_Top(S,e)。

初始条件：栈 S 已存在且非空。

操作结果：取出栈顶元素的值，并用 e 带回该值。

栈的抽象数据类型为：

ADT　List {

数据对象：$D=\{a_i|a_i \in \text{ElemType} \quad i=1,2,\cdots,n , n\geqslant 0\}$

数据关系：$R=\{ <a_i, a_{i+1}> | a_i , a_{i+1} \in D$

$i=1,2,\cdots, n-1, n\geqslant 0 \}$

约定 a_1 为栈底元素，a_n 为栈顶元素。

基本操作如下。

Init_Stack(&S)：初始化栈 S。

Length_Stack(S)：求栈的长度。

Clear_Stack(&S)：清空栈 S。

Empty_Stack(S)：判断栈 S 是否为空栈。

Push(&S,e)：数据元素 e 进栈。

Pop(&S,&e)：栈顶元素出栈。

Get_Top(&S,&e)：取栈顶元素。

}

ADT List 栈有顺序和链式两种存储结构。

任务 3.2　栈的顺序表示和实现

【工作任务】

理解了栈的概念及操作后，还需要掌握栈的两种存储方式：顺序存储和链式存储。本任务将用顺序存储方式来实现数制转换。要用顺序栈实现数制转换，必须解答下面的问题。

(1) 什么是顺序栈？有什么特点？

(2) 数制转换采用什么算法实现？怎样存储转换过程中的余数？

(3) 怎样得到转换后的数值？

子任务 3.2.1　建立顺序栈

【课堂任务】理解顺序栈的概念及特点，掌握创建顺序栈的方法，能为数制转换系统建立顺序栈。

顺序栈即栈的顺序存储结构，是指分配一块连续的存储区域依次存放自栈底到栈顶的数据元素，同时设指针 top 来动态地指示栈顶元素的当前位置。空栈用 top=0 或 top=-1 表示，下面的顺序栈采用 top 指向栈顶元素的最后一个位置的方式来描述，当栈为空时，top=0，用 C 语言描述顺序栈的数据类型如下。

```
#define StackSize 100      /*分配的栈空间大小*/
typedef int ElemType;      /*假定栈元素的数据类型为整型*/
typedef struct{
     ElemType data[StackSize];
     int top;
    }SeqStack;
```

在 C 语言中，定义一个顺序栈的语句是：

SeqStack　S;

若 S 为顺序栈，则 s.data[0]存放栈中的第一个元素，s.data[top-1]存放最后一个元素。当 s.top=StackSize-1 时栈满，此时若再有元素进栈则将产生越界的错误，称为栈上溢(Overflow)，反之，当 top=0 时为栈空，这时若执行出栈操作则将产生下溢错误(Underflow)。图 3.1 表示了顺序栈中数据元素和栈顶指针之间的对应关系。

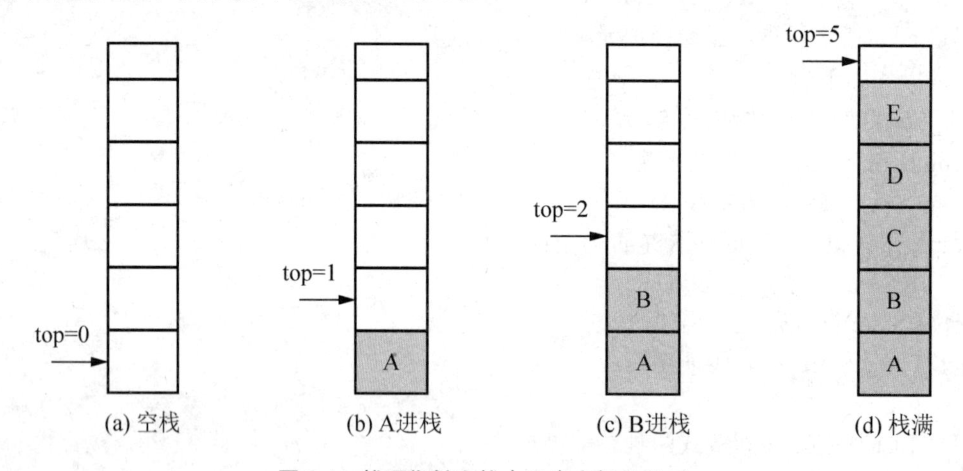

图 3.1　栈顶指针和栈中元素之间的关系

对于数制转换系统，这里主要以将十进制数转换为二进制数为例进行讲解。算法的主要思想是：用初始十进制数除以 2 把余数记录下来，若商不为 0，则再用商除以 2 直到商为 0，这时把所有的余数逆序排列起来，就得到了相应的二进制数，如把十进制数 8 转换成二进制数的过程如图 3.2 所示。所得到的二进制数为 1000，正好与所求得的余数的次序相反。

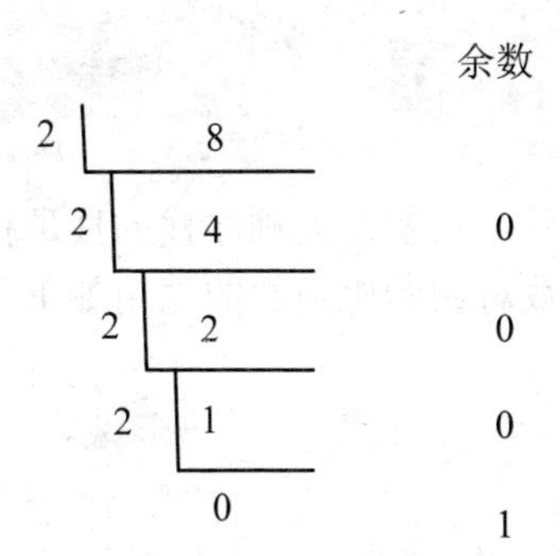

图 3.2　十进制数转换为二进制数的过程

根据栈的特点，可以用一个栈来保存所有的余数，当商为 0 时则让栈里的所有余数出栈，就可以得到正确的二进制数。在数制转换系统中用顺序栈来存储余数，顺序栈的定义如下。

【程序段 3-1】

```
#define StackSize 100     /*分配的栈空间大小*/
typedef int ElemType;     /*假定栈元素的数据类型为整型*/
typedef struct{
     ElemType data[StackSize];
     int top;
    }SeqStack;
SeqList   S ;                //定义存储余数的顺序栈
```

子任务 3.2.2　顺序栈上基本运算的实现——用顺序栈实现数制转换系统

【课堂任务】掌握顺序栈基本运算的算法，并用这些算法实现数制转换系统。主要模块包括初始化栈、余数进栈、余数出栈、数制转换。

算法思想：首先确定数制转换系统所应具有的功能：初始化用来存放余数的栈、数制转换、余数进栈、余数出栈。分解图如图 3.3 所示。

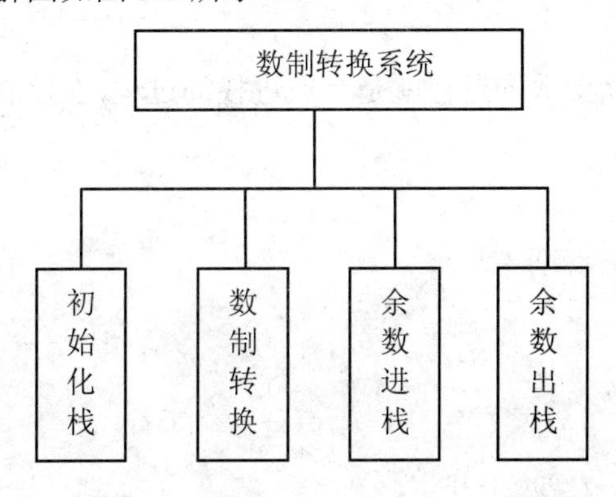

图 3.3　数制转换系统的功能分解图

【模块 1】初始化栈

该模块是对顺序栈的初始化，即构造一个空栈，语法如下。

【算法 3.1】

```
void Init_Stack(SeqStack *s)
```

```
{
    s->top=0;
}
```

算法说明：在定义顺序栈之后，只要设置顺序栈的栈顶指向 0 就构造了一个空的顺序栈。

设调用函数为主函数，主函数对初始化函数的调用如下。

【程序段 3-2】

```
main()
{
SeqStack S;
Init_Stack(&s);
}
```

【模块 2】余数进栈

该模块是对顺序栈进行进栈操作，完成进栈操作包含以下步骤：

(1) 判断栈是否为满。

(2) 如果栈满，则显示“overflow!!”并返回 0，表示进栈未成功。

(3) 如果栈未满，则把新元素放进栈顶单元，并使栈顶指针上移(加 1)，同时返回 1，表示进栈成功。

【算法 3.2】

```
int Push(SeqStack *s,ElemType x)
 {
  if(s->top==StackSize-1)//判断栈是否为满
  {printf("overflow!!\n");//栈满时,显示栈满提示,并返回 0
   return 0;}
   else
  {s->data[s->top]=x;//栈不满, 把 x 送进栈顶单元
   s->top++;          //修改栈顶指针
   return 1;
   }
 }
```

在数制转换系统中存储余数的过程就是余数进栈的过程,在数制转换系统中余数进栈的操作如下。

【程序段 3-3】

```
定义顺序存储结构              // 见程序段 3-1
函数定义                      //见算法 3.2
main()
 {
     int number;
     SeqStack  s ;
     Init_Stack(&s);     //初始化栈
     scanf("%d",&number);
    while (number)
     {
        Push(&s,number%2 );
     number=number/2 ;
     }
 }
```

【模块3】余数出栈

该模块是把顺序栈中的栈顶元素取出，直到栈空为止。操作步骤如下。

(1) 判断栈是否为空。

(2) 如果栈空，则显示“underflow!!”，并返回0，表示出栈不成功。

(3) 如果栈不空，则栈顶指针向下移，栈顶元素出栈，将其值赋给 x，返回 1，表示出栈成功。

【算法3.3】

```
int Pop(SeqStack *s,ElemType *x)
 {
  if(s->top==0)    //栈为空,不能出栈,显示“underflow!!”,并返回0;
  {
    printf("underflow\n!!");
    return 0;
  }
  else
  {
    s->top--;          //修改栈顶指针
    *x=s->data[s->top];//栈顶元素成功出栈,返回1
    return 1;
  }
 }
```

在数制转换系统中，进行数制转换的过程就是从顺序栈中取出余数的过程，程序如下。

【程序段3-4】

```
定义顺序存储结构      // 见程序段3-1
函数定义  //见算法3.2, 3.3
 main()
 {  int x;
    余数进栈程序//见程序段3-2
   while(s.top!=0)
   {
   Pop (&s , &x ) ;
    printf ( "%d ", x ) ;
   }
}
```

【模块4】数制转换

该模块主要是把十进制数 N 转换为二进制数，首先依次将余数进栈，然后从栈中依次取出，所得的数即为转换后的二进制数。

在数制转换系统中，要使余数出栈首先要对栈是否为空进行判断，判断方法为：如果栈顶指针小于等于0，返回1表示当前栈为空，否则返回0，表示当前栈不为空。

【算法3.4】

```
int Empty_Stack(SeqStack *s)
{
```

```
if(s->top<=0 )//栈顶指针小于等于 0 表示栈空
        return 1; //返回值为 1 表示栈空
    else
        return 0;//返回值为 0 表示栈不为空
}
```

【算法 3.5.1】

```
void conversion (int N)
{ while ( N )                      //除数不为零，则除数进栈
  {  Push(&s,N%2 );
     N=N/R ;     }
 while  (!Empty_Stack(&s))         //栈不为空，则栈顶出栈
   {  Pop (&s , &x ) ;
     printf ( "%d ", x ) ;}
}
```

思考：十进制怎么转换成十六进制呢？十进制转换成十六进制与十进制转换成二进制的算法类似，只是对于转换后的 10 及其以上的数据要进行处理，要把其变成十六进制数对应的'A'等字符，改进的算法如下。

【算法 3.5.2】

```
void conversion (int N, int  R)
{
  char c;
  //余数进栈
  while  (!Empty_Stack(&s))
   {
      Pop (&s , &x ) ;
      if(x<10)
          printf ( "%d ", x ) ;
      else
      {  c='A'+x-10;
         printf("%c",c);
      }
  }
}
```

【模块汇总】数制转换系统，完整的程序清单如下。

【程序段 3-5】

```
#include<stdio.h>
#define StackSize 100     /*分配的栈空间大小*/
typedef int ElemType;     /*假定栈元素的数据类型为整型*/
typedef struct
{
     ElemType data[StackSize];
     int top;
 }SeqStack;
 void Init_Stack(SeqStack *s)
{
    s->top=0;
}
```

```
int Push(SeqStack *s,ElemType x)
 {
  if(s->top==StackSize-1){
   printf("栈满\n");
   return 0;
   }
   else{
   s->data[s->top]=x;
   s->top++;
   return 1;
   }
 }
int Pop(SeqStack *s,ElemType *x)
 {
  if(s->top==0)
  {
   printf("栈空\n");
   return 0;
   }
   else
   {
   s->top--;
   *x=s->data[s->top];
   return 1;
   }
 }
int Empty_Stack(SeqStack *s)
{
    if(s->top<=0 )
        return 1;
    else
        return 0;
}
void conversion (int N, int  R)
{ SeqStack  s ;
  int  x ;
  char c;
  Init_Stack(&s);
  while ( N )
  {
      Push(&s,N%R );
     N=N/R ;
  }
  while  (!Empty_Stack(&s))
   {
      Pop  (&s  , &x ) ;
      if(x<10)
          printf ( "%d ", x ) ;
      else
      {  c='A'+x-10;
         printf("%c",c);
      }
```

```
    }
}
main()
{
    int number,n;
    printf("输入需转换的十进制数:");
    scanf("%d",&number);
    printf("输入需转换的数制：");
    scanf("%d",&n);
    conversion(number,n);
}
```

程序运行结果如图 3.4 所示。

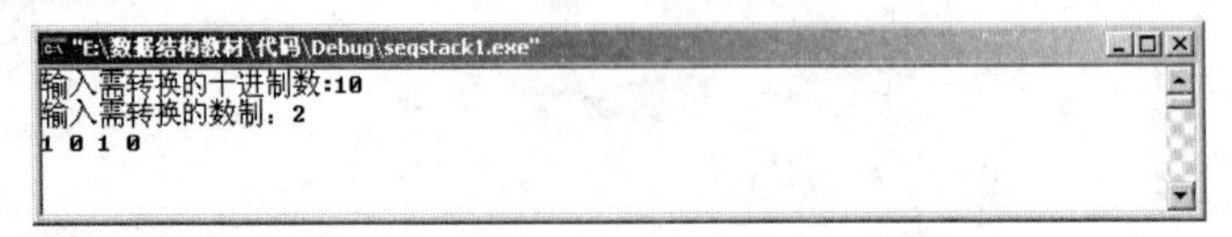

图 3.4　数制转换系统运行结果

以下为拓展模块，与本项目无关。

【模块 5】取栈顶元素

该模块主要是获取栈顶元素，首先判断栈是否为空，如果为空，则返回 0；否则把栈顶元素的值赋给 e，返回 1。

【算法 3.6】

```
int Get_Top(SeqStack *s,ElemType *e)
{
    if(s->top==0) return 0;
    else
    {
        *e=s->data[s->top-1];
        return 1;
    }
}
```

【模块 6】取栈的长度，即求栈中元素的个数

【算法 3.7】

```
int Length_Stack(SeqStack *s)
{
    return s->top;
}
```

任务 3.3　栈的链式表示和实现

【工作任务】

在任务 3.2 中用顺序栈实现了数制转换系统。在顺序栈中，由于顺序存储结构需要事先静态分配，而存储规模往往又难以确定，如果栈空间分配过小，可能会造成溢出；如果栈空间分配过大，又会造成存储空间浪费。因此，为了克服顺序存储的缺点，可以采用链式存储结构表

示栈。

本任务将用栈的链式存储结构来实现数制转换系统。读者可以比较顺序结构和链式结构的优缺点，对于不同的系统选择不同的存储结构。要用链式存储结构实现数制转换，必须解答下面的问题。

(1) 什么是链栈？它有什么特点？

(2) 如何生成链栈？

(3) 数制转换系统的插入、删除、查找等操作如何实现？

子任务 3.3.1　理解链栈

【课堂任务】理解链栈的概念及特点，掌握链栈中数据结点的定义方法，能为数制转换系统定义结点。

采用链式存储结构的栈称为链栈或链式栈。链栈由一个个结点构成，结点包括数据域和指针域两部分，在链栈中，利用每一个结点的数据域存储栈中的每一个元素，利用指针域表示元素之间的关系。插入和删除元素的一端称为栈顶，用栈顶指针 top 指示。链栈示意图如图 3.5 所示。

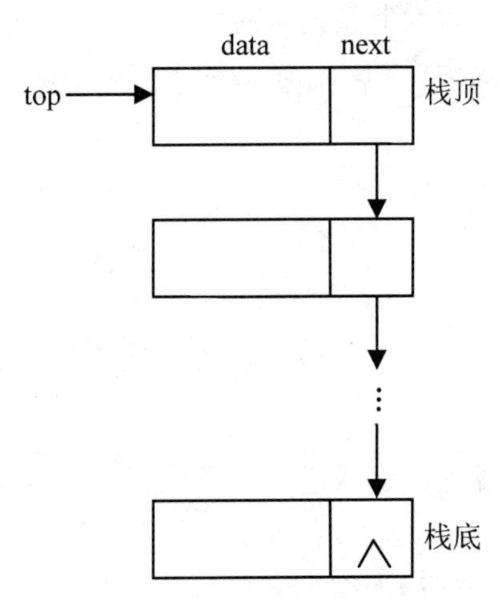

图 3.5　链栈示意图

链栈的基本操作与链表的操作类似，结点使用完毕后，应释放其空间。

链栈结点的类型定义如下。

【程序段 3-6】

```
typedef struct snode
{
     ElemType data;
     struct snode *next;
 }linkStack;
```

链栈的说明：

(1) 链栈通过链表实现，链表的一个结点为栈顶，最后一个结点为栈底。

(2) 设栈顶指针为 top，初始化时，不带头结点 top=NULL,带头结点 top->next=NULL。

(3) 不带头结点的栈空条件为 top==NULL,带头结点的栈空条件为 top->next==NULL。

(4) 进栈操作与链表的插入操作类似，出栈操作与链表的删除操作类似。

子任务 3.3.2　链栈上基本运算的实现——用链栈实现数制转换系统

【课堂任务】掌握链栈基本运算的算法，并用这些算法实现数制转换系统。主要模块包括初始化栈、余数进栈、余数出栈、数制转换等。

【模块 1】初始化栈

该模块是对链栈进行初始化，如构造一个空栈，语法如下：

【算法 3.8】

```
linkStack *Init_Stack()
{
   linkStack *top;
   top=NULL;
   return top;
}
```

算法说明：在定义链栈之后，只要设置链栈的栈顶为空就构造了一个空的链栈，在本项目中，主要用不带头结点的链栈实现数制转换系统。

设调用函数为主函数，主函数对初始化函数的调用如下。

【程序段 3-7】

```
main()
{
   linkStack  *s ;
   s=Init_Stack();
}
```

【模块 2】余数进栈

该模块是对链栈进行进栈操作，完成进栈操作包含以下步骤。

(1) 先申请结点空间。

(2) 把要进栈的数据赋给新申请结点的数据域。

(3) 把 top 赋给新结点的指针域。

(4) 使栈顶指针 top 指向新申请的结点(新的栈顶)。

算法如下：在数制转换系统中存储余数的过程就是余数进栈的过程。

【算法 3.9】

```
linkStack *Push(linkStack *top,ElemType x)
 {
    linkStack *s;
    s=(linkStack *)malloc(sizeof(linkStack));
    s->data=x;
    s->next=top;
    top=s;
    return top;
 }
```

在数制转换系统中余数进栈的程序如下。

【程序段 3-8】

```
定义链式存储结构      // 见程序段 3-6
函数定义  //见算法 3.8
main()
 {
     int number;
     linkStack  *s ;
      s=Init_Stack();//初始化栈
     scanf("%d",&number);
      while (number)
     {
       s=Push(s,number%2 );
     number=number/2 ;
     }
 }
```

【模块 3】余数出栈

该模块是把链栈中的栈顶元素取出，直到栈空为止，操作步骤如下。

(1) 先判断栈是否为空。

(2) 如果栈空，则显示“underflow!!”，表示出栈不成功。

(3) 如果栈不空，则读出栈顶元素的值，并把栈顶元素的指针赋给 top。

(4) 最后释放原栈顶指针空间。

算法如下。

【算法 3.10】

```
linkStack *Pop(linkStack *top,ElemType *e)
 {
  linkStack *x;
  if(top==NULL)
      printf("underflow!!\n");
  else
  {
      *e=top->data;
      x=top;
      top=top->next;
      free(x);
  }
  return top;
 }
```

在数制转换系统中余数出栈的程序如下。

【程序段 3-9】

```
定义链式存储结构      // 见程序段 3-6
函数定义  //见算法 3.8，3.9
 main()
 {  int x;
    余数进栈程序//见程序段 3-8
while  (s! =NULL)
```

```
    {
      s=Pop (s,&x) ;
      printf ( "%d ", x ) ;
}
}
```

【模块 4】数制转换

该模块主要是把十进制数 N 转换为二进制数，首先依次将除数进栈，然后从栈中依次取出数字，所得的数即为转换后的二进制数。

从栈中取数字，首先要判断栈是否为空，判断的方法为：如果栈顶指针为 NULL，返回 1 表示当前栈为空，否则返回 0，表示当前栈不为空。

【算法 3.11】

```
int Empty_Stack(linkStack *top)
{
    if(top==NULL)
        return 1;
    else
        return 0;
}
```

【算法 3.12】

```
void conversion (int N, int R)
{ linkStack  *s ;
  int  x ;
  char c;
  s=Init_Stack();
  while(N)
  {
    s=Push(s,N%R);
   N=N/R ;
  }
  while  (!Empty_Stack(s))
  {
    s=Pop (s,&x) ;
    printf ( "%d ", x )
  }
}
```

以下为拓展模块，与本项目无关。

【模块 5】取栈顶元素

【算法 3.13】

```
int Get_Top(linkStack *top)
{
    int x ;
    if(top==NULL)
    {
        printf("underflow!\n");

    }
    else
```

```
        x=top->data;
    return x;
}
```

【模块 6】取栈的长度，即元素的个数

【算法 3.14】

```
int Length_Stack(linkStack *top)
{
    int x=0;
    linkStack *s=top;
    while(s!=NULL)
{
    x=x+1;s=s->next;
}
    return x;
}
```

【模块 7】清空栈

【算法 3.15】

```
void Clear(linkStack *top)
{
    linkStack *x;
    while(top!=NULL)
    {
        x=top;
        top=top->next;
        free(x);
    }
}
```

小　　结

本项目主要介绍了一种特殊的线性表——栈。

栈是一种只允许在线性表的一端进行插入和删除操作的线性表，其中，允许插入和删除的一端称为栈顶，另一端称为栈底。栈的基本操作与线性表的基本操作类似。

栈有两种存储方式：顺序存储和链式存储，采用顺序存储结构的栈称为顺序栈，采用链式存储结构的栈称为链栈。

栈的特点是先进后出。

实训：栈及应用

1. 实训目的

(1) 掌握栈的定义与表示方法。

(2) 掌握栈的基本运算在两种存储结构上的实现算法。

(3) 熟练应用栈解决实际问题。

2. 实训内容

(1) 熟悉顺序栈的基本运算。利用顺序栈的基本运算，通过输入将字符进栈，然后输出其出栈序列。

(2) 熟悉链栈的基本运算。利用链栈的基本运算实现一个行编辑程序，当前一个字符有误时，输入‘#’取消。当前面一行有误时，输入‘@’删除当前行的字符序列。

(3) 案例。

问题描述：在计算机中，算术表达式由常量、变量、运算符和括号组成，由于不同的运算符具有不同的优先级，又要考虑括号，因此，算术表达式的求值不能严格地从左到右进行，因而程序设计语言在编译过程中借助栈实现算术表达式的求值。

基本要求：输入一个算术表达式，由常量、变量、运算符和括号组成，输出算术表达式的计算结果。

3. 实训报告

1) 上交内容

(1) 源文件。

(2) 可执行文件。

(3) 系统设计过程说明文档。

2) 系统设计过程说明文档包含的内容

(1) 总体设计图及说明。

(2) 系统主程序流程图及说明。

(3) 主程序中所用的所有变量说明。

(4) 所有函数说明。

(5) 调试说明(调试中遇到的问题及最终的解决方法)。

(6) 创新功能模块说明。

(7) 制作感想。

习　　题

一、选择题

1. 一个栈的进栈序列是 a,b,c,d,e,则栈的输出序列不可能是(　　)。

A. edcba　　B. decba　　C. dceab　　D. abcde

2. 栈是限定在(　　)处进行插入或删除操作的线性表。

A. 端点　　B. 栈底　　C. 栈顶　　D. 中间

3. 4 个元素按 A、B、C、D 的顺序连续进栈，进行 Pop(S，x)元素后，x 的值是(　　)。

A. A　　B. B　　C. C　　D. D

4. 4 个元素进 S 栈的顺序是 A、B、C、D，进行两次 Pop(S，x)操作后，栈顶元素的值是(　　)。

A. A　　B. B　　C. C　　D. D

5．顺序栈存储空间的实现使用 (　　)。

A．链表　　B．数组　　C．循环链表　　D．变量

6．一个顺序栈一旦说明，其占用空间的大小(　　)。

A．已固定　B．可以改变　C．不能固定　D．动态变化

7．栈与一般线性表的区别主要是(　　)。

A．元素个数　B．元素类型　C．逻辑结构　D．插入、删除元素的位置

8．有 6 个元素 6，5，4，3，2，1 顺序进栈，问下列哪一个不是合法的出栈序列？(　　)

A．5 4 3 6 1 2　B．4 5 3 1 2 6　C．3 4 6 5 2 1　D．2 3 4 1 5 6

二、填空题

1．____________可以作为实现递归函数调用的一种数据结构。

2．栈是一种____________先出的线性结构。

3．对于顺序栈，在执行入栈操作之前要先判断栈是否____________，在执行出栈操作之前要先判断栈是否____________。

4．如果一个栈的输入序列是 1，2，3，…，n，输出序列的第一个元素是 n，则输出的第 i 个元素是____________。

三、简答题

1．设有编号为 1，2，3，4 的 4 辆车，顺序进入一个栈式结构的车库，试写出这 4 辆车开出车库的所有可能的顺序。例如：2143(1 号进、2 号进、2 号出、1 号出、3 号进、4 号进、4 号出、3 号出)。

2．设有一个顺序栈 S，元素 $s1$、$s2$、$s3$、$s4$、$s5$、$s6$ 依次进栈，如果 6 个元素的出栈顺序为 $s2$、$s3$、$s4$、$s6$、$s5$、$s1$，则顺序栈的存储空间至少应为多大？

四、应用题

1．设从键盘上输入一个整数序列：a_1，a_2，a_3，…，a_n，试编写算法实现：用栈结构存储输入的整数，当 $a_i \neq -1$ 时，将 a_i 进栈；当 $a_i = -1$ 时，输出栈顶整数并出栈。算法应对异常情况(入栈满等)给出相应的信息。

2．编写一个程序，将计算机产生 n 个随机数，分为奇数、偶数两组，并将它们分别压入两个栈中，然后输出到屏幕上。

项目4 队列及应用——学生答疑系统

教学目标

本项目将介绍数据结构中另一个特殊的线性结构——队列。通过本项目的学习，应了解什么是队列、队列有哪些特点、队列有哪几种实现方式及其实现算法。掌握队列的两种存储结构的运算特点，能够解决现实生活中队列的实际问题。

教学要求

知识要点	能力要求	相关知识
队列的逻辑结构	理解队列的逻辑结构及特点	抽象数据类型定义
顺序存储结构	理解队列的顺序存储结构及操作，熟悉在顺序队列、顺序循环队列中进行入队、出队等操作，并能应用到实际项目中	建立队列、入队、出队、取队头元素、遍历队列等算法
链式存储结构	理解队列的链式存储结构及操作，熟悉在链队列中进行入队、出队等操作，并能应用到实际项目中	建立队列、入队、出队、取栈顶元素、遍历队列等算法

引例

在项目 3 中，通过数制转换系统学习了一种线性数据结构——栈。在日常生活中，人们排队买票所排队列也是一个线性数据结构。新来买票的人到队尾排队，形成新的队尾，即入队，在队首的人买完票离开，即出队。在计算机系统中，这种先来先服务的排队模型可以用队列来实现，在本项目中，将用学生答疑系统来介绍队列的相关知识。

学生答疑系统主要是为了解决学校常见的学生排队答疑的问题而设计的。常见的功能有学生信息的插入、删除、浏览等，可以把每个学生的信息看成是一个记录或一个结点，多个学生的信息就构成了一个队列。学生信息的插入、删除、浏览其实就是对队列的操作。

队列是一种特殊的线性结构，在计算机中对队列的存储主要有两种方法，顺序存储结构和链式存储结构。采用顺序存储结构的队列称为顺序队列，采用链式存储结构的队列称为链式队列。顺序队列存在假上溢问题，为了解决这一问题，引入了顺序循环队列，它将一个顺序队列想象成一个首尾相连的环，当队列达到最大值时，又可以跳回到队列的最小值上。

任务 4.1　理解队列的逻辑结构

【工作任务】

在用队列实现学生答疑系统之前，理解队列的基本概念、逻辑结构以及如何使用这些基本操作非常重要。要用队列来处理学生答疑问题，必须解决下面的问题。

(1) 队列的逻辑结构是什么？如何定义？有什么特点？

(2) 队列有哪些操作？如何用抽象数据类型表示队列？

在日常生活中经常会遇到排队的情景，在计算机程序设计中也经常出现类似的问题。数据结构中的队列与生活中的排队极为相似，也是按照先来先服务的原则行事，并且严格规定，不允许中间插队，也不允许中途离队。下面先来看几个现实生活中的例子。

例 1：当所有的接线员都忙得不可开交时，对大公司的传呼就放到一个队列中，当接线员处理完一个传呼时，就从队列中取出一个传呼进行处理。队列中，处于队头的传呼是等待最长的传呼，因此应先处理它。

例 2：在大学里，临近期末考试，有许多老师都会举行答疑，如果问问题的学生比较多，而老师只有一个，就会出现学生排队答疑的状况，当老师解答完一个同学的问题时，就从队列中再叫一个同学进行答疑。而新来的同学则需排在队伍的末尾。

从上面的过程看，传呼被放在一个队列中等待处理和学生排队等待答疑是一个线性结构，但是这个结构是有方向的，排在队头的是等待时间最长的(不考虑插队问题)，应先处理，即先来先服务，后来后服务。

子任务 4.1.1　理解队列的定义

【课堂任务】理解什么是队列，掌握队列结点的定义方法，能定义学生答疑系统的结点，为后面的学习奠定基础。

队列也是一种特殊的线性表，队列只允许在表的一端插入，在另一端删除。允许插入的一端称为队尾(rear)，允许删除的一端称为队头(front)。队列的插入操作通常称为入队列或进队列，而队列的删除操作则称为出队列或退队列。

由队列的定义可知，队头元素总是先进入队列，也总是最先出队列；队尾元素总是最后入队列，也是最后出队列。因此，队列是先进先出的。

假如队列为 $A=\{a_1,a_2,a_3,\cdots,a_n\}$，则队头元素为 a_1，队尾元素为 a_n；队列中的元素是按照 $a_1,a_2,a_3,\cdots,a_n$ 的顺序进入的，出队列也就只能按这个次序出，如图 4.1 所示。

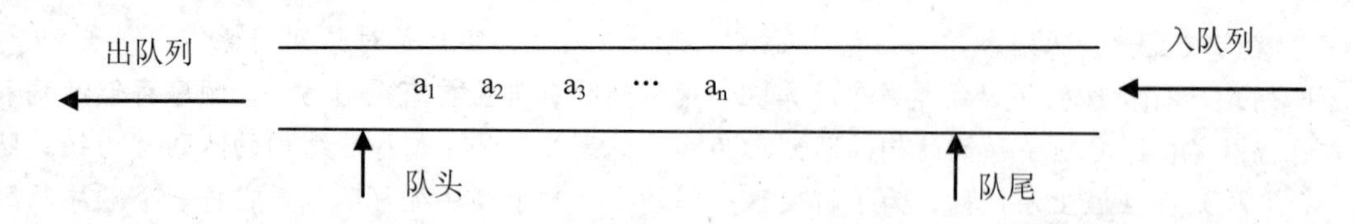

图 4.1　队列示意图

子任务 4.1.2　理解队列的基本操作

【课堂任务】熟悉队列的基本操作，为后面的学习奠定基础。

队列的基本操作除了在栈顶进行插入或删除操作外，还有队列的初始化、清空以及取队头元素等操作。

栈的基本操作有以下几种。

(1) 初始化队列：Init_Queue(Q)。

初始条件：队列 Q 不存在。

操作结果：创建一个空队 Q。

(2) 求队列的长度：Length_Queue(Q)。

初始条件：队列 Q 已存在。

操作结果：返回队列 Q 的元素个数。

(3) 置空队列：Clear_Queue(Q)。

初始条件：队列 Q 已存在。

操作结果：将队列 Q 设置为空队列。

(4) 判断空队列：Empty_Queue(Q)。

初始条件：队列 Q 已存在。

操作结果：若 Q 为空队列，则返回 TRUE(或返回 1)；否则返回 FALSE(或返回 0)。

(5) 入队列：EnQueue(&Q,e)，e 为要插入的数据元素。

初始条件：队列 Q 已存在。

操作结果：若队列未满，将 e 插入到队列 Q 的队尾位置，函数返回 TURE；否则返回 FALSE，表示插入失败。

(6) 出队列：DeQueue(&Q,&e)。

初始条件：队列 Q 已存在。

操作结果：删除队列 Q 的队头元素，并用 e 带回该值，若队列 Q 为空，返回值为 FALSE，表示操作失败；否则返回 TRUE。

(7) 取队头元素：GetHead(&Q,&e)。

初始条件：队列 Q 已存在且非空。

操作结果：取出队头元素的值，并用 e 带回该值。

队列的抽象数据类型为：

ADT　Queue{

数据对象：D={a_i|a_i ∈ ElemType　i=1,2, …,n , n≥0 }

数据关系：R={ <a_i, a_i+1> | a_i , a_{i+1} ∈ D

　　　　　　i=1,2, …, n−1 , n≥0　　　　　　}

约定 a_1 为队头元素，a_n 为队尾元素。

基本操作如下。

Init_Queue(Q)：初始化队列 Q。

Length_Queue(Q)：求队列的长度。

Clear_Queue(Q)：置空队列 Q。

Empty_Queue(Q)：判断队列 Q 是否为空队。

EnQueue(&Q,e)：数据元素 e 入队列。

DeQueue(Q)：队头元素出队。

GetHead(Q)：取队头元素。

}

ADT　Queue 队列也有两种存储结构，即顺序存储结构和链式存储结构。

任务 4.2　队列的顺序表示和实现

【工作任务】

理解了队列的概念及操作后，下面介绍队列的两种存储结构：顺序存储和链式存储。本任务将用队列的顺序存储结构来实现学生排队答疑系统。要用顺序队列实现学生答疑系统，必须解决下面的问题。

(1) 什么是顺序队列？有什么特点？

(2) 如何用顺序队列定义学生答疑系统？

(3) 学生答疑系统的插入、删除、查找等操作应如何实现？

子任务 4.2.1　顺序队列的基本操作

【课堂任务】理解顺序队列的概念及特点，能够为学生答疑系统建立顺序队列。

顺序队列采用顺序表的方式实现队列，与顺序表一样，用一个一维数组来存放当前队列中的元素。由于队头和队尾的位置是变化的，设置两个指针 front 和 rear 分别指向队头元素和队尾元素在数组中的位置，下面代码给出了顺序队列中数据元素类型的说明。

```
#define maxsize 100
typedef struct node{
 DataType data[maxsize];
 int front,rear;
 }SeqQueue;
```

顺序队的操作主要有以下几种。

1) 判空操作

如果一个顺序队列为空，则 front=rear。

2) 队列的初始化(构造一个空队列)

```
void InitQueue(SeqQueue *q)        /*队列初始化*/
{
    q->front=0;
    q->rear=0;
```

```
}
```

3) 入队操作

顺序队列在进行入队操作的时候要先进行判满操作。

【算法 4.1】

```
EnQueue(SeqQueue *q,ElemType *s) /*数据元素进队*/
{
        if(q->rear==maxsize-1)
        {
            printf("队列已经满.\n");
            return 0;
        }
        q->rear++;
        q->data[q->rear]=x;
    }
}
```

4) 出队操作

顺序队列在进行出队操作时，需要对队列进行判空操作。

【算法 4.2】

```
DelQueue(SeqQueue *q,ElemType *e)
{
    if(q->rear==q->front)
    {
        printf("队列为空.\n");
        return 0;
    }
    q->front++;
    *e=q->data[q->front];
        return 1;
}
```

顺序队列与栈一样，也会存在溢出现象，它的溢出分为以下 3 种情况。

1) 下溢现象

当队列为空时，下溢现象是做出队运算常出现的溢出现象。下溢现象是正常现象，常用作程序控制转移的条件。如图 4.2 中的空队如果进行出队操作，则出现下溢现象。

2) 真上溢现象

当队列满时，真上溢现象是做进队运算产生空间溢出的现象。真上溢是一种出错状态，应避免。

3) 假上溢现象

由于入队和出队操作中，队头、队尾指针只增加不减少，致使被删除的空间永远无法重新利用，当队尾移动到最后位置时，不能再入队，而队头前面的单元还是空的，这种现象称为假上溢。为了充分利用空间，克服假上溢现象，人们将存储队列的一维数组空间想象成一个首尾相接的圆环，如图 4.2 中的 E 元素入队会发生假上溢出现象。

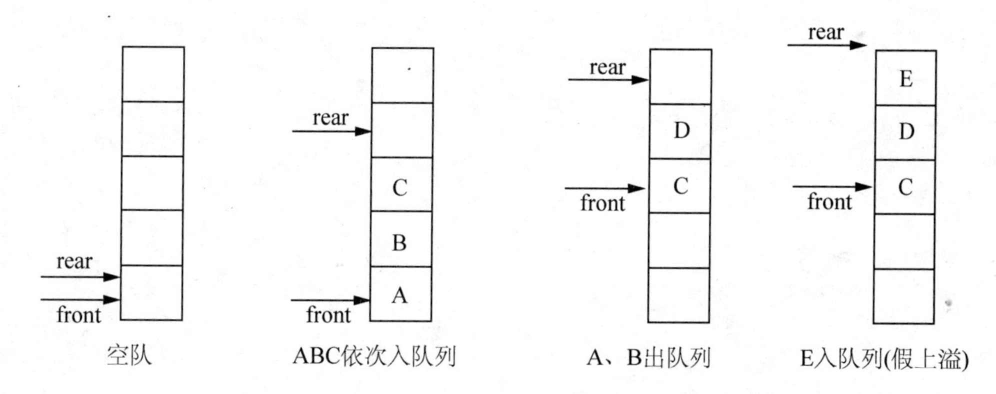

图 4.2　元素入队示意图

子任务 4.2.2　循环队列上基本运算的实现——用循环队列完成学生答疑系统

【课堂任务】掌握顺序循环队列基本运算的算法，并用这些算法完成学生答疑系统。主要模块包括初始化队列、插入学生纪录、删除学生记录、浏览学生信息等。

顺序存储的队列中，将所开辟空间地址的首、尾位置连接起来形成的一个环状结构称为循环队列。假设开辟了 MAXSIZE 个空间，初始化队列时，令 front=rear=0，在非空顺序队列中，队头指针始终指向当前的队头元素，而队尾指针始终指向真正的队尾后面的单元，随着入队和出队的进行，当 front=rear 时，循环队列有两种情况，一种为队满，一种为队空，如图 4.3 所示。

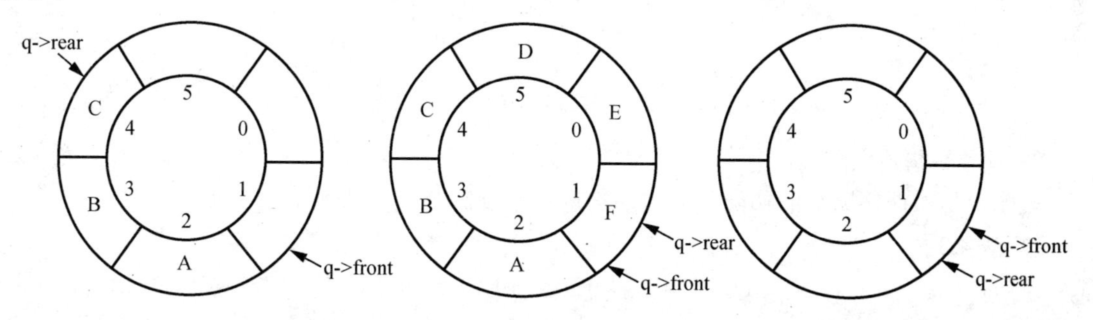

图 4.3　循环队列示意图

对于这个问题，有两种处理方法，一种方法是增设一个标志量，以区别队列是空还是满；另一种方法是少用一个元素的存储空间。当队尾指针所指向的空单元的后继单元是队头元素所在的单元时，则停止入队。这时，队列满的条件为(rear+1)%MAXSIZE=front，判断队空的条件不变，仍为 rear=front。

循环队列的类型定义如下。

【程序段 4-1】

```
typedef struct node{
 DataType data[maxsize];
 int front,rear;
 }CirQueue;
```

学生答疑系统的学生结点定义如下。

【程序段 4-2】

```
#define maxsize 100
typedef struct{
   char num[8];  /*学号*/
   char name[9];/*姓名*/
}DataType;
typedef struct node{
 DataType data[maxsize];
 int front,rear;
 }CirQueue;
```

首先学生答疑系统的功能分解图如图 4.4 所示。

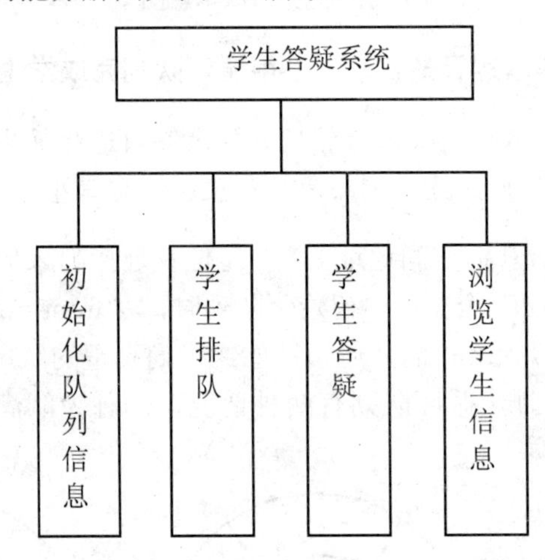

图 4.4　学生答疑系统的功能分解图

【模块 1】初始化队列信息

该模块是对循环队列的初始化，例如构造一个空队列，算法如下。

【算法 4.3】

```
void  InitQueue(CirQueue *q)          /*队列初始化*/
{
    q->front=0;
    q->rear=0;
}
```

算法说明：在定义循环队列后，只要设置队头、队尾等于 0，就构造了一个空的队列。

设调用函数为主函数，主函数对初始化函数的调用如下。

【程序段 4-3】

```
main()
{
    CirQueue q;
    InitQueue(&q);
}
```

【模块 2】学生排队(入队)——插入排队学生信息

该模块是对循环队列进行的插入操作。

(1) 判断队列是否为满。

(2) 如果队列满，则进行错误处理。

(3) 否则将新元素 s 赋值给队列的队尾指针。

(4) 队尾指针增加 1。

【算法 4.4】

```
int EnQueue(CirQueue *q,DataType *s) /*数据元素进队*/
{
        if((q->rear+1)%maxsize==q->front) /* 判断队满*/
        {
            printf("队列已经满.\n");
            return 0;
        }
        q->data[q->rear]=*s;
        q->rear=(q->rear+1)%maxsize; /* 队尾指针下移*/
    return 1;
}
```

算法说明，学生排队就是学生信息插入队列的过程，首先要进行队满的判断。答疑系统学生排队(入队)的操作如下。

【程序段 4-4】

```
void main()
{
    CirQueue q;
    DataType *stu;
    InitQueue(&q);//队列初始化
    printf("请输入：\n学号(8)  姓名(8)\n");
    stu=(DataType *)malloc(sizeof(DataType));
    scanf("%s%s",stu->num,stu->name); //输入学生信息
    EnQueue(&q,stu);//stu入队
}
```

【模块 3】学生答疑(出队)——删除队头学生记录

该模块是对循环队列中的记录进行删除，所进行的操作如下。

(1) 判断循环队列是否为空。

(2) 如果队列为空，进行处理。

(3) 队列不为空，取出队列的队头元素,将其值赋给 x。

(4) 对头指针增加 1。

(5) 返回 x 的值。

【算法 4.5】

```
DataType DelQueue(CirQueue *q)
{
    DataType x;
    if(q->rear==q->front) /* 判断队空*/
    {
        printf("队列为空.\n");
        }
```

```
    x=q->data[q->front];
    q->front=(q->front+1)%maxsize; /* 队头指针下移*/
    return x;
}
```

算法说明，学生答疑的过程就是学生信息出队的过程，首先要进行队空判断，答疑系统学生答疑(出队)的操作如下。

【程序段 4-5】

```
void main()
{
    DataType e;
       学生入队代码//程序段 4-4
    e=DelQueue(&q);
    printf("本次答疑同学为：学号:%s  姓名:%s\n",e.num,e.name);
}
```

为方便以后的操作，判断队空的操作，可以用一个函数实现。

【程序段 4-6】

```
int Empty_Queue(CirQueue *q)
{
    if(q->front==q->rear  )
        return 1;
    else
        return 0;
}
```

【模块 4】浏览学生信息(遍历队列)

操作步骤：(1) 判断队列是否为空。

(2) 如果队列为空，则输出提示信息。

(3) 队列非空把队头元素的值赋给 e，然后打印输出 e 的信息。

(4) 队头指针增加 1。

(5) 判断队列是否为空，如果不为空转向(3)。

(6) 否则退出循环。

算法如下。

【算法 4.6】

```
Queueconverse(CirQueue *q)
 {   DataType e;
    if(Empty_Queue(q))
        printf("没有同学排队");
    else
    {
        do
        {   e=q->data[q->front];

            printf("学号:%s  姓名:%s\n",e.num,e.name);
            q->front=(q->front+1)%maxsize
        }while(q->rear!=q->front);
    }
```

```
    return ;
}
```

算法说明：浏览学生信息实际上遍历整个队列，输出队列中元素的值，见程序段 4-6。

【程序段 4-7】

```
Queueconverse(CirQueue *q)
 {  学生入队代码//程序段 4-4
   Queueconverse(&q);}
```

学生答疑系统，完整的程序清单如下。

【程序段 4-8】

```
#include"stdio.h"
#include"stdlib.h"
#define maxsize 100
typedef struct{
  char num[8];                              /*学号*/
  char name[9];                             /*姓名*/
}DataType;
typedef struct node{
 DataType data[maxsize];
 int front,rear;
 }CirQueue;
void  InitQueue(CirQueue *q)                /*队列初始化*/
{
    q->front=0;
    q->rear=0;
}
int EnQueue(CirQueue *q,DataType *s)        /*数据元素进队*/
{
        if((q->rear+1)%maxsize==q->front)
        {
            printf("队列已经满.\n");
            return 0;
        }
        q->data[q->rear]=*s;
        q->rear=(q->rear+1)%maxsize;
    return 1;
}
DataType DelQueue(CirQueue *q)
{
    DataType x;
    if(q->rear==q->front)
    {
        printf("队列为空.\n");
    }
    x=q->data[q->front];
    q->front=(q->front+1)%maxsize;
    return x;

}
int Empty_Queue(CirQueue *q)
{
    if(q->front==q->rear  )
        return 1;
```

```
    else
        return 0;
}
 DataType GetHead(CirQueue *q)
{
     DataType e;
     if(Empty_Queue(q))
         printf("队列为空");
     else
         e=q->data[q->front];
    return e;
}
Queueconverse(CirQueue *q)
 {   DataType e;
    if(Empty_Queue(q))
         printf("没有同学排队");
    else
    {
        do
        {   e=q->data[q->front];
            printf("学号:%s  姓名:%s\n",e.num,e.name);
            q->front=(q->front+1)%maxsize
        } while(q->rear!=q->front);
    }
     return ;
 }
void main()
{
      int sel,flag=1;
    CirQueue q;
    DataType *stu,e;
    InitQueue(&q);
    while(flag==1)
    {
   printf("-------------欢迎进入答疑系统---------------\n");

   printf("请选择: \n");
   printf("1、排队  2、答疑 3、查看排队同学名单  4、退出\n");
   scanf("%d",&sel);
    switch(sel)

    {
    case 1:
        printf("请输入: \n学号(8)  姓名(8)\n");
        stu=(DataType *)malloc(sizeof(DataType));
        scanf("%s%s",stu->num,stu->name);
        EnQueue(&q,stu);
        break ;
   case 2:
        if(Empty_Queue(&q))
            printf("没有排队的同学");
        else
        {
            e=DelQueue(&q);
            printf("本次答疑同学为: 学号:%s  姓名:%s\n",e.num,e.name);
        }
```

```
        break;
    case 3:
         Queueconverse(&q);
         break;

    case 4:
        if(!Empty_Queue(&q))
         printf("已到下班时间，还在排队的同学请下次再来！\n");
       flag=0;
       break;
    default:printf("输入错误。");
    }}
}
```

程序运行结果如图4.5所示。

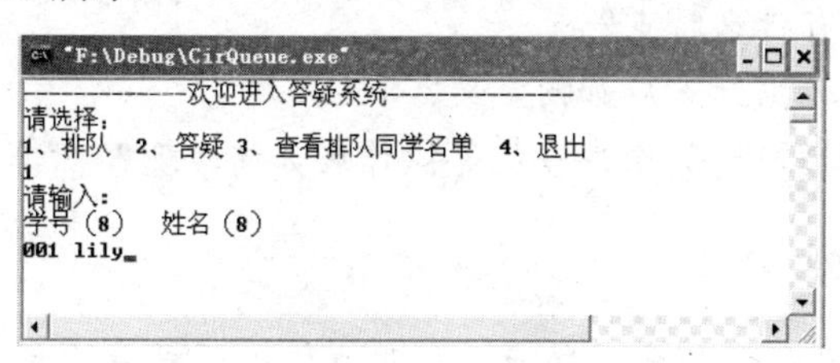

图4.5　学生答疑系统运行界面

【模块5】访问队头元素，此模块为拓展模块，在答疑系统中没有使用到此模块。

操作步骤：(1) 判断队列是否为空。

(2) 如果为空则输出提示信息。

(3) 否则把对头元素的值赋值e。

(4) 返回e的值。

【算法4.7】

```
DataType GetHead(CirQueue *q)
{
     DataType e;
     if(Empty_Queue(q))
         printf("队列为空");
     else
         e=q->data[q->front];
    return e;
}
```

算法说明，访问队头元素，实际上获取队头元素的值，主要程序段如下。

【程序段4-9】

```
void main()
{
    DataType e;
        学生入队代码//程序段 4-2
   e=GetHead(&q);
    printf("排在队头的同学为：学号:%s  姓名:%s\n",e.num,e.name);
}
```

任务 4.3　队列的链式表示和实现

【工作任务】

通过对顺序队列概念学习及操作后，可知顺序队列的空间利用率不高，容易出现假上溢现象，顺序循环队列虽然克服了此现象，但是它和顺序队列一样，存储空间是事先分配好的。对于事先不确定存储空间大小的队列，不适合用队列的顺序存储结构存储，队列的链式存储结构即链队列克服了顺序队列空间固定的缺点，在对链队列进行入队操作时，不需要考虑上溢和队满问题。本任务将用队列的链式存储结构来实现学生答疑系统。要用链队列实现学生答疑系统，必须解决下面的问题。

(1) 什么是链队列？有什么特点？

(2) 学生答疑系统的数据结点应如何定义？

(3) 学生答疑系统的插入、删除、查找等操作应如何实现？

子任务 4.3.1　建立链队列

【课堂任务】理解链队列的概念及特点，能建立学生答疑系统顺序表。

一个链式队列通常用一个链表表示，其中，链表包含两个域：数据域和指针域。数据域用来存放队列中的元素，指针域用来存放队列中下一个元素的地址。同时，使用两个指针分别指向链表中存放的第一个元素和最后一个元素的位置。其中，指向第一个元素位置的指针称为队头指针 front，指向最后一个元素位置的指针称为队尾指针 rear。链式队列的表示以及插入和删除操作如图 4.6 所示。

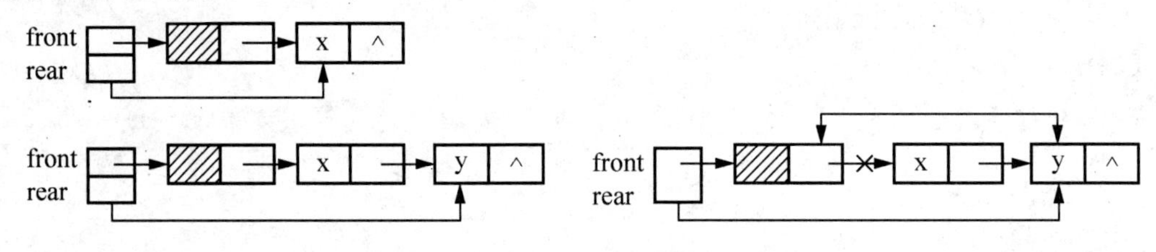

图 4.6　链队列插入和删除操作示意图

链式队列的类型定义如下。

【程序段 4-10】

```
typedef struct Qnode{
 DataType data;
 struct Qnode *next;
 }LQNode;

typedef struct
{
    LQNode *front;
    LQNode *rear;
}LinkQueue;
```

子任务 4.3.2　链队列上基本运算的实现——用链队列完成学生答疑系统

【模块 1】初始化学生信息

该模块是对循环队列的初始化，即构造一个空队列，语法如下。

【算法 4.8】

```
int InitQueue(LinkQueue *Lq)        /*队列初始化*/
{
    Lq->front=NULL;
    Lq->rear=NULL;
    return 1;
}
```

算法说明，在定义链队列后，只要将队头、队尾置空，就构造了一个空的队列。

设调用函数为主函数，主函数对初始化函数的调用如下。

【程序段 4-11】

```
main()
{
    LinkQueue q;
    InitQueue(&q);
}
```

判断队空的操作，可以用一个函数实现。

【程序段 4-12】

```
int Empty_Queue(LinkQueue *Lq)
{
    if((Lq->front==NULL)&&(Lq->rear==NULL))
        return 1;
    else
        return 0;
}
```

【模块 2】学生排队(入队)——插入排队学生信息

该模块是对链队列进行的插入操作。

(1) 分配一个新结点 p。

(2) 把 x 的值赋给 p 的值域，空值赋给 p 的指针域。

(3) 判断队列是否为空。

(4) 如果队列为空，则结点 p 既是队头结点，也是队尾结点。

(5) 否则，把结点 p 插入队尾，使队尾指针指向结点 p。

【算法 4.9】

```
void  EnQueue(LinkQueue *Lq,DataType *x)  /*数据元素进队*/
{
    LQNode *p;
    p=(LQNode *)malloc(sizeof(LQNode));
    p->next=NULL;
    p->data=*x;
    if(Empty_Queue(Lq))
```

```
    {
        Lq->front=p;
        Lq->rear=p;
    }
    else
    {
        Lq->rear->next=p;
        Lq->rear=p;
    }
}
```

【模块 3】学生答疑(出队)——删除队头学生记录

该模块是对循环队列中的记录进行删除，所进行的操作如下。

(1) 判断队列是否为空。

(2) 如果队列为空，则进行错误处理。

(3) 否则，取出队列的队头元素，将其值赋给 x。

(4) 删除队列的队头结点，修改队列的队头指针指向下一个结点。

(5) 如果队列中只有一个结点，则对队尾指针重新赋值。

(6) 回收队头结点。

(7) 返回 x 的值。

【算法 4.10】

```
DataType DelQueue(LinkQueue *Lq)
{
    DataType x;
    LQNode *p=(LQNode *)malloc(sizeof(LQNode));
    if(Empty_Queue(Lq))
    {
        printf("queue underflow!");
    }
    else
        p=Lq->front;
    x=p->data;
    Lq->front=p->next;
    if(Lq->rear==p)
    {
        Lq->rear=Lq->front;
        free(p);
    }
    else
        free(p);
    return x;
}
```

【模块 4】访问队头元素

操作步骤：(1) 判断队列是否为空。

(2) 如果为空则输出队空信息，返回值为 0。

(3) 否则把队头元素的值赋给 e。

(4) 返回值为 1。

【算法 4.11】

```
int  GetHead(LinkQueue *Lq, DataType *e)
```

```
{
    LQNode *s;
    if(Empty_Queue(Lq))
    {
        printf("队列为空");
        return 0;
    }
    else
    {
        s=Lq->front;
        *e=s->data;
       return 1;
    }
}
```

【模块 5】浏览学生信息(遍历队列)

操作步骤：(1) 判断队列是否为空。

(2) 如果队列为空，则输出提示信息。

(3) 否则判断队头是否为空。

(4) 如果队头不为空，输出队头元素的信息，然后转到(3)。

(5) 否则退出循环。

【算法 4.12】

```
Queueconverse(LinkQueue *Lq)
 {   DataType e;
    LQNode *p=(LQNode *)malloc(sizeof(LQNode));
     if(Empty_Queue(Lq))
{ printf("没有人在排队"); }
     else
     { p=Lq->front;
     while(p!=NULL)
        {printf("学号:%s  姓名:%s\n",p->data.num,p->data.name);
         p=p->next;
     }
     }
     return ;
 }
```

小　　结

本项目主要介绍了另一种特殊的线性结构——队列。

队列与栈一样，都是一种特殊的线性表，队列只允许在线性表的一端进行插入操作，另一端进行删除操作。其中，允许插入的一端称为队尾，允许删除的一端称为队头。队列的基本操作与线性表的基本操作类似。

队列也有两种存储结构，顺序存储和链式存储。采用顺序存储结构的队列称为顺序队列，采用链式存储结构的队列称为链式队列。

顺序队列存在假上溢问题，这个问题不是由于存储空间不足而产生的，而是因为经过多次的出队和入队操作之后，存储单元不能有效利用。要解决假上溢现象，可以通过将顺序队列构造成顺序循环队列，这样就可以充分利用队列中的存储单元。

实训：队列及应用

1. 实训目的

(1) 掌握队列的定义与表示方法。

(2) 掌握队列的基本运算在两种存储结构上的实现算法。

(3) 熟练应用队列解决实际问题。

2. 实训内容

(1) 熟悉顺序循环队列的基本运算。

编写程序，演示入队、出队、遍历队列、取队头元素操作。

(2) 熟悉链队列的基本运算.

编写程序，演示入队、出队、遍历队列、取队头元素操作。

(3) 案例。

问题描述：在医院看病的过程中，患者先排队等候，排队过程中主要重复两件事，①病人到达诊室时，将病例交给护士，派到等候队列中候诊。②护士从等待队列中抽取下一个患者的病历，该患者进入诊室就诊。

基本要求：在排队时按照先来先服务的原则，设计一个算法模拟病人等候就诊的过程。其中病人到达用命令‘A’(‘a’)表示，让下一位患者就诊用命令‘N’(‘n’)表示，命令‘Q’(‘q’)表示不再接受病人排队。

3. 实训报告

1) 上交内容

(1) 源文件。

(2) 可执行文件。

(3) 系统设计过程说明文档。

2) 系统设计过程说明文档包含的内容

(1) 总体设计图及说明。

(2) 系统主程序流程图及说明。

(3) 主程序中所有所用变量说明。

(4) 所有函数说明。

(5) 调试说明(调试中遇到的问题及最终解决的方法)。

(6) 创新功能模块说明。

(7) 制作感想。

习　　题

一、选择题

1．输入序列为(A,B,C,D)，不可能得到的输出序列有(　　)。

A．(A,B,C,D)　　B．(D,C,B,A)　　C．(A,C,D,B)　　D．(C,A,B,D)

2．判断一个循环队列 Q(最多有 m 个元素，采用少用一个元素空间的方法来判别队空、队满)为空的条件是(　　)。

A．Q->front==Q->rear　　B．Q->front!=Q->rear

C．Q->front==(Q->rear+1)%m　　D．Q->front!=(Q->rear+1)%m

3．判断一个循环队列 Q(最多有 m 个元素，采用少用一个元素空间的方法来判别队空、队满)为满的条件是(　　)。

A．Q->front==Q->rear　　B．Q->front!=Q->rear

C．Q->front==(Q->rear+1)%m　　D．Q->front!=(Q->rear+1)%m

4．栈和队列的共同特点是(　　)。

A．都是先进后出　　B．都是先进先出

C．只允许在端点处插入和删除元素　　D．没有共同点

5．在一个链队列中，假设 f 和 r 分别为队头和队尾指针，则插入 s 结点的运算为(　　)。

A．f->next=s;f=s;　　B．r->next=s;r=s;

C．s->next=r;r=s;　　D．s->next=f;f=s;

6．在一个链队列中，假设 f 和 r 分别为队头和队尾指针，则删除一个结点的运算为(　　)。

A．r=f->next;　　B．r=r->next;　　C．f=f->next;　　D．f=r->next;

7．链队列实际上是一个同时带有头指针和尾指针的单链表，尾指针指向单链表的(　　)。

A．最后一个结点　　B．第一个结点

C．倒数第二个结点　　D．第二个结点

二、填空题

1．循环队列的引入，目的是为了克服____________。

2．队列的特点是____________。

3．在队列结构中，允许插入的一端称为___________，允许删除的一端称为___________。

4．在队列进行出队操作时，首先要判断____________，入队时首先要判断____________。

三、应用题

1．有一链队列，每个结点存放一个字符，试编写一段程序，使其具有以下功能。

(1) 从键盘输入一个字符串入队列，以“！”表示不入队。

(2) 遍历及显示队列中的内容。

(3) 执行出队操作，使队列为空。

2．队列管理的模拟算法，采用如下管理模式。

(1) 队列初始化为空队列。

(2) 键盘输入奇数时，奇数从队尾入队列。

(3) 键盘输入偶数时，队头指针指向的奇数出队列。

(4) 键盘输入 0 时，退出算法。

(5) 每输入一个整数，显示操作后队列中的值。

项目 5 字符串及应用——文本编辑器

教学目标

本项目将介绍数据结构中的一种重要结构——字符串(通常简称为串)，包括其基本概念和基本操作。通过本项目的学习，应了解什么是字符串、字符串在顺序表存储结构上及堆存储结构上相应的基本操作的算法实现。掌握字符串的两种存储结构的运算特点，能够解决程序设计中与字符串操作相关的实际问题。

教学要求

知识要点	能力要求	相关知识
字符串的逻辑结构	理解字符串的逻辑结构，熟悉什么是字符串	抽象数据类型定义
串的顺序存储结构	理解字符串的顺序存储结构，熟悉在顺序表中进行字符串的插入、删除、连接等操作，并能应用到实际项目中	插入、删除、连接等操作的算法实现
串的堆存储结构	理解字符串的堆存储结构，熟悉在堆中进行字符串的插入、删除、连接等操作，并能应用到实际项目中	插入、删除、连接等操作的算法实现
串的模式匹配	理解字符串的模式匹配(子串定位操作)的基本思路，掌握模式匹配的 KMP 算法	简单的匹配算法及 KMP 算法的实现

引例

计算机的发明最初是为了将人们从繁琐的数值计算中解脱出来，但是随着计算机技术及信息技术的不断发展，计算机的处理对象已经不仅仅局限于数值类型的数据了，还有大量的非数值类型的数据。最基本的非数据类型的数据之一便是字符串数据，它的应用非常广泛，它是许多软件系统(如文字编辑、信息检索、自然语言翻译及各种事务处理程序)的主要操作对象。如项目 2(学生成绩管理系统)中的学生姓名便可以用字符串类型数据来表示。在本项目中将结合一个简单的文本编辑器程序的实现来介绍关于字符串操作的相关知识。

在不同类型的应用中，所要处理的字符串数据有不同的特点，要有效地实现对字符串数据的处理，就要根据不同的情况使用不同的存储结构，本项目将讨论字符串的几种不同的存储结构及相关操作的实现。从本质上说，字符串是一种特殊类型的线性表，因此在学习本项目内容时要注意跟项目2的相关知识对接。

任务5.1　理解字符串的逻辑结构

【工作任务】

在开始编写文本编辑器程序之前，理解字符串的基本概念、逻辑结构以及如何使用这些概念非常重要。理解什么是字符串以及字符串的逻辑结构和基本操作，为后面的学习奠定基础。在本任务中，必须解答下面的问题。

(1) 字符串的定义是什么？字符串有什么特点？

(2) 字符串有哪些操作？如何用抽象数据类型来表示字符串？

首先来看几个例子。

例1：a ="" ；

例2：b =" " ；

例3：c ="123" ；

例4：d ="abcdef";

例5：e ="string";

例6：f ="this is a string";

把上面几个例子中在等号右边，一对双引号之间的字符序列称为字符串。字符串的对象是字符集合，一系列连续的字符(可以是零个，如例1)就组成了一个字符串。从这几个例子中可以发现，字符串与线性表是非常类似的，它们的区别仅在于串的数据对象约束为字符集。但是字符串和线性表的基本操作有很大差别。在线性表的基本操作中，大多是以“单个元素”作为操作对象的，如在字符串中查找某个元素、在某个位置插入一个元素或者删除一个元素等；而在串的基本操作中，通常以“串的整体”作为操作对象，如在文本编辑中查找某个单词、删除某个单词、进行词组的替换等。因此将字符串放在本项目中单独进行讨论。

子任务5.1.1　理解字符串的定义

【课堂任务】理解什么是字符串及字符串的相关术语，为后面的学习奠定基础。

1. 字符串的定义

字符串(String)：是由零个或多个字符组成的有限序列，通常记为：

$$Str ="a_1a_2\cdots a_n" \ (n\geqslant 0)$$

式中，Str 为字符串的名称，是用双引号括住的字符序列部分：$a_1a_2\cdots a_n$ 是字符串的值；$a_i(1\leqslant i\leqslant n)$可以是字母、数字或其他的字符。字符串中字符的数目 n 称为字符串的长度。如上面的例2中的字符串b只有一个字符：空格字符，故字符串b的长度为1；而例3中的字符串c中有3个字符，它的长度为3。零个字符的字符串(n=0)称为空串(Null String)。需要注意的是，上面各例中的双引号""不是字符串的组成部分，而只是为了避免与变量名或者常量相混淆才使用的。

字符串中任意个连续的字符组成的子序列称为该串的子串。相应地，包含子串的字符串称为主串。通常称字符在一个字符串序列中的序号为该字符在串中的位置。子串在主串中的位置则以该子串的第一个字符在主串中的位置来表示。如在上面的例 5 中，字符 i 在字符串 e 中的位置为 3，而例 5 中的字符串 e 是例 6 中的字符串 f 的子串，且子串 e 在主串 f 中的位置为 11(注意主串 f 中有 3 个空格)。

在各种应用中，空格常常是字符串的字符集合中的一个元素，它可以出现在一个字符串的任意位置。如果一个字符串只是由一个或多个空格字符组成的，则将其称为空格串(Blank String，或空白串。注意：它不是空串！)。空格串的长度为该串中所包含的空格字符的个数。为了区别空格串与空串，在本项目中用符号“Φ”来表示空串。

两个字符串相等是指两个字符串的长度相等，并且各个对应位置上的字符都相等。例如上面的例 1 至例 6 中的各个字符串均不相等。若有下面的字符串：

例 7：h = "string"；　　注：第一个字符是空格字符。

例 8：i = "string"；　　注：最后一个字符是空格字符。

例 9：j = "tring"；　　注：第一个和最后一个字符都是空格字符。

则字符串 e、h、i、j 也是互不相等的。

子任务 5.1.2　理解字符串的抽象数据类型定义

【课堂任务】理解字符串的抽象数据类型定义，为后面的学习奠定基础。

在项目一中提到，数据结构的运算是定义在逻辑结构层次上的，而运算的具体实现是建立在存储结构上的，因此下面定义的字符串的基本操作作为字符串逻辑结构的一部分，每一个操作的具体实现只有在确定了字符串的存储结构之后才能完成。

字符串的抽象数据类型定义如下。

ADT　String {

数据对象：

$D = \{ a_i \mid a_i \in CharacterSet，i=1，2，\cdots，n，n \geqslant 0 \}$

数据关系：

$R = \{ < a_i, a_{i+1} > \mid a_i，a_{i+1} \in D，i=1，2，\cdots，n-1，n \geqslant 0\}$

基本操作：

(1) 给字符串赋值：StrAssign(&s，chars)。

初始条件：chars 是一个字符串常量。

操作结果：生成一个其值等于 chars 的字符串 s。

(2) 复制字符串：StrCopy(&str1，str2)。

初始条件：字符串 str2 存在。

操作结果：复制字符串 str2 得到字符串 str1。

(3) 判断字符串是否为空：StrEmpty (s)。

初始条件：字符串 s 存在。

操作结果：若字符串 s 为空串，返回 1，否则返回 0。

(4) 比较字符串：StrCompare(str1，str2)。

初始条件：字符串 str1 和 str2 存在。

操作结果：若 str1>str2，返回值>0；若 str1=str2，返回值=0；若 str1<str2，返回值<0。

(5) 求字符串的长度：StrLength(s)。

初始条件：字符串 s 存在。

操作结果：返回字符串 s 中的元素个数，即字符串的长度。

(6) 将字符串置为空串：StrClear(&s)。

初始条件：字符串 s 存在。

操作结果：将字符串 s 置为空串。

(7) 连接字符串连接：StrConcat(&s，str1，str2)。

初始条件：字符串 str1 和 str2 存在。

操作结果：用字符串 s 返回由 str1 和 str2 连接而成的新的字符串。

(8) 求字符串的子串：SubString (&sub，s，pos，len)。

初始条件：字符串 s 存在，1≤pos≤StrLength(s)且 0≤len≤StrLength(s)-pos+1。

操作结果：用字符串 sub 返回串 s 中从第 pos 个字符开始、长度为 len 的子串。

(9) 插入字符串：StrInsert(&s，pos，str1)。

初始条件：字符串 s 和 str1 存在，1≤pos≤StrLength(s)+1。

操作结果：在字符串 s 的第 pos 个字符之前插入字符串 str1。

(10) 删除子串：SubDelete (&s，pos，len)。

初始条件：字符串 s 存在，1≤pos≤StrLength(s)−len+1。

操作结果：删除字符串 s 中从第 pos 个字符开始，长度为 len 的子串。

(11) 定位子串：StrIndex(s，sub，pos)。

初始条件：字符串 s，sub 存在，sub 非空，1≤pos≤StrLength(s)。

操作结果：若主串 s 中存在与串 sub 值相同的子串，则返回它在主串 s 中从第 pos 个字符起第一次出现的位置，否则返回 0。

(12) 替换字符串：StrReplace(&s，str1，str2)。

初始条件：字符串 s，str1 和 str2 存在，且 str1 非空。

操作结果：用字符串 str2 替换主串 s 中出现的所有与 str1 相等且不重叠的子串。

(13) 销毁字符串置的：StrDestroy(&s)。

初始条件：字符串 s 存在。

操作结果：将字符串 s 销毁。

}ADT　String

需要说明的是，对于字符串的基本操作集的定义，不同的程序设计语言可能有不同的定义方法，在具体运用某种程序设计语言中定义的字符串数据类型时，要以该语言的参考手册为准。对于上面的字符串的抽象数据类型定义的基本操作中，给字符串赋值 StrAssign、比较字符串 StrCompare、求串长 StrLength、连接字符串 StrConcat、求子串 SubString 构成了字符串的最小操作子集，即这些操作不可能利用其他的串操作来实现，但是其他的串操作(除置空串 StrClear 及字符销毁串 StrDestroy 外)均可以利用这个最小操作子集实现。

例如，可以将求串长 StrLength、连接字符串 StrConcat、求子串 SubString 的基本操作结合起来来实现基本操作：删除子串 SubDelete (&s，pos，len)的功能。实现该算法的一种思想是：先求出主串 s 中从第一个字符起到第 pos−1 个字符为止的子串 str1，再求出主串 s 中从第 pos+len+1 个字符起到最后一个(第 StrLength(s)个)字符为止的子串 str2，最后把 str1 和 str2 连接在一起即可得到删除了指定子串的字符串 s，算法如下。

【算法 5.1】

```
void  SubDelete (String &s, int pos, int len){
        if(pos>0 && len>0 &&(pos+len<=StrLength(s)))// 判断参数是否合法
        {
            SubString(&str1,s,1,pos-1);                //求子串 1
            SubString(&str2,s,pos+len+1, StrLength(s));    //求子串 2
            StrConcat(&s, str1, str2);                 //将子串 1 和子串 2 连接成新的字符串
        }
}
```

任务 5.2　字符串的表示和实现

【工作任务】

理解了字符串的概念及操作后，本任务将介绍字符串的两种存储结构：顺序存储结构和堆存储结构。本任务将分别讨论在这两种存储结构上字符串基本操作的算法实现。为实现本项目的文本编辑器程序奠定基础。另外本任务还将简要介绍字符串的另一种存储结构：块链存储结构。在本任务中必须解答下面的问题。

(1) 如何用顺序存储结构来表示字符串，它有何优缺点？

(2) 如何用堆存储结构来表示字符串？

(3) 字符串的赋值、比较、求串长、连接等操作如何实现？

子任务 5.2.1　字符串的顺序存储结构的实现

【课堂任务】理解字符串的顺序存储结构及其特点，掌握顺序存储字符串时相应的基本操作的算法实现。

由字符串的定义可知，字符串与线性表是非常类似的，因此也可以像线性表那样采用顺序存储方式来存储，即把一个字符串中的字符依次存放在一组连续的存储空间中。在字符串的顺序存储结构中，把字符串设计成一种静态结构类型，按照预先定义好的大小，在编译时为每个定义的字符串变量分配一个固定长度的存储区。

字符串的顺序存储结构如下：

```
#define MAX_STRLEN 255                    //定义一个最大的字符串长度
/*** 定义字符串的顺序存储结构 ***/
typedef struct
{
      char str[MAX_STRLEN+1];        //存储字符串的字符数组
      int length;                    //字符串的实际长度
}SString;
```

在上面的顺序存储结构中，先定义了一个字符串的最大长度，实际创建时的字符串长度可以在给定的最大长度内取任意值，如果超出了最大长度，则字符串将被“截断”，具体的操作将在字符串连接操作的实现中讨论。对于字符串的串长，可以采用不同的表示方法，如在本项目中以结构体中的一个分量来表示具体的串长；在某些语言(如 Pascal 语言)用字符数组的下标

为 0 的分量来存储字符串的实际长度；在有的 C 语言中则用'\0'来表示串的结束，此时的串长为隐含值，必须遍历字符数组才能求得。

下面将讨论字符串用顺序存储结构表示时串的基本操作的实现。

1. 字符串赋值：StrAssign(&s，chars)

实现字符串赋值操作的算法是，当字符串常量 chars 不为空时，将 chars 中的字符逐个复制到字符串变量 s 的字符数组分量中，然后把 chars 的长度赋给 s 的整型分量 length。如算法 5.2 及程序段 5-1 所示。

【算法 5.2】

```
StrAssign(&s, chars)
{
    for(int i=0; i<chars.length; i++)
        s->str[i]=chars[i]; //逐个字符复制
    s->length=chars.length; //保存字符串的长度值
}
```

【程序段 5-1】

```
/*** 复制字符串常量的内容创建字符串 ***/
void StrAssign(SString* s, char* chars)
{
    for(int i=0; chars[i] != '\0'; i++)
    {
        s->str[i]=chars[i]; //逐个字符的复制到字符串变量 s 中
    }
    s->str[i]='\0';          //设置字符串结束标志
    s->length=i;             //保存字符串的长度
}
```

2. 字符串复制：StrCopy(&str1，str2)

【程序段 5-2】

```
/*** 将字符串 str2 复制到字符串 str1 ***/
void StrCopy(SString*  str1,  SString  str2)
{
    StrAssign(str1, str2.str);
}
```

3. 判断字符串是否为空：StrEmpty (s)

【程序段 5-3】

```
int StrEmpty (SString  s)   //如果字符串为空(长度为 0)，返回 1，否则返回 0
{
    return (s.length==0);
}
```

4. 字符串比较：StrCompare(str1，str2)

两个字符串比较的实现算法是，从第一个字符开始逐个进行比较，直到出现下面的两种情况中的一种：① 比较至第 i 个字符时有 str1->str[i]≠str2->str[i]，此时如果有 str1->str[i]>str2->str[i]，则说明 str1>str2，要返回一个大于零的值，否则便有 str1->str[i]<str2->str[i]，说明 str1<str2，要返回一个小于零的值；② 一直比较到某个字符串到达了结尾处，此时如果另一个字符串也恰好到达了结尾处，则说明两个字符串的所有字符均相等，长度也相等，则有 str1=str2，返回值=0；若 str1 到达了结尾处，而 str2 还未结束，则有 str1<str2，要返回一个小于零的值，否则便是 str2 到达了结尾处，而 str1 还未结束，则有 str1>str2，要返回一个大于零的值。根据以上分析，可以写出实现字符串比较的算法，如程序段 5-4 所示。

【程序段 5-4】

```
/*** 比较两个字符串 str1 和 str2 的大小 ***/
   int StrCompare(SString  str1, SString  str2)    //字符串比较函数
{
      for(int i=0; i<str1.length &&  i<str2.length; i++)
         if(str1.str[i] != str2.str[i])        //比较到第 i 个字符时出现不相等的情况
            return str1.str[i] - str2.str[i];
      return str1.length - str2.length;  //一直比较到某个字符串到达了结尾处
}
```

5. 求字符串的长度：StrLength(s)

【程序段 5-5】

```
int StrLength(SString  s)
{
   return s.length;          //返回字符串的长度
}
```

6. 将字符串置为空串：StrClear(&s)

【程序段 5-6】

```
void StrClear(SString*  s)
{
   s.str[0]='\0';  //将字符数组置为空
   str.length=0;   //将字符串的长度置为零
}
```

7. 字符串连接：StrConcat(&s，str1，str2)

字符串连接操作是把字符串 str2 连接到字符串 str1 的后面，形成一个新的字符串 s。在该操作完成后，根据字符串 str1 和 str2 的长度的不同，字符串 s 中的内容可能为下面 3 种情况中的一种：① str1.length+str2.length≤MAX_STRLEN:字符串 s 中第 str1.length 个字符以前的值与 str1 的值相等，而第 str1.length 个字符开始到第 str1.length+str2.length−1 个字符间的子串的值与 str2 的值相等，字符串 s 得到的是正确的结果，如图 5.1 所示；② str1.length<MAX_STRLEN，而 str1.length+str2.length>MAX_STRLEN，此时字符串 s 中只包含了字符串 str1 中的全部字符，而字符串 str2 被截断，只有前面的(MAX_STRLEN-str1.length)个字符包含进了字符串 s 中，如图 5.2 所示；③ str1.length=MAX_STRLEN，此时的字符串 str2 完全没有被包含进字符串 s 中，s 的值与字符串 str1 的相等，如图 5.3 所示。

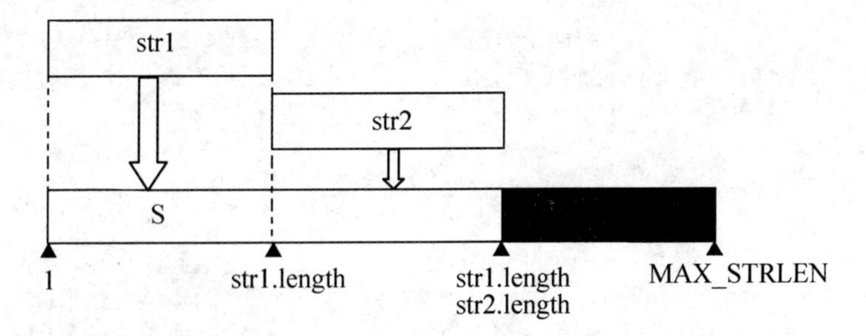

图 5.1　字符串连接示意图 1(str1.length+str2.length≤MAX_STRLEN)

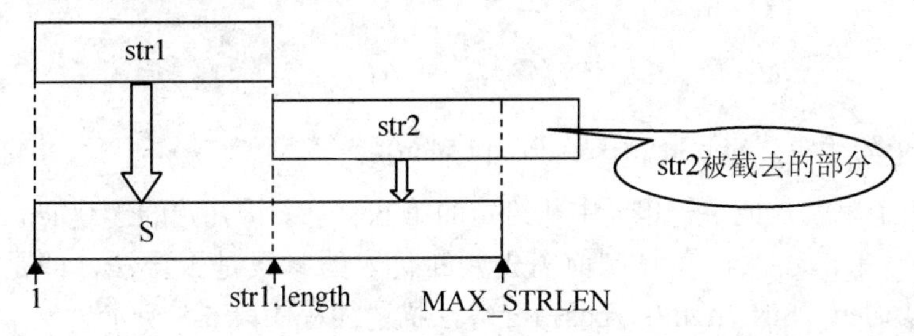

图 5.2　字符串连接示意图 2(str1.length<MAX_STRLEN , str1.length+str2.length>MAX_STRLEN)

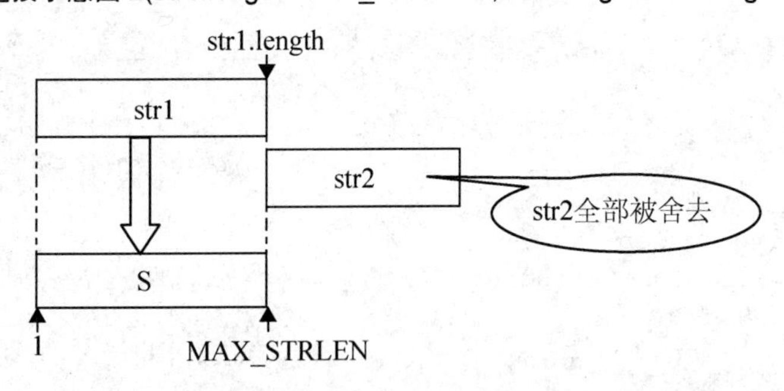

图 5.3　字符串连接示意图 3(str1.length=MAX_STRLEN)

上述算法的描述如程序段 5-7 所示。

【程序段 5-7】

```
/*** 连接字符串 str1 和 str2，得到新的字符串 s ***/
int StrConcat(SString* s, SString str1, SString str2)
{
        int i;
        if(str1.length+str2.length<=MAX_STRLEN)       //str2 不被截断
        {
            for(i=0; i<str1.length; i++)              //将 str1 的内容复制到 s 中
                s->str[i]=str1.str[i];
            for(; i<(str1.length+str2.length); i++)//将 str2 的内容复制到 s 中
                s->str[i]=str2.str[i-str1.length];
            s->str[i] = '\0';                         //添加串的结束标志
            s->length = str1.length+str2.length;      //修改串 s 的长度值
            return 1;                                 //连接成功，返回 1
        }else{
            if(str1.length < MAX_STRLEN)              //str2 部分被截断
            {
                for(i=0; i<str1.length; i++)          //将 str1 的全部内容复制到 s 中
```

```
            s->str[i]=str1.str[i];
        for(; i< MAX_STRLEN; i++)            //将 str2 的部分内容复制到 s 中
            s->str[i]=str2.str[i-str1.length];
    }else{                                   //str2 全部被截断(仅取 str1)
        for(i=0; i<str1.length; i++)         //只将 str1 的全部内容复制到 s 中
            s->str[i]=str1.str[i];
    }
    s->str[MAX_STRLEN] = '\0';               //添加串的结束标志
    s->length = MAX_STRLEN-1;                //修改串 s 的长度值
    return 0;
  }
}
```

8. 求字符串的子串：SubString (&sub,s,pos,len)

求字符串的子串就是把字符串 s 中从给定的第 pos 个字符开始的连续 len 个字符复制到给定的字符串 sub 中。当然，在复制前需先判断传入的参数是否合法，即是否有 1≤pos≤StrLength(s)且 0≤len≤StrLength(s)-pos+1。算法描述如程序段 5-8 所示。

【程序段 5-8】

```
Status SubString(SString* sub, SString s, int pos, int len)
{
      if(pos<1 || pos>s.length || len>(s.length-pos+1)|| len<0)
          return ERROR;                         //起始位置或者子串长度不合法

      for(int i=0; i<len; i++)
          sub->str[i]=s.str[pos+i-1];           //依次把相应字符复制到子串中
      sub->str[i]='\0';                         //添加子串的结束标志
      sub->length=len;                          //修改子串 sub 的长度值
      return OK;
}
```

9. 字符串插入：StrInsert(&s, pos,str1)

实现往一个字符串的指定位置处插入一个子串的算法思想是，首先判断插入位置是否合法，即当 1≤pos≤StrLength(s)时才执行插入操作。在插入子串时，与字符串连接操作类似，也可能存在插入后使串长超过最大长度的情况，此时也必须对字符串进行截断处理。具体的实现算法如程序段 5-9 所示。

【程序段 5-9】

```
int StrInsert(SString* s, int pos, SString str1)
{   if(pos<0 || pos>s->length )              //插入位置不合法
        return -1;
    int i,j;
    if(s->length+ str1.length<MAX_STRLEN)  //两串的长度和不大于数组的最大长度
    {
        for(i=pos; i<s->length; i++)        //把 s 中从 pos 开始的相应字符依次后移
            s->str[i+str1.length]=s->str[i];
        for(j=0; j< str1.length; j++)       //将 str1 串插入到串 s 中
            s->str[pos+j]= str1.str[j];
        s->str[i]='\0';                     //添加串的结束标志
```

```
        s->length=s->length+ str1.length;   //修改串 s 的长度值
        return 1;
    } else{                                 //两串的长度和大于数组的最大长度
        if(pos+ str1.length<MAX_STRLEN)     //串 str1 可以全部插入
        {
        /*** 将 s 中的第 pos 个到第(MAX_STRLEN- str1.length)个 ***
         *** 字符依次后移 str1.length 位,为 str1 串的插入腾出位置 ***/
            for(i=pos; i<MAX_STRLEN- str1.length; i++)
                s->str[i+ str1.length]=s->str[i];
            for(j=0; j< str1.length; j++)   //将 str1 串插入到串 s 中
                s->str[pos+j]= str1.str[j];
        }else{                              //串 str1 被截断,只能部分插入
            for(i=0; i<MAX_STRLEN-pos; i++)
                s->str[pos+i]= str1.str[i];
        }
        s->str[MAX_STRLEN]='\0';            //添加串的结束标志
        s->length=MAX_STRLEN;               //修改串 s 的长度值
        return 0;
    }
}
```

由上面的基本操作可见，在顺序存储结构中，各种基本操作的实现是基于字符序列的复制操作的，各种基本操作的时间复杂度取决于被复制的字符序列的长度 n，即它们的时间复杂度为 $O(n)$。另外在进行字符串的连接、插入、替换等操作时，有可能发生串的长度超过字符串最大长度的情况，这时就必须对字符串进行截断。要克服这个弊病，就不能限定串的最大长度，即动态分配串值的存储空间，因此就要用到字符串的另一种存储结构：堆存储结构。

子任务 5.2.2 字符串的堆存储结构的实现

【课堂任务】理解字符串的堆存储结构及其特点，掌握利用堆存储字符串时相应的基本操作的算法实现。

字符串的堆存储结构的特点是，仍以一组地址连续的存储单元存放字符串的字符序列，但这块存储空间并不是事先就划定了的，而是在程序的执行过程动态分配得到的。在 C 语言中，存在一个称为“堆”的自由存储区，由 C 语言的动态分配函数 malloc()和 free()来管理。利用函数 malloc()为每个新产生的字符串动态分配一块实际的字符串长度所需的存储空间，如果分配成功，会返回一个指向该存储空间首地址的指针。采用堆存储结构的字符串的类型定义如下。

```
/*** 定义字符串的堆存储结构 ***/
typedef struct
{
    char* str;        //指向字符串的存储空间首地址
    int length;       //字符串的实际长度
}HString;
```

用这种存储结构表示时的字符串相关操作也仍然是基于字符序列的复制操作的，与定长的顺序存储结构的区别在于它是动态地分配实际所需的存储空间的，所以在实现串的连接操作及插入、替换操作时不会出现字符串被截断的情况。采用堆存储结构表示的字符串的部分基本操

作的算法实现如程序段 5-10 所示。

【程序段 5-10】

```
/*** 复制字符串常量的内容建立字符串 ***/
void StrAssign(HString* s, char* chars)
{
    int i;
    if(s->str) free(s->str);                        //释放 s 的原有空间
    for(i=0; chars[i] != '\0'; i++)
    if(i==0)
    {
        s->str=NULL;
        s->length=0;
    }else{
        if(!s->str=(char*)malloc(i*sizeof(char)))
            exit(-1);       //动态分配内存失败

        for(int i=0; chars[i] != '\0'; i++)
            s->str[i]=chars[i];                     //逐个字符复制到字符串变量 s 中
        s->str[i]='\0';                             //设置字符串结束标志
        s->length=i;                                //保存字符串的长度
    }
}

/*** 将字符串 s 置为空串 ***/
void StrClear(HString*  s)
{
    if(s->str)
    {
        free(s->str);                               //释放 s 的原有空间
        s->str=NULL;
    }
    s->length=0;                                    //将字符串的长度置为零
}


/*** 比较两字符串 str1 和 str2 的大小 ***/
int StrCompare(HString  str1, HString  str2)    //字符串比较函数
{
    for(int i=0; i<str1.length &&  i<str2.length; i++)
        if(str1.str[i] != str2.str[i])              //比较到第 i 个字符时出现不相等的情况
            return str1.str[i] - str2.str[i];
    return str1.length - str2.length;               //一直比较到某个字符串到达了结尾处
}

/*** 求字符串 s 的长度 ***/
int StrLength(HString  s)
{
    return s.length;                                //返回字符串的长度
}

/*** 连接字符串 str1 和 str2，得到新的字符串 s ***/
```

```
int StrConcat(HString* s, HString str1, HString str2)
{
    if(s->str)
        free(s->str);                              //释放 s 的原有空间

    if(!s->str=(char*)malloc(i*sizeof(char)))
          exit(-1);                                //动态分配内存失败

    for(i=0; i<str1.length; i++)                   //将 str1 的内容复制到 s 中
        s->str[i]=str1.str[i];
    for(; i<(str1.length+str2.length); i++)        //将 str2 的内容复制到 s 中
        s->str[i]=str2.str[i-str1.length];
    s->str[i] = '\0';                              //添加串的结束标志
    s->length = str1.length+str2.length;           //修改串 s 的长度值
    return 1;                                      //连接成功，返回 1
    }
}
```

子任务 5.2.3　字符串的块链存储结构

【课堂任务】解字符串的块链存储结构的思想及其特点。

和线性表的链式存储结构相类似，字符串也可以采用链式存储结构来存储字符。由于字符串结构的特殊性——结构中的每一个数据元素均为字符，故在用链表来存储字符串时，存在一个结点大小的问题，即每个结点存放几个字符：如果每个结点只存储一个字符，那么在进行运算处理时操作方便，但是链表的存储空间的浪费就会很大(指针域占用了一半的存储空间)；如果一个结点可以存放的字符数不止一个，那么空间利用率将得到提高(指针域占用的存储空间减少)，但在进行运算处理时操作就不是很方便了。

在用链表结构来存储字符串时，每个结点称为块，同时为了便于对字符串进行操作，除头指针外还可附设一个尾指针来指示链表中的最后一个结点，同时用一个整型分量来记录当前字符串的长度，这样定义的字符串的存储结构称为块链结构，其定义如下：

```
#define MAX_SRELEN 4            //用户定义的块大小
typedef struct Chunk            //块结构的定义
{
    char str[MAX_SRELEN];
    struct Chunk* next;
};

typedef struct                  //字符串的类型定义
{
    Chunk *head, *tail;         //字符串的头、尾指针
    int curlen;                 //字符串的当前长度
}LString
```

字符串的链式存储结构示意图如图 5.4 所示。

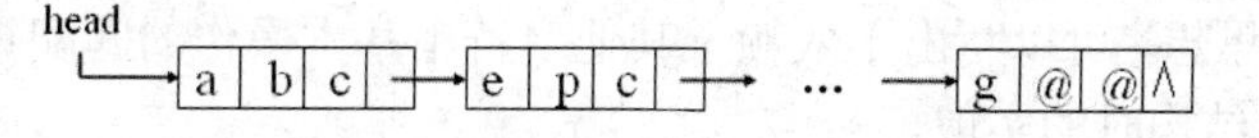

图 5.4　字符串的块链式存储结构示意图

字符串的链式存储结构对某些字符串的操作(如字符串的连接操作)有一定的方便之处，不过总体来说不如前面所述的两种存储结构灵活，故字符串的定长顺序存储结构及堆存储结构通常为高级程序设计语言所采用。当然，如果在实际应用中需采用链式存储结构来实现字符串，则可以按照和链表的实现算法类似的算法来实现字符串块链存储结构的相关操作。

任务 5.3　字符串的模式匹配算法

【工作任务】

在各种字符串处理系统中，子串的定位操作是最重要的操作之一。通常将子串的定位操作称为字符串的模式匹配(相应的子串被称为模式串)。本任务将讨论字符串模式匹配算法的实现，包括以下两部分。

(1) 朴素模式匹配算法的实现。

(2) KMP 算法的实现。

子任务 5.3.1　朴素模式匹配算法

【课堂任务】理解朴素模式匹配算法的实现方法及其特点。

子串的定位操作：StrIndex(S，sub，pos)通常称为字符串的模式匹配 (字符串 sub 被称为模式串)，其操作结果是：如果在主串 S 中存在与模式串 sub 值相同的子串，则返回该子串在主串 S 中从第 pos 个字符起第一次出现的位置，否则返回 0。可以用串的其他基本操作来实现子串的定位操作，如算法 5.3 所示。

【算法 5.3】

```
int StrIndex(String S, String sub, int pos)
{
    int n= StrLength(S);
    int m= StrLength(sub);
    if(pos>=0&&pos<=n-m)          //位置参数合法
    {
        i=pos;
        while(i<=n-m)             //从给定位置开始往后查找
        {
            SubString(temp, S, i, m);
            if(StrCompare(temp, sub) != 0)
                i++;
            else
                return i;         //返回子串在主串中的位置
        }
    }
    return 0;                     //主串中不存在与 sub 相同的子串
}
```

按照算法 5.3 的思想，可以写出不依赖于其他字符串基本操作的匹配算法，如程序段 5-10 采用定长的顺序存储结构时的实现。

【程序段 5-10】

```
/*** 子串定位函数——串的朴素模式匹配算法：返回子串 str1 在主串 S  ***
 *** 中从第 pos 个字符开始第一次匹配的位置。如果不匹配,返回-1;***
 *** 如果主串 S 为空或者子串 str1 为空，或者位置 pos 不合法，则返回-2***/
int StrIndex(SString S, int pos, SString str1)
{
    if(S.length==0 || str1.length == 0 || pos <=0 || pos> (S.length - str1.length))
        return -2;                          //如果主串 S 或子串 str1 为空或者位置不合法
    int i=pos-1;
    int j=0;
    while(i<S.length && j<str1.length)
    {
        if(S.str[i]==str1.str[j])           //如果与当前对应字符相匹配,
        {                                   //则继续比较下一对字符
            i++;
            j++;
        }else{
            i=i-j+1;                        //匹配过程中出现失配，回溯到当前开始匹
            j=1;                            //配处的下一个位置重新开始下一轮的匹配
        }
    }
    if(j==str1.length)                      //找到了第一次匹配的位置，返回匹配成功的位置
        return (i-j);
    else                                    //搜索完主串找不到匹配位置，返回-1
        return -1;
}
```

程序段 5-10 所示的是一种简单的模式匹配算法，通常称为字符串的朴素匹配算法。算法的基本思想是：设置两个指针 i 和 j，初始时让 i 指向主串 S 的第 pos 个字符，j 指向模式串 sub 的第一个字符。将 S.str[i]与 sub.str[j]相比较，如果相等，i 和 j 同时后移一位，继续比较下一对字符；否则，重置 i 和 j 的值(i 等于当前这一轮比较的起始位置的下一个位置，j 重新指向模式串 sub 的第一个字符)，依次类推，直至模式串 sub 中的每一个字符依次和主串 S 中的一个连续的字符序列相等，称为匹配成功，此时函数返回该模式串在主串中从第 pos 个字符开始第一次出现的位置；否则称为匹配不成功，返回值为-1。图 5.5 展示了主串 S="aacaabc"、模式串 sub="aab"的匹配过程(pos=1)。

上述算法的匹配过程容易理解，在某些应用场合(如文本编辑等)效率也较高。在最好的情况下，如当 S="aaaaaaaabababc"、sub="bc"时，前面 8 趟不成功的匹配都发生在比较第一对字符时，匹配成功的总比较次数为 16，恰好等于主串的长度 n=14 加上子串的长度 m=2，在这种情况下算法的时间复杂度为 O(n+m)；但是在最坏的情况下，如 S="aaaaaaaaaab"，sub ="aab"，每次不成功的匹配都发生在模式串 sub 的最后一个字符的位置，即每趟比较都要进行 m 次，这样比较的趟数为(n−m+1)趟，所需要比较字符的总次数为(n−m+1)×m，当 m<<n 时，(n−m+1)×m≈(n×m)，因此，在最坏的情况下时间复杂度为 O(n×m)。

第 1 趟匹配：从主串的第一个字符开始与模式串匹配，当 i=3 时失配。

i:	1	2	3				
S:	a	a	c	a	a	b	c
sub:	a	a	b				
j:	1	2	3				

第 2 趟匹配：从主串的第二个字符开始与模式串匹配，当 i=3 时失配。

i:		2	3				
S:	a	a	c	a	a	b	c
sub:		a	a				
j:		1	2				

第 3 趟匹配：从主串的第三个字符开始与模式串匹配，当 i=3 时失配。

i:			3				
S:	a	a	c	a	a	b	c
sub:			a				
j:			1				

第 4 趟匹配：从主串的第四个字符开始与模式串匹配，当 i=6 时匹配成功。

i:				4	5	6	
S:	a	a	c	a	a	b	c
sub:				a	a	b	
j:				1	2	3	

图 5.5　字符串的模式匹配过程

子任务 5.3.2　KMP 算法

【课堂任务】理解模式匹配的一种改进算法——KMP 算法的算法原理、实现方法及其特点。

在字符串的朴素匹配算法中，如果在执行比较的过程中出现了主串 S 中的第 i+j 个字符 S[i+j]与模式串 sub 中的第 j+1 个字符 sub[j]不相等的情况，如图 5.6 所示。

S[O]，	…，	S[i]，	S[i+1]，	…，	S[i+j-1]，	S[i+j]
		‖	‖		‖	‖
		sub[0]，	sub[1]，	…，	sub[j-1]	sub[j]

图 5.6　字符串的模式匹配示意图 1

这时，就要对主串 S 进行回溯，回溯到从第 i+1 个字符 S[i+1]开始与模式串 sub 从头开始逐一字符进行比较。在图 5.5 所示的第一趟匹配过程中，当匹配到主串的第三个字符 S[3]='c'与模式串的第三个字符 sub[3]='b'时失配，则主串要回溯到从第二个字符 S[2]='a'与模式串的第一个字符开始进行第二趟的比较，而从第一趟比较的结果中即可知道 S[2]= sub[1]='a'，因此这次比较是完全没有必要的，而是可以直接进行 S[3]与 sub[2]的比较，此时主串 S 无须进行回溯。基于此思路，D.E.Knuth 与 V.R.Pratt 和 J.H.Morris 同时发现了一种模式匹配的改进算法，称为克努特-莫里斯-普拉特操作(简称为 KMP 算法)，此算法可在 O(n+m)的时间数量级上完成串的匹配操作。该算法的改进之处在于：当一趟匹配过程中出现字符比较不等的情况时，不需要回溯主串的指针，而是利用已经得到的“部分匹配”的结果将模式串向右“滑动”尽可能远的距离后，与主串继续进行比较。

如果对于模式串 sub 存在一个整数 k(k≤j)，使得模式串 sub 开头的 k 个字符(sub[0]，sub[1]，…，sub[k−1])依次与 sub[j] 的前面 k 个字符(sub[j−k]，sub[j−k+1]，…，sub[j−1])相同，如图 5.7 所示。

sub[O]，	…，	sub[j−k]，	sub[j−k+1]，	…，	sub[j−1]，	sub[j]
		‖	‖		‖	?
		sub[0]，	sub[1]，	…，	sub[k−1]	sub[k]

图 5.7　字符串的模式匹配示意图 2

由图 5.6 和图 5.7 的两个对应关系，有如图 5-8 所示。

S[O]，	…，	S[i]，	…，	S[i+j−k]，	…，	S[i+j−1]，	S[i+j]，	…
		‖		‖		‖	!=	
		sub[0]，	…，	sub[j−k]，	…，	sub[j−1]	sub[j]	…
				‖		‖	?	
				sub[0]，	…，	sub[k−1]，	sub[k]，	…

图 5.8　字符串的模式匹配示意图 3

因此，当匹配到模式串 sub 的第 j+1 个字符 sub[j]出现失配时，可从模式串 sub 的第 k+1 个字符 sub[k]开始与主串 S 的当前比较字符 S[i+j]开始依次继续比较，而省去了前面的 k 次比较。如果对应的 sub[j]有多个 k 值，应取最大的 k。

这样，在匹配比较过程中，一旦出现 S[i] != sub[j]的情况，就要找出 sub[j]的 k，称 k 为 sub[j]的失败链接值。若定义一个数组 next[]，其元素个数与模式串的长度相同，依次存放模式串 sub 对应各字符的失败链接值，则它的定义如下：

$$next[j]=\begin{cases}-1, & \text{当 } j=0 \text{ 时；}\\ \text{Max}\{k \mid 0<k<j \text{ 且 } sub[0,\ldots,k-1]=sub[j-k,\ldots,j-1]\}; & \\ 0, & \text{其他情况。}\end{cases} \quad (5\text{-}1)$$

由上述定义可知，一个模式串中各字符的失败链接值只与该模式串本身有关，与主串无关。next[0]=−1 的含义是如果在与模式串的第一个字符 sub[0]比较的时候就失配，则此时需要将模式串继续向右滑动一个位置，即从主串的下一个字符 S[i+1]起与模式串重新开始比较。如果模式串的第 j 个字符 sub[j−1]的失败链接值为 next[j]=k，则表明在模式串中存在下列关系：

$$sub[0,\ldots,k-1]=sub[j-k,\ldots,j-1] \quad (5\text{-}2)$$

其中的 k 为满足 0<k<j 的某个值，并且不可能存在 k'>k 满足式(5-2)。此时的 next[j+1]=? 可能有两种情况：

① 若 sub[k] =sub[j]，则表明在模式串中存在下列关系：

$$sub[0,\ldots,k-1,k]=sub[j-k,\ldots,j-1,j] \quad (5\text{-}3)$$

并且不可能存在 k'>k 满足式(5-3)，此时的 next[j+1]=k+1= next[j] +1。

② 若 sub[k] ≠ sub[j]，则表明在模式串中 sub[0, … ,k−1,k] ≠ sub[j−k, … ,j−1,j] ，此时可把求 next 值的问题看成是一个模式匹配的问题，整个模式串既是主串又是模式串，而当前在匹配的过程，已有 sub[0, … ,k−1]= sub[j−k, … ,j−1]，则当 sub[j] ≠ sub[k]时就将模式串向右滑动至以模式串中的第 next[k]个字符和主串中的第 j 个字符相比较。若 next[k]=k'，且 sub[j] = sub[k']，则说明主串中第 j+1 个字符之前存在一个长度为 k'的最长子串，和模式串中从首字符开始的长度为 k'的子串相等，即

$$sub[0, \ldots, k'-1] = sub[j-k', \ldots, j-1] \quad (0<k'<k<j) \tag{5-4}$$

于是便有：next[j+1]=k'+1= next[k] +1。同理，如果仍有 sub[j] ≠ sub[k']，则将模式串继续向右滑动直至将模式中的第 next[k']个字符与 sub[j]对齐，依次类推，直至 sub[j]与模式串中的某个字符匹配成功或者不存在任何 k'(0< k' <j)满足式(5-4)，则有 next[j+1]=0。求模式串各字符的失败链接值算法如算法 5.4 所示。

【算法 5.4】

```
//求模式串 sub 的失败链接值并存入数据 next 中
void faillink(SString sub, int* next)
{
    int j, k;
    next[0]=-1; j=1;
    for(int i=0; i<sub.length; i++)
    {
        k=next[j-1];
        while(k!=-1 && sub[k]!=sub[j-1])
            k=next[k];
        next[j++]=k+1;
    }
}
```

例如，图 5.5 中的模式串 sub 各字符的失败链接值如图 5.9 所示。

下标值:	0	1	2
模式串:	a	a	b
失败链接值:	-1	0	1

图 5.9　模式串"aab"的失败链接值

求得模式串的失败链接值后，就可利用 KMP 算法进行字符串的模式匹配。KMP 算法如算法 5.5 所示。

【算法 5.5】

```
//KMP 算法模式匹配算法
int StrIndex_KMP(HString S, HString sub, int* next,int pos)
{
    if(pos>=0 && pos<=S.length-sub.length) //位置参数合法
    {
        int i=pos;
        int j=0;
        while(i<S.length && j<sub.length)   //从给定位置开始往后查找
        {
            if(j==-1 || S.str[i]==sub.str[j])
               { i++; j++;}                  //继续比较后继字符
            else
                j=next[j];                   //模式串向右移动
        }
        if(j>=sub.length)
            return i-sub.length;             //匹配成功
        else
```

```
        return -1;                              //匹配不成功
    }
    return -1;                                  //参数不合法
}
```

图 5.10 展示了当主串 S="aacaabc"，模式串 sub="aab"时，应用 KMP 算法进行模式匹配的过程(pos=0)。比较图 5.5 和图 5.10 可知，在整个的 KMP 算法匹配过程中，主串的指针没有回溯。当然在这个例子中 KMP 算法只比朴素匹配算法减少了一次比较，而且它还增加了一个计算失败链接值的操作，KMP 算法性能的改进没有很好地体现出来。可以分析分别用两种匹配算法对下面的例子进行匹配的算法性能：模式串 sub="000000001"，主串 S="0000000000000000000000000000000000000000000000000000000000000000000001"。

仔细分析图 5.10 的匹配过程可以发现，其实第三趟匹配是完全没有必要的，因为在第二趟匹配的时候就知道主串的第三个字符不等于'a'，因此第三趟比较就可以直接让模式串向右滑动到主串的第四个字符与模式串的第一个字符进行匹配，由此可以得到求失败链接值的改进算法，如算法 5.6 所示。

还需说明的一点是，虽然朴素匹配算法的时间复杂度是 O(n×m)，但在一般情况下，其实际执行的时间近似于 O(n+m)，因此至今仍被采用。KMP 算法仅在模式串与主串间存在许多“部分匹配”的情况下才显得比朴素匹配算法快得多。但是 KMP 算法的最大特点是指示主串的指针不需回溯，在整个匹配过程中只需对主串扫描一遍便可，这对处理从外部设备输入的庞大数据很有效，可以边读入边匹配，而无须回头重读。

第 1 趟匹配：从主串的第 1 个字符(下标为 0)开始与模式串匹配，当 i=2 时失配。	i:	0	1	2				
	S:	a	a	c	a	a	b	c
	sub:	a	a	b				
	j:	0	1	2				
第 2 趟匹配：next[2]=1，模式串中的第 2 个字符(下标为 1)与主串的第 3 个字符比较。	i:			2				
	S:	a	a	c	a	a	b	c
	sub:		a	a				
	j:			1				
第 3 趟匹配：next[1]=0，模式串中的第 1 个字符(下标为 0)与主串的第 3 个字符比较。	i:			3				
	S:	a	a	c	a	a	b	c
	sub:			a				
	j:			0				
第 4 趟匹配：next[0]=-1，模式串中的第二个字符（下标为 1）与主串的第 4 个字符比较。	i:				3	4	5	
	S:	a	a	c	a	a	b	c
	sub:				a	a	b	
	j:				0	1	2	

图 5.10　字符串的模式匹配过程

【算法 5.6】

```
//求模式串 sub 的失败链接值的改进算法
void get_faillink(HString sub, int* next)
{   int j, k;
    next[0]=-1; j=1;
    for(int i=0; i<sub.length; i++)
    {   k=next[j-1];
        while(k!=-1 && sub.str[k]!=sub.str[j-1])
            k=next[k];
        if(sub.str[k]==sub.str[j-1])
            next[j++]=next[k];
            else    next[j++]=k+1;
    }
    next[i]='\0';
}
```

任务 5.4 文本编辑器的实现

【工作任务】

在任务 2 和任务 3 中讨论了字符串基本操作的算法实现。在本任务中将利用这些基本操作来实现一个简单的文本编辑器程序。通过本任务的学习，可加深对字符串相关知识的理解并能综合运用。

在日常的工作及学习中，人们经常会用到诸如 Word、记事本等文本编辑程序进行文档的录入、修改、编辑排版等操作。虽然各种文本编辑程序的功能强弱不同，但它们的实质均是对字符数据的格式或形式进行修改，一般都包括字符串的查找、替换和删除等操作。

为了编辑的方便，用户可以把一个文本的内容利用换行符和分页符分成若干页，每页又包括了若干行的文本字符串。可以把整个文档的内容看成是一个大的字符串，称为文本串，而每一页的内容是文本串的一个子串，同样地，每一行也是某页的子串。

比如在任务 5.2 中求字符串长度的算法：

```
int StrLength(Sstring  s)
{
    return s.length;
}
```

可以把它看成是一个文本串，输入到计算机内存后如图 5.11 所示。图中的“↙”为换行符。

i	n	t		S	t	r	L	e	n	g	t	h	(	S	S	t	r	i	n
g		s	)	↙	{	↙					r	e	t	u	r	n		s	•
l	e	n	g	t	h	;	↙	}	↙										

图 5.11　文本串的存储示意图

为了管理文本串的页和行，在进入文本编辑的时候，编辑程序先为文本串建立相应的行表和页表(即各子串的存储映像)。行表中的每一项指示每一行文本的行号、存储的起始地址及该行子串的长度。而页表中的每一项则给出了每页的页号及该页的起始行号。假设图 5.11 所示的文本串只占一页，它的起始行号为 100，第一行的起始地址为 1000，则该文本串的行表如

图 5.12 所示。

行号	起始地址	长度
100	1000	25
101	1025	2
102	1027	21
103	1048	2

图 5.12　图 5.11 所示文本串的行表

在编辑时设立页表指针、行表指针及列指针等，分别指示当前操作的页、行和字符(列)。如果在某行内插入或删除若干字符，则修改行表中该行的长度。如果插入后的总长度超出了分配给它的存储空间，则必须重新给该行分配存储空间，同时还要修改该行的起始位置。如果要插入或删除一行，则要涉及行表的插入或删除操作。如果被删除的行是所在页的起始行，则还要修改页表中相应页的起始行号(另外如果该页只包含了被删除的行，则还需在页表中进行相应的级联删除处理)。按照这样的思路，就可以结合所学的字符串的相关知识实现文本编辑程序的相关算法。

本任务中文本编辑器的功能模块图，如图 5.13 所示。

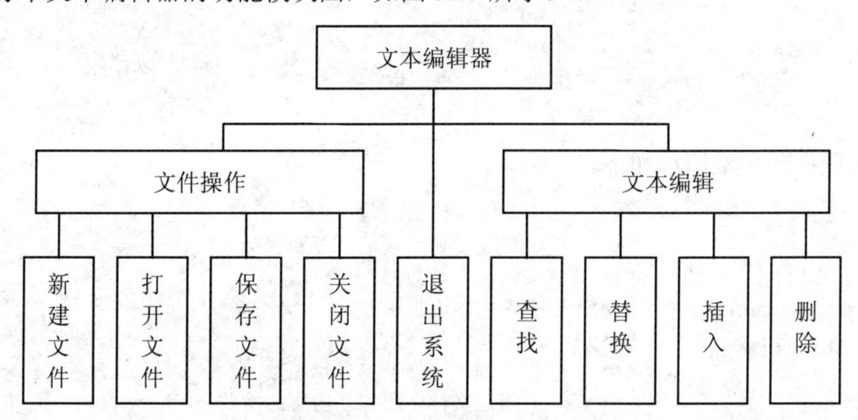

图 5.13　文本编辑器的功能结构图

程序的运行界面如图 5.14 所示。

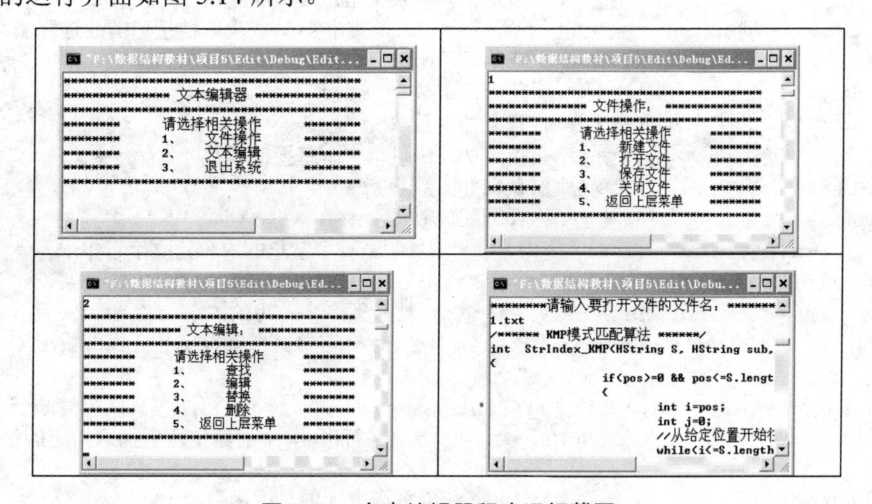

图 5.14　文本编辑器程序运行截图

程序中用到的结构体定义如下。

```
#include <stdlib.h>
#include <stdio.h>
#define MAXNUM  1000
typedef struct LineTable    //行表的结构体
{
   int lineNo;              //行号
   int address;             //起始地址
   int length;              //长度
   struct LineTable* next;//指向下一结点的指针
}LineTable;
typedef struct HString
{
   char* str;               //指向字符串的存储空间首地址
   int length;              //字符串的实际长度
}HString;
typedef struct findaddr
{
   int addr;                //匹配地址
   int line;                //匹配的行号
   int column;              //匹配的列号
   struct findaddr* next; //指向下一结点的指针
}findaddr;
```

项目源码中的函数清单如下。

```
void argFree();           /****** 全局变量销毁函数 ******/
void argInit();           /****** 全局变量初始化函数 ******/
int closeFile();          /****** 关闭文件函数 ******/
void contentAppend();     /****** 文件内容添加函数 ******/
int deleteStr();          /****** 删除文件中指定文本的函数 ******/
int editMenu();           /****** 文本编辑操作菜单显示函数 ******/
int editStr();            /****** 向指定文件中添加新内容的函数 ******/
int fileMenu();           /****** 文件操作菜单显示函数 ******/
void fileTidy();          /****** 文本串重新整理函数 ******/
int findStr();            /****** 在指定文件中查找指定文本的函数 ******/
void get_faillink(HString, int*);/****** 求模式串sub的失败链接值的改进算法 ******/
int  mainMenu();          /****** 主菜单显示函数 ******/
int newFile();            /****** 新建文件函数 ******/
int openFile();           /****** 打开文件函数 ******/
int replaceStr();         /****** 在指定文件中进行文本替换的函数 ******/
int saveFile();           /****** 保存文件函数 ******/
void showMessage();       /****** 内存分配失败提示函数 ******/
void StrAssign(HString*, char*);/****** 复制字符串常量的内容建立字符串 ******/
void StrClear(HString* );       /****** 将字符串s置为空串 ******/
int StrCompare(HString, HString);/****** 比较两个字符串的大小 ******/
int StrConcat(HString*, HString, HString);/****连接两个字符串str1和str2，得到新的字
符串**/
int StrIndex_KMP(HString, HString, int*,int);  /****** KMP模式匹配算法 ******/
int StrInsert(HString*, int, char*);/****向字符串 s 中的给定位置插入指定的字符或字符串
****/
int StrLength(HString);         /****** 求字符串s的长度函数 ******/
void StrReplace(HString*, HString, HString, int);   /***字符串替换函数***/
```

```
void SubDelete(HString*, int, int);/******删除字符串中指定位置及长度的子串 ******/
```

完整的源代码附于随书光盘中。

小　　结

本项目首先介绍了字符串的逻辑结构，然后分别讨论字符串顺序存储和链式存储的基本运算及其实现算法。在各种文本处理程序中，字符串的匹配操作是经常要用到的操作，本项目在任务 5.3 中介绍了字符串匹配的两种算法。最后通过一个简单的文本编辑器程序的实现来深化对字符串操作及其应用的理解。

实训：字符串及应用

1. 实训目的

(1) 掌握字符串的定义与表示方法。

(2) 掌握字符串的基本运算在不同存储结构上的实现算法。

(3) 熟练应用字符串相关知识解决实际问题。

2. 实训内容

1) 检测回文

(1) 问题描述：对于给定的一个由 n 个字符组成的字符串 s，判断其是否为回文。设字符串 s="$c_1,c_2,\ldots,c_i,c_{i+1},\ldots,c_n$"，则对于 $p=n/2$，字符串 s 满足如下条件。

若 n 为偶数，则有：$c_1=c_n$，$c_2=c_{n-1},\ldots,c_{p-1}=c_{p+2},c_p=c_{p+1}$。

若 n 为奇数，则有：$c_1=c_n$，$c_2=c_{n-1},\ldots,c_{p-1}=c_{p+3},c_p=c_{p+2}$。

(2) 基本要求：输入字符串 s，判定字符串 s 是否是回文并输出相应结果。

(3) 测试数据：

字符串 1：qwewq；　　字符串 2：1234567。

2) 字符串应用案例设计

设计一个图书查询系统，必须包括添加图书信息，删除图书信息，分别按书名、书号、作者及关键字查找图书的基本功能。

上交内容：(1) 源文件(如 book.c)。

　　　　　(2) 可执行文件(如 book.exe)。

　　　　　(3) 系统设计过程说明文档(如 book.doc)。

系统设计过程说明文档包含的内容如下。

(1) 总体设计图及说明。

(2) 系统主程序流程图及说明。

(3) 主程序中所用到的所有变量说明。

(4) 所有函数说明。

(5) 调试说明(调试中遇到的问题及最终解决的方法)。

(6) 创新功能模块说明。

(7) 制作感想。

习　题

一、选择题

1．如果两个串含有相等的字符，则它们相等。该说法(　　)。

A．正确　　B．不正确

2．若串 S='software'，则其非空的子串的数目有(　　)个。

A．18　　B．24　　C．32　　D．36

二、填空题

1．下列程序判断字符串 s 是否对称，对称则返回 1，否则返回 0；如 f("abba")返回 1，f("abab")返回 0，请在三个空格处填入相应的内容以实现程序的功能。

```
int f((1)________)
   {int   i=0,j=0;
    while (s[j])(2)________;
    for(j--; i<j  && s[i]==s[j]; i++,j--);
     return((3)_______)
   }
```

2．已知 U='xyxyxyxxyxy'；t='xxy'；

StrAssign(S，U);

SubString(V，S，StrIndex(s，t)，StrLength(t)+1);

StrAssign(m，'ww')

求 StrReplace(S，V，m)=________。

三、应用题

1．已知：s='(xyz)+＊'，t='(x+z)＊y'。试利用联结、求子串和置换等基本运算，将 s 转化为 t。

2．编写算法，实现字符串的基本操作：StrReplace(&s，str1，str2)。

3．编写下列算法：

(1) 将顺序串 r 中的所有字符按照相反的次序仍存放在 r 中。

(2) 从顺序串 r 中删除其值等于 ch 的所有字符。

(3) 从顺序串 r 中删除所有与字符串 sub 相同的子串。

(4) 从顺序串 r 中第 index 个字符起求出首次与串 r2 相同的子串的起始位置。

4．编写算法，求字符串 s 中出现的第一个最长重复子串的位置和长度。

5．编写算法，求字符串 s 与字符串 t 的一个最长的公共子串。

6．设字符串 S="abcaabbcaaabababaabca"，模式串 P="babab"：

(1) 计算模式串 P 的失败链接值。

(2) 写出按 KMP 算法对字符串 S 进行模式匹配的过程。

7．输入一个字符串，内有数字和非数字字符，如：ak123x456 17960?302gef4563，将其中连续的数字作为一个整体，依次存放到一数组 a 中，例如 123 放入 a[0]，456 放入 a[1]，……。编程统计其共有多少个整数，并输出这些数。

8．编写程序，统计在输入字符串中各个不同字符出现的频度并将结果存入文件(字符串中的合法字符为 A-Z 这 26 个字母和 0-9 这 10 个数字)。

项目6 树及应用——哈弗曼译码器

教学目标

数据结构将数据的逻辑结构划分为两类：线性结构与非线性结构。线性表、栈和队列都属于线性结构，描述的是数据之间一对一的关系。而在本项目中，讨论的是树与二叉树，它们属于非线性结构，描述的是数据之间一对多的关系。

教学要求

知识要点	能力要求	相关知识
树和二叉树的基本概念	掌握树和二叉树中的术语和基本概念以及二叉树的基本性质	树和二叉树的定义及基本操作
二叉树的顺序存储和链式存储结构	掌握二叉链表的两种存储结构	两种结构的插入、删除、查找算法
二叉树的建立和遍历算法的实现	掌握二叉树的建立以及3种遍历方法	二叉链表的建链算法以及前、中、后3种顺序遍历得到的序列
树和二叉树的转换	掌握树和二叉树之间的互换	二叉树和树之间的转换方法，二叉树的遍历以及线索化
哈弗曼树的概念和建立算法的实现	哈弗曼树的构造和哈弗曼编码	构造哈弗曼树的过程、哈弗曼树的应用

引例

对于目前快速远距离通信而言，最有效的通信手段依然是电报，也就是需要将待传送的文字转换成由二进制字符串组成的字符串。假设待传送的电文为“A B A C D A”，它只有4种字符，则只需要两个字符串便可以分辨。假设 A、B、C、D 的编码分别为 00、01、10 和 11，则上述 6 个字符的电文即为“000100101100”，总长为 12 位，当对方接收译码时，可以按照每两位为分隔进行译码。哈弗曼译码器是通过二叉树来设计电文的编码以及译码的。

任务 6.1　理解树的逻辑结构

【工作任务】

在用二叉树实现哈弗曼编码以及译码之前，理解树的基本概念、逻辑结构以及如何使用这些概念是非常重要的。理解什么是二叉树的逻辑结构和基本操作，为后面的学习奠定基础。要实现哈弗曼编码以及译码，必须解决下面的问题。

(1) 树的逻辑结构是什么？如何定义？有什么特点？

(2) 实现二叉树存储的操作有哪些？

(3) 如何通过二叉树进行哈弗曼编码？如何进行译码？

先来看关于有关树的例子。

在现实生活中，有如下血统关系的家族可用树形图 6.1 表示。

李源有 3 个孩子李明、李亮和李丽；

李明有两个孩子李林和李维；

李丽有 3 个孩子李平、李华和李群；

李平有两个孩子李晶和李磊。

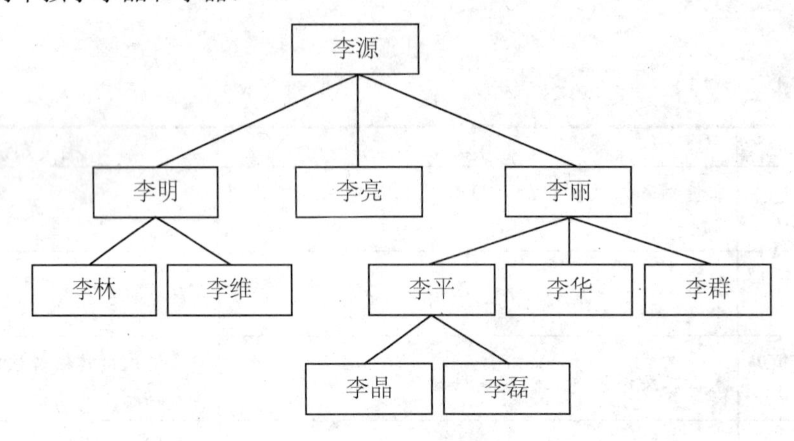

图 6.1　树的例子

以上示意图很像一棵倒画的树。其中“树根”是李源，树的“分支点”是李明、李亮和李丽，该家族的其余成员均是“树叶”，而树枝(即图中的线段)则描述了家族成员之间的关系。显然，以李源为根的树是一个大家庭，它可以分成李明、李亮和李丽为根的 3 个小家庭，每个小家庭又都是一个树型结构。

子任务 6.1.1　理解树的定义

【课堂任务】理解什么是树，掌握树的定义方法，定义构建树的每一个结点，为后面的学习奠定基础。

树的定义

树的递归定义如下。

树(Tree)是 $n(n\geqslant 0)$个结点的有限集 T。当 T 为空时，称之为空树，即不包括任何一个结点，否则在任何一棵非空树中，满足如下两个条件。

(1) 有且仅有一个特定的称为根(Root)的结点。

(2) 其余的结点可分为 $m(m\geqslant 0)$个互不相交的子集 T_1，T_2，…，T_m，其中每个子集本身又是一棵树，并称其为根的子树(Subree)。

树的定义是采用了递归定义法，即定义树的同时又用到了树的概念，这正好反映了树的特性。

在前面的例子(图 6.1)中，数据的集合是{李源，李明，李亮，李丽，李平，李华，李群，李晶，李磊}，此时 $n=9$。树的根为李源，余下的数据就被分割成三个不相交的集合{李明，李林，李维}，{李亮}，{李丽，李平，李华，李群，李晶，李磊}。

子任务 6.1.2 理解二叉树的基本概念

【课堂任务】熟悉二叉树的基本概念，为后面的学习奠定基础。

二叉树是树型结构的一个重要类型。许多实际问题抽象出来的数据结构往往是二叉树的形式，即使是一般的树也能简单地转换为二叉树，而且二叉树的存储结构及其算法都较为简单，因此二叉树显得特别重要。

1. 二叉树的定义

二叉树的递归定义，二叉树(Binary Tree)是 $n(n\geqslant 0)$个结点的有限集，该集合或者为空($n=0$)，或者由一个根结点和两棵互不相交的、分别称作这个根的左子树和右子树的二叉树组成，左子树和右子树又同样是一棵二叉树。很明显，这个定义是递归而得的。

二叉树实际上是度为 2 的有序树，在二叉树中要区分左子树和右子树。就算只有一棵子树，也要区分它是左子树还是右子树。二叉树有 5 种基本形态，如图 6.2 所示。

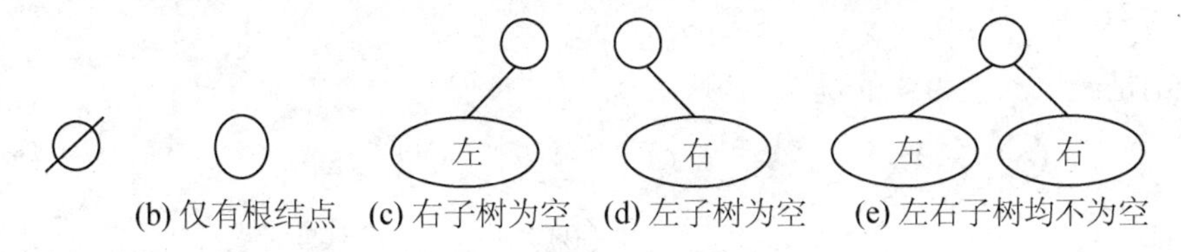

图 6.2 二叉树的五种基本形态

在二叉树中，每个结点的左子树的根结点称为左孩子(left child)，右子树的根结点称为右孩子(right child)。

2. 二叉树的重要性质

性质 1 二叉树的第 $i(i\geqslant 1)$层上最多有 2^{i-1} $(i\geqslant 1)$个结点。

证明：用数学归纳法证明：

归纳基础：$i=1$ 时，有 $2^{i-1}=2^0=1$ 个结点。因为第 1 层上只有一个根结点，所以命题成立。

归纳假设：假设对所有的 $j(1\leqslant j<i)$命题成立，即第 j 层上至多有 2^{j-1} 个结点，证明 $j=i$ 时命题亦成立。

归纳步骤：根据归纳假设，第 i−1 层上至多有 2^{i-2} 个结点。由于二叉树的每个结点至多有两个孩子，故第 i 层上的结点数至多是第 i−1 层上的最大结点数的 2 倍，即 $j=i$ 时，该层上至多有 $2\times2^{i-2}=2^{i-1}$ 个结点，故命题成立。

性质 2　在一棵深度为 k 的二叉树中，最多具有 2^{k-1} 个结点。

证明：在具有相同深度的二叉树中，当且仅当每一层都含有最大结点数时，树中的结点数最多。因此利用性质 1 可得，深度为 k 的二叉树的结点数至多为：

$$2^0+2^1+\cdots+2^{k-1}=2^k-1$$

故命题正确。

性质 3 在任意一棵二叉树中，若终端结点的个数为 n_o，度为 2 的结点数为 n_2，则 $n_o=n_2+1$。

证明：因为二叉树中所有结点的度数均不大于 2，所以结点总数(记为 n)应等于 0 度结点数、1 度结点(记为 n_1)和 2 度结点数之和：

$$n=n_o+n_1+n_2 (式 1)$$

另一方面，1 度结点有一个孩子，2 度结点有两个孩子，故二叉树中孩子结点总数是：

$$n_1+2n_2。$$

树中只有根结点不是任何结点的孩子，故二叉树中的结点总数又可表示为：

$$n=n_1+2n_2+1 (式 2)$$

由式 1 和式 2 可得：

$$n_o=n_2+1$$

在介绍性质 4 之前，先来介绍两个概念：满二叉树和完全二叉树。满二叉树和完全二叉树是二叉树的两种特殊情形。

1) 满二叉树(Full Binary Tree)

一棵深度为 k 且有 2^k−1 个结点的二叉树称为满二叉树。

满二叉树有以下特点。

(1) 每一层上的结点数都达到最大值，即对给定的高度，它是具有最多结点数的二叉树。

(2) 满二叉树中不存在度数为 1 的结点，每个分支结点均有两棵高度相同的子树，且树叶都在最下一层上。

图 6.3(a)是一个深度为 4 的满二叉树。

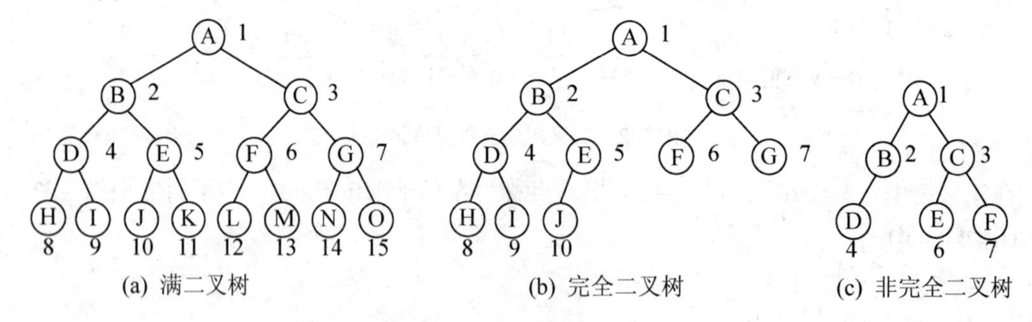

图 6.3　二叉树的 3 个概念

2) 完全二叉树(Complete Binary Tree)

若一棵二叉树至多只有最下面的两层上结点的度数可以小于 2，并且最下一层上的结点都集中在该层最左边的若干位置上，则此二叉树称为完全二叉树。

完全三叉树具有如下特点。

(1) 满二叉树是完全二叉树，完全二叉树不一定是满二叉树。

(2) 在满二叉树的最下一层上，从最右边开始连续删去若干结点后得到的二叉树仍然是一棵完全二叉树。

(3) 在完全二叉树中，若某个结点没有左孩子，则它一定也没有右孩子，即该结点必是叶结点。

如图 6.3(c)中，结点 F 没有左孩子而有右孩子 L，故它不是一棵完全二叉树。

图 6.3(b)是一棵完全二叉树。

$$k-1\leqslant \log_2 n < k \quad k-1\leqslant \log_2 n < k$$

性质 4　具有 n 个结点的完全二叉树的深度为

$$\lfloor \log n \rfloor +1(\text{或}\lceil \log(n+1) \rceil)$$

证明：设所求完全二叉树的深度为 k。由完全二叉树定义可得：

若一棵完全二叉树的深度为k，且前$k-1$层是深度为$k-1$的满二叉树，则一共有$2^{k-1}-1$个结点。

由于完全二叉树深度为 k，故第 k 层上还有若干个结点，因此该完全二叉树的结点个数：

$$n>2^{k-1}-1$$

另一方面，由性质 2 可得：

$$n\leqslant 2^k-1$$

即：$2^{k-1}-1<n\leqslant 2^k-1$

由此可推出：$2^{k-1}\leqslant n<2^k$，取对数后有：$k-1\leqslant \lfloor \log n \rfloor <k$

又因为 $k-1$ 和 k 是相邻的两个整数，故有

$$k-1=\lfloor \log n \rfloor$$

由此可得：

$$k=\lfloor \log n \rfloor +1$$

性质 5　如果对一棵有 n 个结点的完全二叉树的结点按层次顺序编号，则对任一结点有以下几种编号。

(1) 如果 $i=1$，则结点 i 是二叉树的根，无双亲；如果 $i>1$，则其双亲是结点 $i/2$。

(2) 如果 $2i>n$，则结点 i 无左孩子；否则其左孩子是结点 $2i$。

(3) 如果 $2i+1>n$，则结点 i 无右孩子；否则其右孩子是结点 $2i+1$。

任务 6.2　二叉树的存储结构和基本操作

【工作任务】

理解了二叉树的概念后，可知二叉树的结构是非线性的，每一结点最多可有两个后继。本任务将介绍二叉树的两种存储结构：顺序存储和链式存储。

(1) 什么是二叉树的顺序存储结构？有什么特点？

(2) 什么是二叉树的链式存储结构？有什么特点？

子任务 6.2.1　二叉树的顺序存储结构

【课堂任务】理解二叉树的概念及特点，掌握二叉树的顺序存储结构。

用一组地址连续的存储单元依次自上而下、自左至右存储完全二叉树上的结点元素，即将

完全二叉树上编号为 i 的结点元素存储在一维数组的下标为 i-1 的分量中，如图 6.4 所示。

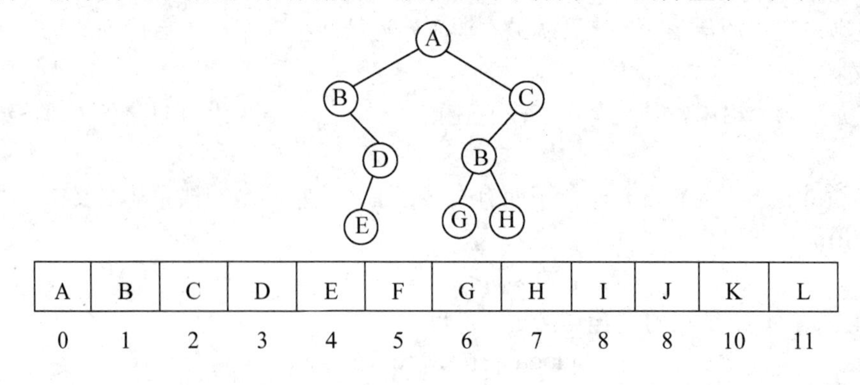

图 6.4　二叉树顺序存储示意图

显然，选择顺序存储方式对于一棵完全二叉树来说非常方便。因为此时该存储结构既不浪费空间，又可以根据公式计算出每一个结点的左、右孩子的位置。但是，对于一般的二叉树，必须按照完全二叉树的形式来存储，这就会造成空间浪费，如图 6.5 所示。这样就会可能出现一种极端的情况，对于一个深度为 k 的二叉树，在最坏的情况下(每个结点只有右孩子)需要占用 2^k-1 个存储单元，而实际该二叉树只有 k 个结点，存储空间的浪费太大，这是顺序存储结构的一大缺点。

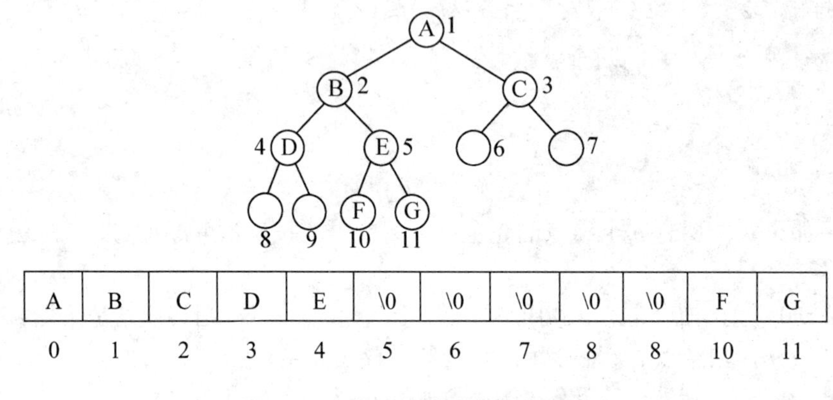

图 6.5　完全二叉树顺序存储示意图

```
typedef struct Node
{
DataType data[Maxsize];
int length;
} BiTNode, *BiTree;
```

子任务 6.2.2　二叉树的链式存储结构

【课堂任务】理解二叉树的概念及特点，掌握二叉树的链式存储结构。

对于任意的二叉树来说，每个结点只有两个孩子结点，一个双亲结点。可以设计每个结点至少包括 3 个域：数据域、左孩子域和右孩子域。

Lchild	Data	Rchild

其中，Lchild 域指向该结点的左孩子，Data 域记录该结点的信息，Rchild 域指向该结点的右孩子域，用该种结点结构形成的二叉树的链式存储结构称为二叉链表。

用 C 语言可以这样声明二叉树的二叉链表结点的结构。

```
typedef struct Node
{
    DataType Data;
    strct Node * Lchild;
    struct Node * Rchild;
}BiTNode, *BiTree;
```

有时，为了便于找到父结点，可以增加一个 Parent 域，Parent 域指向该结点的父结点。用这种结点结构形成的二叉树的链式存储结构称为三叉链表。结点结构如图 6.6 所示。

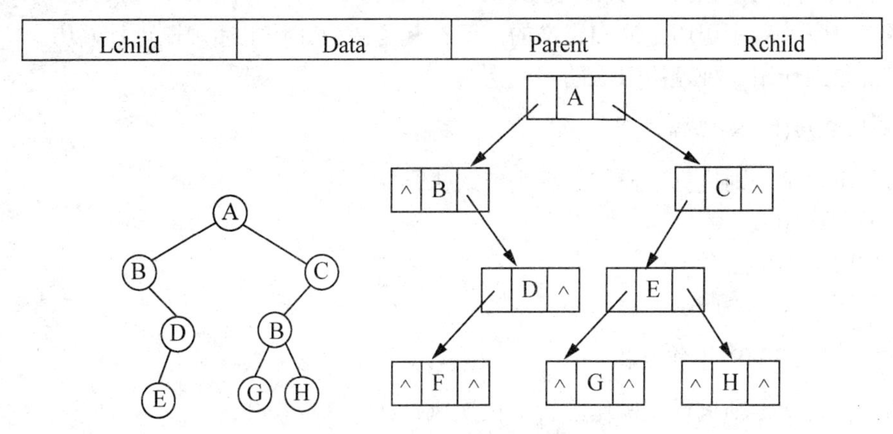

图 6.6　二叉树和二叉链表示意图

若一个二叉树含有 n 个结点，则它的二叉链表中必含有 $2n$ 个指针域，其中必有 n+1 个空的链域，此结论证明如下。

证明：分支数目 B=n−1，即非空的链域有 n−1 个，故空链域有 $2n-(n-1)=n+1$ 个。

不同的存储结构实现二叉树的操作也不同。如果要找某个结点的父结点，在三叉链表中很容易实现；在二叉链表中则需从根结点指针出发一一查找。由此可得，在具体应用中，要根据二叉树的形态和要进行的操作来决定二叉树的存储结构。

任务 6.3　二叉树的遍历和线索化

【工作任务】

在任务 6.2 中介绍了二叉树的存储结构。二叉树有顺序存储以及链式存储两种结构方式。按照何种顺序访问树中的结点，以便使二叉树上的结点能排列在一个线性队列上，就是这个任务需要掌握的内容。为什么需要遍历二叉树呢？因为二叉树是非线性的结构，通过遍历将二叉树中的结点访问一遍，可得到访问结点的顺序序列。从这个意义上说，遍历操作就是将二叉树中的结点按一定规律线性化的操作，目的在于将非线性化结构变成线性化的访问序列。

【课堂任务】理解二叉树的遍历过程，掌握二叉树线索化的过程。

(1) 什么是先序遍历？什么是中序遍历？什么是后序遍历？

(2) 什么是二叉树线索化？

子任务 6.3.1 理解先序遍历、中序遍历、后序遍历

【课堂任务】理解先序、中序、后序遍历的访问顺序，通过不同的访问顺序得到不同的线性队列，理解各种遍历的算法。

由二叉树的递归定义可知，二叉树是由 3 个基本单元组成，即由根节点、左子树和右子树组成。因此，依次地遍历这 3 个单元，便可以遍历整个二叉树。若以 N、L、R 分别表示访问根结点、遍历根结点的左子树、遍历根结点的右子树，则二叉树的遍历方式就有以下 6 种：NLR、LNR、LRN、NRL、RNL 和 RLN。常用的是前 3 种方式，即 NLR(称为先序或先根遍历)、LNR(称为中序或中根遍历)和 LRN(称为后序或后根遍历)。

先序、中序、后序遍历是递归定义的，即在其子树中亦按上述规律进行遍历。

下面就分别介绍 3 种遍历方法的递归定义。

1. 先序遍历(NLR)操作过程

若二叉树为空，则执行空操作，否则依次执行如下 3 个操作。

(1) 访问根结点。

(2) 按先序遍历左子树。

(3) 按先序遍历右子树。

2. 中序遍历(LNR)操作过程

若二叉树为空，则执行空操作，否则依次执行如下 3 个操作。

(1) 按中序遍历左子树。

(2) 访问根结点。

(3) 按中序遍历右子树。

3. 后序遍历(LRN)操作过程

若二叉树为空，则执行空操作，否则依次执行如下 3 个操作。

(1) 按后序遍历左子树。

(2) 按后序遍历右子树。

(3) 访问根结点。

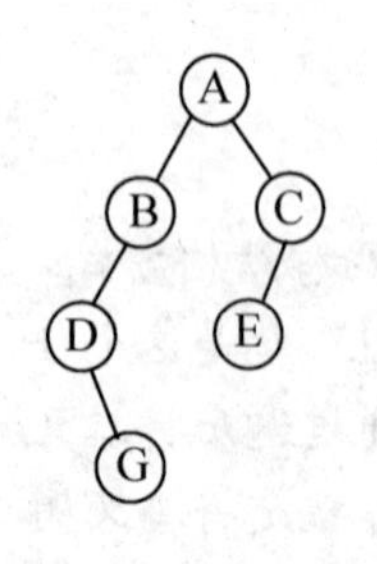

图 6.7 二叉树

显然，这种遍历是一个递归过程。

对于如图 6.7 所示的二叉树，其先序、中序、后序遍历的序列如下。

先序遍历：A、B、D、G、C、E。

中序遍历：D、G、B、A、E、C。

后序遍历：G、D、B、E、C、A。

下面以二叉链表作为存储结构，来讨论二叉树的遍历算法。

先序遍历的递归算法如下，图6.8所示为二叉树的先序走向图。

算法 6.1 先序遍历的递归算法

```
void  preorder1(BTNode  *bt)
```

```
{ if (bt)
 { printf(bt->data);                    /* 访问根结点 */
  preorder1(bt->lchild);                /* 前序遍历左子树 */
  preorder1(bt->rchild);                /* 前序遍历右子树 */
  }
 }/* preorder1 */
```

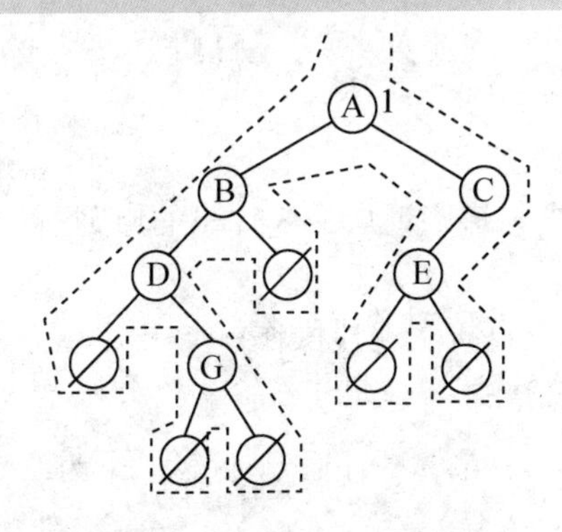

图 6.8　二叉树的先序走向图

对于先序遍历的非递归算法，需要用到栈来对结点进行存储，算法如下。

算法 6.2：先序遍历的非递归算法

```
void preorder2(BTNode *bt)
 { p=bt; top=-1;
  while(p||top)
  { if(p)                               /* 二叉树非空 */
   { printf(p->data);                   /*访问根结点，输出结点*/
     ++top;
     s[top]=p ;                         /*根指针进栈*/
     p=p->lchild ;   }                  /*p 移向左孩子*/
    else                                /*栈非空*/
    { p=s[top] ; --top ;                /*双亲结点出栈*/
      p=p->rchild ;      }              /*p 移向右孩子*/
    }
  }/* preorder2 */
```

其中栈 S 的变化图如图 6.9 所示。

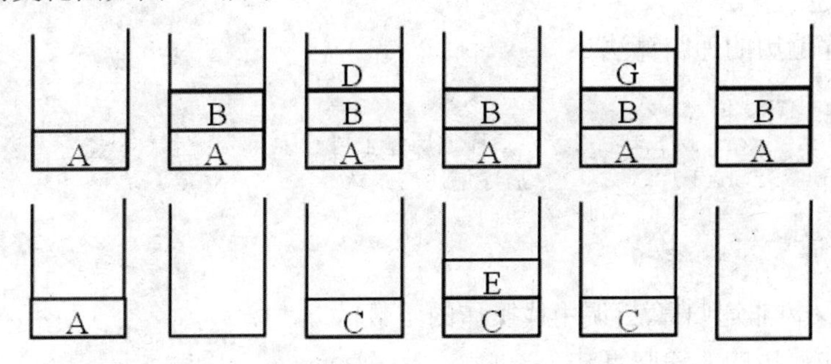

图 6.9　栈 S 的内容变化过程

中序遍历的递归算法

算法 6.3 中序遍历的递归算法

```
void  Inorder(BTNode *bt)
  {
  Inorder(bt->lchild);            /* 中序遍历根结点  */
    printf(bt->datd);             /* 访问根结点 */
    Inorder(bt->rchild);          /* 中序遍历右子树*/
 } /* inorder */
```

中序遍历二叉树的非递归算法

首先应用递归进层的 3 件事与递归退层的 3 件事的原则，直接给出中序遍历二叉树的非递归算法基本实现思路。

中序遍历二叉树非递归算法(直接实现栈操作)。

算法 6.4 中序遍历的非递归算法

```
void inorder(BiTree root)         /* 中序遍历二叉树，bt 为二叉树的根结点 */
{
      top=0;
      p=bt;
    do{
      do while(p!=NULL)
       { if (top>m) return('overflow');
       top=top+1;
      s[top]=p;
            p=p->LChild
    };                            /* 遍历左子树 */

    if(top!=0)
     { p=s[top];
       top=top-1;
       Visit(p->data);            /* 访问根结点 */
        p=p->RChild; }            /* 遍历右子树 */
    }
  } while(p!=NULL || top!=0)
}
```

后序遍历的递归算法

算法 6.5 后序遍历的递归算法

```
void  Postorder(BTNode *bt)
    {Postorder(bt->lchild);       /* 后序遍历左子树*/
     Postorder(bt->rchild);       /*后序遍历右子树*/
printf(bt->datd);                 /*访问根结点*/
} /* Postorder*/
```

后序遍历二叉树非递归算法(调用栈操作的函数)

算法 6.6 后序遍历的非递归算法

```
void PostOrder(BiTree root)
{
 BiTNode * p,*q;
```

```
 BiTNode **S;
 int top=0;
 q=NULL;
 p=root;
 S=(BiTNode**)malloc(sizeof(BiTNode*)*NUM);
                      /* NUM 为预定义的常数 */
 while(p!=NULL || top!=0)
 {
   while(p!=NULL)
   { top=++; s[top]=p; p=p->LChild; }  /*遍历左子树*/
     if(top>0)
      {
       p=s[top];
       if((p->RChild==NULL) ||(p->RChild==q))  /* 无右孩子，或右孩子已遍历过 */
       { visit(p->data);         /* 访问根结点* /
       q=p;        /* 保存到 q，为下一次已处理结点前驱 */
       top--;
       p=NULL;
      }
      else
      p=p->RChild;
     }
}
 free(s);
}
```

为了便于理解递归算法，以中序遍历为例，说明中序遍历二叉树的递归过程，如图 6.8 所示。当中序遍历图 6.7 时，p 指针首先指向 A 结点。按照中序遍历的规则，先要遍历 A 的左子树。此时递归进层，p 指针指向 B 结点，进一步递归进层到 B 的左子树。此时由于 p 指针指向 D 结点，进一步递归进层到 D 的左子树。此时 p 指针指向的左子树根为 NULL，因此输出 D 结点。此时 p 指针指向 D 结点的右子树，访问 G，并输出 G。由于 G 并没有任何子树，因此回退到 D。D 已经被访问过，回退到 B。访问 B 后，输出结点 B。因为 B 并没有右子树，回退递归到结点 A。因为 A 的左子树已经被访问过，输出 A 结点本身。p 指针此时指向 A 结点的右子树 C，递归进层到 C 结点。C 结点的左子树为 E，进一步递归进层到 E 结点。此时 p 指针指向 E 结点，并访问 E 结点。访问完 E 结点后 p 指针回退到 C 结点。访问 C 结点后，发现 C 结点已经无右子树。指针回退后发现已经到根结点 A，访问完毕。至此完成了对整个二叉树的遍历。

任意一棵二叉树结点的前序、中序和后序序列都是唯一的。反过来，若已知结点的先序和中序序列(或后序和中序序列)，便能够唯一确定一棵二叉树。

子任务 6.3.2 理解线索二叉树

【课堂任务】理解二叉树的线索化的过程。

二叉树的遍历运算是将二叉树中结点按一定规律线性化的过程。当以二叉链表作为存储结构时，只能找到结点的左、右孩子结点信息，而不能直接得到结点在遍历序列中的前驱和后继信息。要得到这些信息可采用以下两种方法。第一种方法是将二叉树遍历一遍，在遍历过程中便可得到结点的前驱和后继，但这种动态访问浪费时间。第二种方法是充分利用二叉链表中的空链域，将遍历过程中结点的前驱、后继信息保存下来。利用二叉树的二叉链表存储结构中的那些空指针域来指向前驱和后继结点位置的指针被称为线索，加了线索的二叉树称为线索二叉树，如图 6.10 所示。

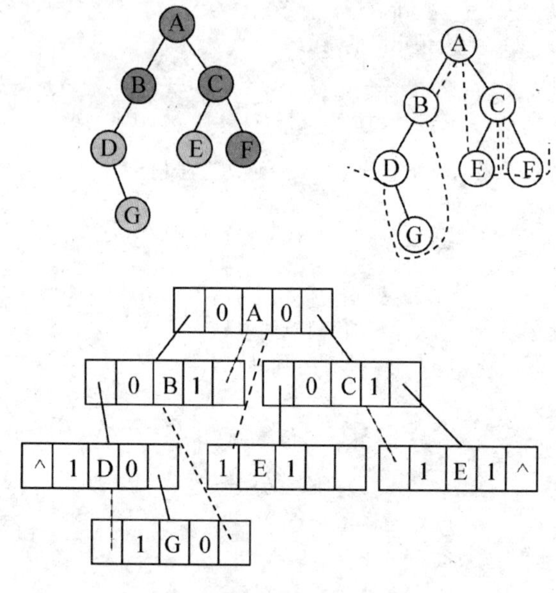

图 6.10　线索二叉树

1. 线索二叉树的结构

n 个结点的二叉链表中有 $2n$ 个指针域，由于另外 $n+1$ 个指针域为空而被闲置。因此，可以利用这些空闲的指针域，无左孩子结点时，令其左指针域指向其直接前驱结点；当该结点无右孩子结点时，令其右指针域指向其直接后继结点。对于那些非空的指针域，仍然指向该结点的左、右孩子结点。这样，就得到了线索二叉树。把二叉树改造成线索二叉树的过程称为线索化。可在每个结点中增设两个标志位 Ltag 和 Rtag。这样结点的结构为：

Lchild	Ltag	Data	Rtag	Rchild

可知，在有 n 个结点的二叉链表中共有 $2n$ 个链域，但只有 $n-1$ 个有用非空链域，其余 $n+1$ 个链域是空的。可以利用剩下的 $n+1$ 个空链域来存放遍历过程中结点的前驱和后继信息。现作如下规定，若结点有左子树，则其 LChild 域指向其左孩子结点，否则 LChild 域指向其前驱结点；若结点有右子树，则其 RChild 域指向其右孩子结点，否则 RChild 域指向其后继结点。为了区分孩子结点和前驱、后继结点，为结点结构增设两个标志域，如下所示。

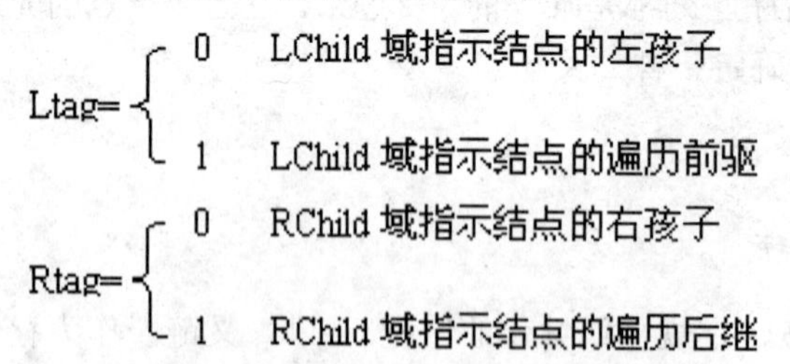

在这种存储结构中，指向前驱和后继结点的指针叫做线索，以这种结构组成的二叉链表作为二叉树的存储结构，叫做线索链表。对二叉树以某种次序进行遍历并且将其加上线索的过程叫做线索化。线索化了的二叉树称为线索二叉树。

2. 二叉树的线索化

二叉树线索化实质上是将二叉链表中的空指针域填上相应结点的遍历前驱或后继结点的地址，而前驱和后继的地址只在动态的遍历过程中才能得到。因此线索化的过程即为在遍历过程中修改空指针域的过程。对二叉树按照不同的遍历次序进行线索化，可以得到不同的线索二叉树，包括先序线索二叉树、中序线索二叉树和后序线索二叉树。这里重点介绍中序线索化的算法。

建立中序线索树

算法 6.7 建立中序线索树

```
void  Inthread(BiTree root)  /* 对 root 所指的二叉树进行中序线索化，其中 pre 始终指向刚访问过的结点，其初值为 NULL* /
{     if (root!=NULL)
{ Inthread(root->LChild);  /* 线索化左子树 */
        if (root->LChild==NULL)
{
root->Ltag=1; root->LChile=pre;  / *置前驱线索 */
}
if (pre!=NULL&& pre->RChild==NULL)  /* 置后继线索 */
pre-> RChild=root;pre->Rtag=1;}
          pre=root;
          Inthread(root->RChild);  /*线索化右子树*/
 }
}
```

对于同一棵二叉树，遍历的方法不同，得到的线索二叉树也不同。如图 6.11 所示，为一棵二叉树的先序、中序和后序线索树。

3. 在线索二叉树中找前驱、后继结点

以中序线索二叉树为例，来讨论如何在线索二叉树中查找结点的前驱和后继。

1) 在中序线索树中找结点前驱

根据线索二叉树的基本概念和存储结构可知，对于结点 p，当 p->Ltag=1，p->LChild 指向 p 的前驱。当 p->Ltag=0，p->LChild 指向 p 的左孩子结点。由中序遍历的规律可知，作为根 p 的前驱结点，它是中序遍历 p 的左子树时访问的最后一个结点，即左子树的最右下端结点。

中序线索树中找结点前驱

算法 6.8 中序线索树中找结点前驱

```
void InPre(BiTNode * p, BiTNode * pre)
/* 在中序线索二叉树中查找 p 的中序前驱，并用 pre 指针返回结果 */
{   if(p->Ltag==1)  pre= p->LChild;  /*直接利用线索*/
else
{  /* 在 p 的左子树中查找“最右下端”结点 */
for(q= p->LChild;q->Rtag==0;q=q->RChild);
pre=q;
 }
}
```

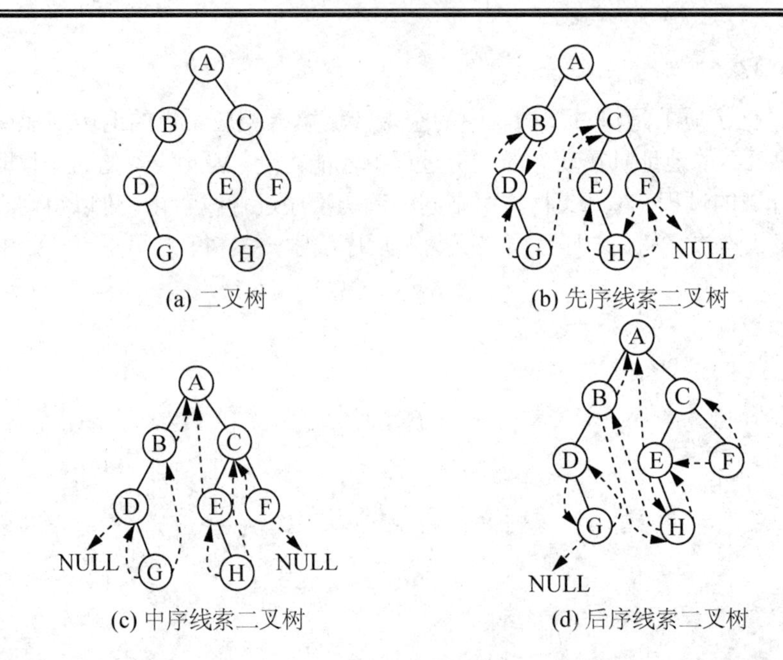

(a) 二叉树　(b) 先序线索二叉树

(c) 中序线索二叉树　(d) 后序线索二叉树

图 6.11　线索二叉树

2) 在中序线索树中找结点后继

对于结点p,若要找其后继结点,当p->Rtag=1,p->RChild即为p的后继结点;当p->Rtag=0,说明p有右子树，此时p的中序后继结点即为其右子树的最左下端的结点。

在中序线索树中找结点后继的查找算法

算法6.9 在中序线索树中找结点后继的查找算法

```
void  InSucc(BiTNode * p, BiTNode * succ)  /*在中序线索二叉树中查找 p 的中序后继结点,
并用 succ 指针返回结果*/
{ if (p->Rtag==1)  succ= p-> RChild;  /*直接利用线索*/
 else
 { /*在 p 的右子树中查找最左下端结点*/
for(q= p->RChild; q->Ltag==0 ;q=q->LChild );
succ=q;
}
```

在先序线索树中找结点的后继比较容易，根据先序线索树的遍历过程可知，若结点p存在左子树，则p的左孩子结点即为p的后继；若结点p没有左子树，但有右子树，则p的右孩子结点即为p的后继；若结点p既没有左子树，也没有右子树，则结点p的RChild指针域所指的结点即为p的后继。用语句表示则为：

```
 if (p→Ltag= =0)
succ=p→LChild;
else
succ=p→RChild;
```

同样，在后序线索树中查找结点p的前驱也很方便。

但在先序线索树中找结点的前驱比较困难。若结点p是二叉树的根，则p的前驱为空；若p是其双亲结点的左孩子结点，或者p是其双亲结点的右孩子结点并且其双亲结点无左孩子结

点，则 p 的前驱是 p 的双亲结点；若 p 是双亲结点的右孩子结点且双亲结点有左孩子结点，则 p 的前驱是其双亲结点的左子树中按先序遍历时最后访问的那个结点。

4. 线索二叉树的插入删除运算

二叉树加上线索之后，当插入或删除一个结点时，可能会破坏原树的线索。所以在线索二叉树中插入或删除结点的难点在于插入一个结点后，仍要保持正确的线索。这里主要以中序线索二叉树为例，说明线索二叉树的插入和删除运算。

1) 插入结点运算

在中序线索二叉树上插入结点可以分两种情况考虑，第一种情况是将新的结点插入到二叉树中，作某结点的左孩子结点；第二种情况是将新的结点插入到二叉树中，作某结点的右孩子结点。下面仅讨论后一种情况。

InsNode(BiTNode * p, BiTNode * r)表示在线索二叉树中插入 r 所指向的结点，做 p 所指结点的右孩子结点，此时有以下两种情况。

(1) 若结点 p 的右孩子结点为空，则插入结点 r 的过程很简单。原来 p 的后继变为 r 的后继，结点 p 变为 r 的前驱，结点 r 成为 p 的右孩子结点。结点 r 的插入对 p 原来的后继结点没有任何的影响。插入过程如图 6.12 所示。

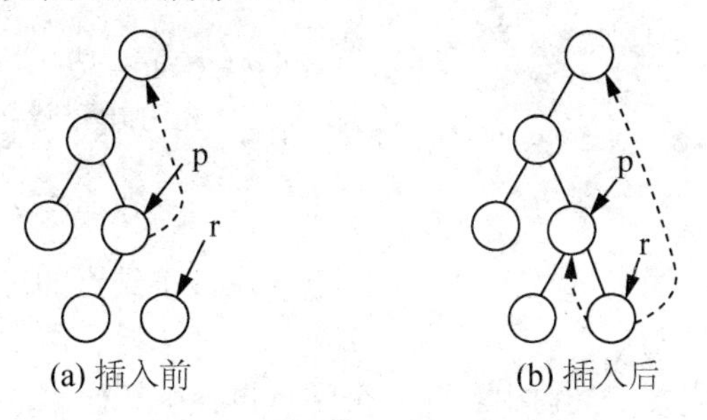

图 6.12　结点的右孩子为空时的插入

(2) 若 p 的右孩子结点不为空，则插入后，p 的右孩子结点变为 r 的右孩子结点，p 变为 r 的前驱结点，r 变为 p 的右孩子结点。这时还需要修改原来 p 的右子树中最左下端结点的左指针域，使它由原来的指向结点 p 变为指向结点 r。插入过程如图 6.13 所示。

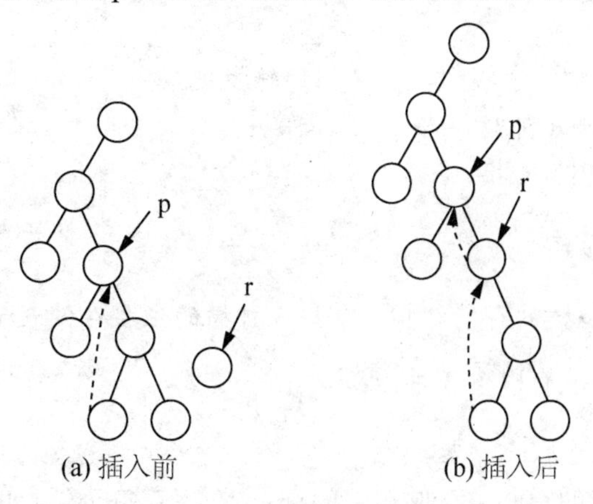

图 6.13　结点的右孩子非空时的插入操作

线索二叉树插入结点运算算法

算法 6.10 线索二叉树插入结点运算算法

```
void InsNode(BiTNode * p , BiTNode * r)
{if(p->Rtag==1)                    /* p无右孩子 */
    {
  r->RChild=p->RChild;             /* p的后继变为r的后继 */
     r->Rtag=1;
      p->RChild=r;                 /* r成为p的右孩子结点 */
   r->LChild=p;                    /* p变为r的前驱结点 */
   r->Ltag=1;
}
else                               /* p有右孩子结点 */
{
      s=p->RChild;
      while(s->Ltag==0)
      s=s->LChild;                 /* 查找p结点的右子树的最左下端结点 */
      r->RChild=p->RChild;         /* p的右孩子结点变为r的右孩子结点 */
      r->Rtag=0;
      r->LChild=p;                 /* p变为r的前驱 */
r->Ltag=1;
      p->RChild=r;                 /* r变为p的右孩子结点 */
s->LChild=r;                       /* r变为p原来右子树的最左下端结点的前驱 */
}
}
```

将新结点 r 插入到中序线索二叉树中作为结点 p 左孩子结点的算法与上面的算法类似。

2) 删除结点运算

与插入操作一样，在线索二叉树中删除一个结点也会破坏原来的线索，所以需要在删除的过程中保持二叉树的线索化。显然，删除操作与插入操作是一对互逆的过程。

任务 6.4　树和二叉树的转换

【工作任务】

理解掌握树的存储结构，掌握树与二叉树的转换关系。

(1) 树的存储结构有哪几种？

(2) 二叉树与树如何相互转换？

子任务 6.4.1　树的存储结构

【课堂任务】理解掌握树的存储结构，掌握 3 种树的主要存储表示方法。

树的主要存储表示方法有以下 3 种：

1. 双亲表示法

这种方法用一组连续的空间来存储树中的结点，在保存每个结点的同时附设一个指针来指示其双亲结点在表中的位置，其结点的结构如下。

数据	双亲
Data	Parent

整棵树用含有 MAX 个上述结点的一维数组来表示，如图 6.14 所示。

这种存储表示方法利用了树中每个结点(根结点除外)只有一个双亲结点的性质，使得查找某个结点的双亲结点非常容易。反复使用求双亲结点的操作，也可以较容易地找到树根。但是，在这种存储结构中，求某个结点的孩子时需要遍历整个向量。

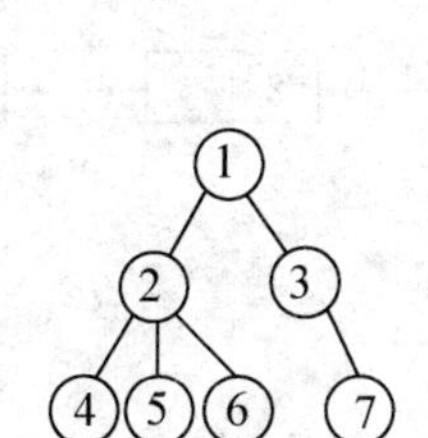

结点序号	Data	Parent
0	1	-1
1	2	0
2	3	0
3	4	1
4	5	1
5	6	1
6	7	2

图 6.14　树的双亲表示法

双亲表示法的形式说明如下。

```
#define MAX 100
typedef struct TNode
{
DataType data;
int parent;
}TNode;
```

一棵树可以定义为：

```
typedef struct
{
TNode tree[MAX];
int nodenum; /*结点数*/
}ParentTree;
```

2. 孩子表示法

这种表示方法通常是把每个结点的孩子结点排列起来，构成一个单链表，称为孩子链表。*n* 个结点共有 *n* 个孩子链表(叶子结点的孩子链表为空表)，而 *n* 个结点的数据和 *n* 个孩子链表的头指针又组成一个顺序表。

图 6.14 中的树采用这种存储结构时，其结果如图 6.15 所示。

这种存储结构的形式说明如下。

```
typedef struct ChildNode                /* 孩子链表结点的定义 */
{ int Child;                            /* 该孩子结点在线性表中的位置 */
   struct ChildNode * next;             /*指向下一个孩子结点的指针 */
}ChildNode;
```

```
typedef struct                              /* 顺序表结点的结构定义 */
{  DataType data;                           /* 结点的信息 */
   ChildNode * FirstChild ;                 /* 指向孩子链表的头指针 */
}DataNode;

typedef struct                              /* 树的定义 */
{   DataNode   nodes[MAX];                  /* 顺序表 */
    int root,num;                           /* 该树的根结点在线性表中的位置和该树的结点个数 */
} ChildTree;
```

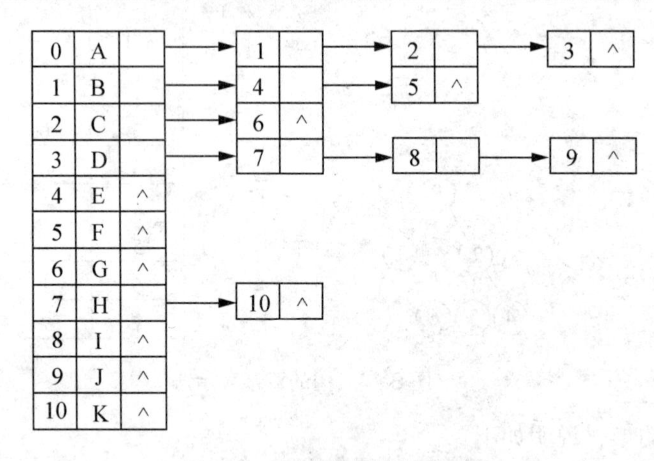

图 6.15　树的孩子链表表示法

3. 孩子兄弟表示法

这种表示法又称为树的二叉表示法，或者二叉链表表示法，即以二叉链表作为树的存储结构。链表中每个结点设有两个链域，分别指向该结点的第一个孩子结点和下一个兄弟(右兄弟)结点。图 6.16 为图 6.14 的树的孩子兄弟表示结构。

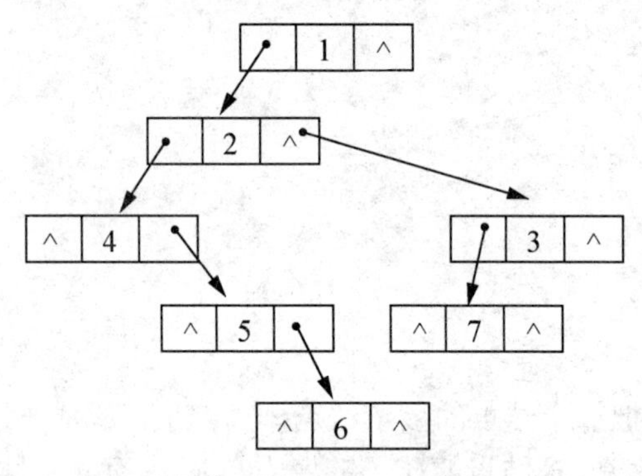

图 6.16　树的兄弟表示法

孩子兄弟表示法的类型定义如下。

```
typedef struct CSNode
{ DataType data;                            /*结点信息*/
Struct CSNode *FirstChild, *Nextsibling;    /*第一个孩子结点,下一个兄弟结点*/
}CSNode, *CSTree;
```

这种存储结构便于实现树的各种操作，例如，如果要访问结点 x 的第 i 个孩子结点，则只要先从 FirstChild 域找到第一个孩子结点，然后沿着这个孩子结点的 Nextsibling 域连续走 i-1

步，便可找到 x 的第 i 个孩子。如果在这种结构中为每个结点增设一个 Parent 域，则同样可以方便地实现查找双亲的操作。

子任务 6.4.2　树与二叉树的相互转换

【课堂任务】掌握树与二叉树相互转换的方法。

前面讨论了树的存储结构和二叉树的存储结构，可以看到，树的孩子兄弟链表结构与二叉树的二叉链表结构在物理结构上是完全相同的，只是它们的逻辑含义不同，所以树和森林与二叉树之间必然有着密切的关系。本任务介绍树和森林与二叉树之间的相互转换方法。

1. 树转换为二叉树

对于一棵无序树，树中结点的各孩子结点的次序是无关紧要的，而二叉树中结点的左、右孩子结点是有区别的。为了避免混淆，约定树中每一个结点的孩子结点按从左到右的次序编号，也就是说，把树作为有序树看待。如图 6.17 所示的一棵树，根结点 A 有 3 个孩子 B、C、D，可以认为结点 B 为 A 的第一个孩子结点，结点 D 为 A 的第三个孩子结点。

将一棵树转换为二叉树的方法如下。

(1) 在树中所有相邻兄弟之间加一条连线。

(2) 对树中的每个结点，只保留其与第一个孩子结点之间的连线，删去其与其他孩子结点之间的连线。

(3) 以树的根结点为轴心，将整棵树顺时针旋转一定的角度，使之结构层次分明。

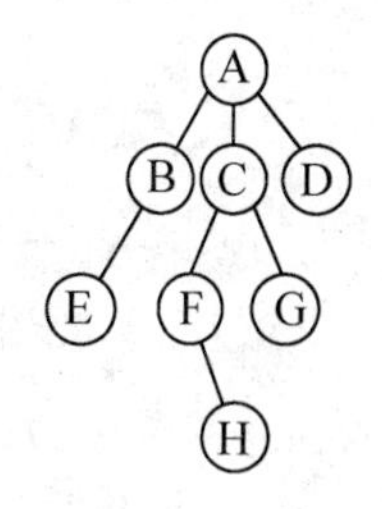

图 6.17　树

可以证明，树做这样的转换之后所构成的二叉树是唯一的。图 6.18 给出了将图 6.17 所示的树转换为二叉树的转换过程示意图。

通过转换过程可以看出，树中的任意一个结点都对应于二叉树中的一个结点。树中某结点的第一个孩子结点在二叉树中是相应结点的左孩子结点，树中某结点的右兄弟结点在二叉树中是相应结点的右孩子结点。也就是说，在二叉树中，左分支上的各结点在原来的树中是父子关系，而右分支上的各结点在原来的树中是兄弟关系。由于树的根结点没有兄弟结点，所以变换后的二叉树的根结点的右孩子结点必然为空。

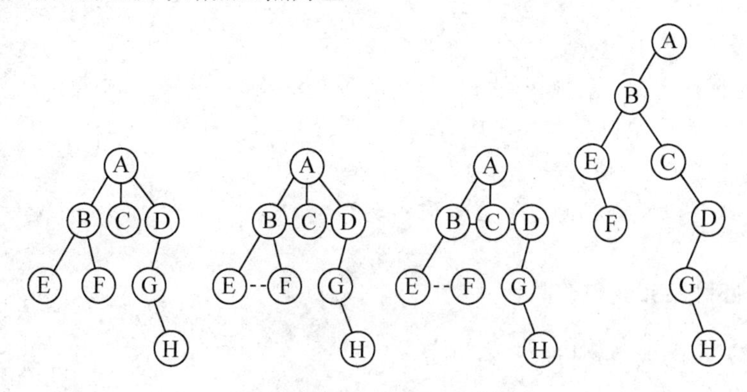
图 6.18　树到二叉树的转换

事实上，一棵树采用孩子兄弟表示法所建立的存储结构与它所对应的二叉树的二叉链表存储结构是完全相同的，只是两个指针域的名称及解释不同而已，通过图 6.19 直观的表示了树与二叉树之间的对应关系和相互转换方法。

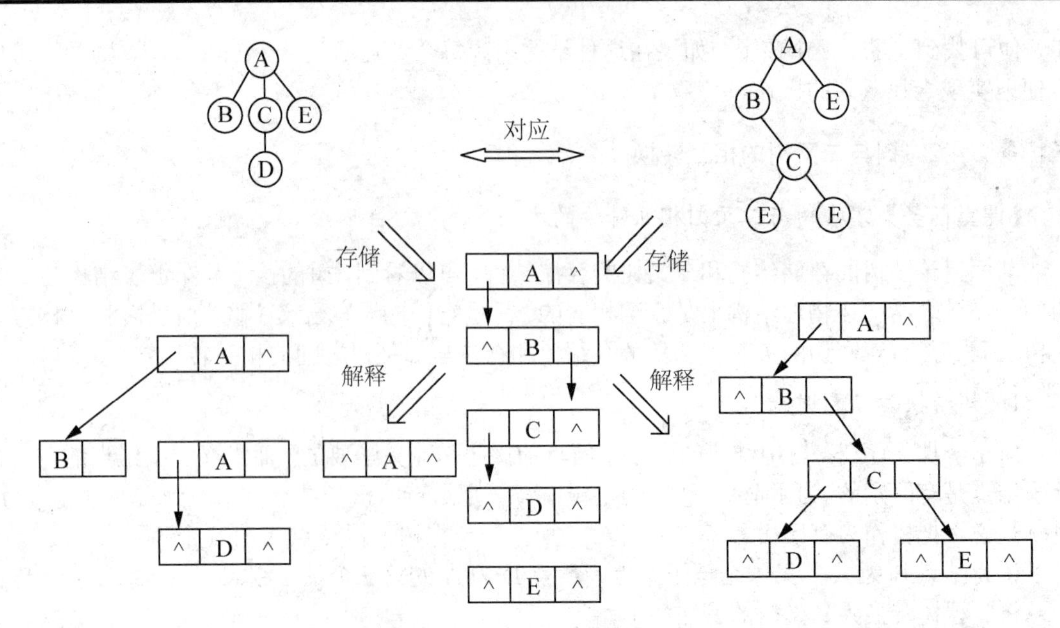

图 6.19　树同二叉树的对应关系

因此，二叉链表的有关处理算法可以很方便地转换为树的孩子兄弟链表的处理算法。

2. 二叉树还原为树

树都可以转换为二叉树，具体方法如下。

(1) 若某结点是其双亲结点的左孩子结点，则把该结点的右孩子结点、右孩子结点的右孩子结点、……，都与该结点的双亲结点用线连起来。

(2) 删掉原二叉树中所有双亲结点与右孩子结点的连线。

(3) 整理由(1)、(2)两步所得到的树，使之结构层次分明。

任务 6.5　哈弗曼树及其应用

【工作任务】

理解哈弗曼树的定义，掌握构造哈弗曼树的过程以及如何得到哈弗曼编码，掌握哈弗曼译码的过程，了解哈弗曼编码的算法实现。

(1) 如何构造哈弗曼树？

(2) 哈弗曼编码以及译码的过程应如何实现？

子任务 6.5.1　熟悉哈弗曼树的概念

【课堂任务】熟悉哈弗曼树的基本概念。

在介绍哈弗曼树之前，先介绍几个基本概念。

1. 路径和路径长度

路径是指从一个结点到另一个结点之间的分支序列，路径长度是指从一个结点到另一个结点所经过的分支数目。

2. 结点的权和带权路径长度

在实际应用中，人们常常给树的每个结点赋予一个具有某种实际意义的实数，称该实数为这个结点的权。在树型结构中，把从树根到某一结点的路径长度与该结点的权的乘积，称作该结点的带权路径长度。

3. 树的带权路径长度

树的带权路径长度为树中所有叶子结点的带权路径长度之和，通常记为：

$$\mathrm{WPL}=\sum_{i-1}^{n}W_i\times 1_i$$

其中 n 为叶子结点的个数，W_i 为第 i 个叶子结点的权值，1_i 为第 i 个叶子结点的路径长度。

例如，图 6.20 中三棵二叉树的带权路径长度分别为：

WPL(a)=7×2+5×2+2×2+4×2＝36

WPL(b)=4×2+7×3+5×3+2×1＝46

WPL(c)=7×1+5×2+2×3+4×3＝35

对于树的路径长度 PL 和带权路径长度 WPL，可通过研究其最小情况，寻找最优分析。

给定 n 个实数 $W_1,\cdots W_n(n\geqslant 2)$，求一个具有 n 个终端结点的二叉树，求并带权路径长度 $\sum W_il_i$ 最小值。其中每个终端结点 K_i 有一个权值 W_i 与它对应，l_i 为根到叶子的路径长度。由于哈弗曼给出了构造这种树的规律，将给定结点构成一棵(外部通路)带权树的路径长度最小的二叉树，因此此树称为哈弗曼树。

4. 哈弗曼树

哈弗曼树又称为最优二叉树，它是由 n 个带权叶子结点构成的所有二叉树中带权路径长度 WPL 最短的二叉树。图 6.20 所示的二叉树就是一棵哈弗曼树。

构造哈弗曼算法的算法步骤如下。

(1) 用给定的 n 个权值 $\{w_1,w_2,\cdots,w_n\}$ 对应的 n 个结点构成 n 棵二叉树的森林 $F=\{T_1,T_2,\cdots,T_n\}$，其中每一棵二叉树 $T_i(1\leqslant i\leqslant n)$ 都只有一个权值为 w_i 的根结点，其左、右子树为空。

(2) 在森林 F 中选择两棵根结点权值最小的二叉树，作为一棵新二叉树的左、右子树，并标记新二叉树的根结点权值为其左右子树根结点的权值之和。

(3) 从 F 中删除被选中的那两棵二叉树，同时把新构成的二叉树加入到森林 F 中。

(4) 重复(2)、(3)操作，直到森林中只含有一棵二叉树为止，此时得到的这棵二叉树就是哈弗曼树。

从直观来看，在哈弗曼树中，权越大叶子结点离根结点越近，即具有最小带权路径长度。手工构造哈弗曼树的方法也非常简单。

给定数列 $\{W_1\cdots W_n\}$，以 n 个权值构成 n 棵树的森林 F；将 $F=\{T_1\cdots T_n\}$ 按权从小到大排列；取 T_1 和 T_2 合并组成一棵树，使其根结点的权值 $T=T_1+T_2$，再按大小插入 F，反复此过程直到只有一棵树为止。

其中图 6.20 所示二叉树的带权路径长度最小，可以证明，它是所有以 7、5、4、2 为叶子结点权值构造的二叉树中带权路径长度最小的一棵二叉树。

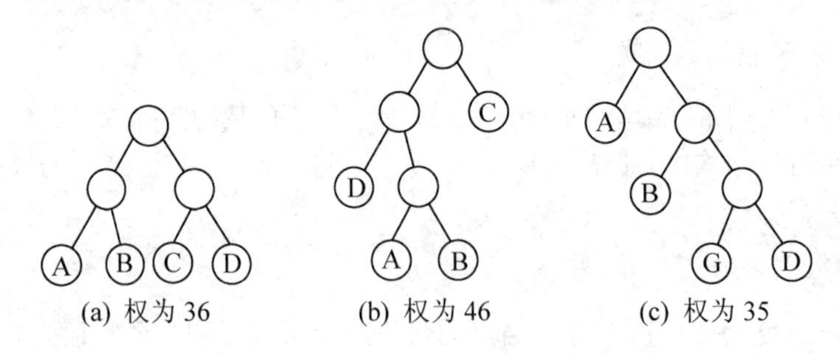

图 6.20　具有不同带权路径长度的二叉树

子任务 6.5.2　哈弗曼编码

【课堂任务】掌握哈弗曼编码的方法以及如何实现哈弗曼译码。

问题提出：在电报通信中，电文是以二进制按一定的编码方式传送的。在发送端按照预先规定的方法将要传送到的字符串转换成由 0 和 1 组成的序列(称为编码)，在接收端再将由 0 和 1 组成的序列转换成对应的字符串序列(称为译码)。如何进行编码才能获得比较高的传送效率呢？显然，经常出现的字符的编码长度应该短，而出现频率较低的字符的编码长度可以长一些。例如，如果字母 A 出现的概率高，则编码可以为 00，而字母 K 出现的频率较低，则其编码可以为 1101。为了能准确译码，每个字母的编码都不能是另外一个字母编码的前缀。比如说，A 的编码为 00，而 B 的编码为 11，字母 K 的编码为 0011，那译码的时候就无法确定这个字符究竟是 AB 或者是 K，出现了译码的二义性。使用哈弗曼编码就能解决这个问题，因为哈弗曼编码属于无前缀编码。任何一个字符的编码都不是其他字符编码的前缀，译码的时候就能准确译出。哈弗曼编码是哈弗曼树的一个应用。

1. 哈弗曼编码算法的实现

由于哈弗曼树中没有度为 1 的结点，则一棵有 n 个叶子结点的哈弗曼树共有 $2\times n-1$ 个结点，可以用一个大小为 $2\times n-1$ 的一维数组存放哈弗曼树的各个结点。由于每个结点同时还包含其双亲结点信息和孩子结点的信息，所以构成一个静态三叉链表。静态三叉链表描述如下。

```
typedef struct
{
    unsigned int weight ;                         /* 用来存放各个结点的权值*/
    unsigned int parent, LChild,RChild ;          /*指向双亲、孩子结点的指针*/
}HTNode, * HuffmanTree;                           /*动态分配数组,存储哈弗曼树*/
typedef char  * *HuffmanCode ;                    /*动态分配数组,存储哈弗曼编码*/
```

创建哈弗曼树并求哈弗曼编码的算法

算法 6.10 创建哈弗曼树并求哈弗曼编码的算法

```
viod CrtHuffmanTree(HuffmanTree *ht , *HuffmanCode *hc,int * w, int n)
{ /*w 存放 n 个权值,构造哈弗曼树 ht,并求出哈弗曼编码 hc */
m=2*n-1;
*ht=(HuffmanTree)malloc((m+1)*sizeof(HTNode));        /*0 号单元未使用*/
for(i=1;i<=n;i++) (*ht)[i] ={ w[i],0,0,0};            /*叶子结点初始化*/
for(i=n+1;i<=m;i++)(* ht)[i] ={0,0,0,0};              /*非叶子结点初始化*/
for(i=n+1;i<=m;i++)                                   /*创建非叶子结点,建哈弗曼树*/
```

```
{ /*在(*ht)[1]~(*ht)[i-1]的范围内选择两个 parent 为 0 且 weight 最小的结点,其序号分别赋值给
s1、s2 返回*/
  select(ht,i-1,&s1,&s2);
  (*ht)[s1].parent=i;  (*ht)[s2].parent=i;
(*ht)[i].LChild=s1;  (*ht)[i].RChild=s2;
(*ht)[i].weight=(*ht)[s1].weight+(*ht)[s2].weight;
}  /*哈弗曼树建立完毕*/

/*从叶子结点到根结点，逆向求每个叶子结点对应的哈弗曼编码*/
*hc=(HuffmanCode)malloc((n+1)*sizeof(char *)); /*分配 n 个编码的头指针*/
cd=(char * )malloc(n * sizeof(char ));          /*分配求当前编码的工作空间*/
cd[n-1]='\0';                                  /*从右向左逐位存放编码,首先存放编码结束符*/
for(i=1;i<=n;i++)                              /*求 n 个叶子结点对应的哈弗曼编码*/
{
start=n-1;                                              /*初始化编码起始指针*/
for(c=i,p=(*ht)[i].parent; p!=0; c=p,p=(*ht)[p].parent)
/*从叶子到根结点求编码*/
if((*ht)[p].LChild==c) cd[--start]='0';                 /*左分支标 0*/
       else cd[--start]='1';                            /*右分支标 1*/
(*hc) [i]=(char *)malloc((n-start)*sizeof(char));  /*为第 i 个编码分配空间*/
strcpy((*hc)[i],&cd[start]);
}
free(cd);
}
```

数组 ht 的前 n 个分量表示叶子结点，最后一个分量表示根结点。每个叶结点对应的编码长度不等，但最长不超过 n。

算法 6.11 选择哈弗曼树中的两个最小权值的位置

```
select(HuffmanTree ht,int n,int *s1,int *s2)
 {int min1,min2,Mam;              //在 ht 前 n 个节点中选权值最小的两棵树
  min1=min2=Mam;
  for(i=1;i<n;i++)
  {
  if(ht[i].parent==0)             //找双亲为 0 的结点
  {if(ht[i].weight<min1)
  {min2=min1;
  min1=ht[i].weight;}
  else  if(ht[i].weight<min2)
  min2=ht[i].weight;
  }
  }
 *s1=min1;*s2=min2;
}
```

2. 哈弗曼译码器

【课堂任务】 掌握哈弗曼树以及其应用，了解哈弗曼译码器的构造算法以及实现。

译码的过程是需要分解电文中的字符串，从根结点出发，按字符 0 或 1 确定左孩子结点或右孩子结点，直到叶子结点，便求得该子串相应的字符。

算法 6.12 哈弗曼译码器算法

```
void Decoding(HuffmanTree ht,int n){
int ch,t;
ch=getchar();
while(ch!=ERROR){
t=2*N-2;
while(HT[t].lchild!=-1&&HT[t].rchild!=-1){
if(ch=='0'){
t=HT[t].lchild;
}
else{
t=HT[t].rchild;
}
//printf("%c",ch);
printf("OK\n");
}
}
```

小　结

本项目先介绍了树的存储结构、二叉树的建立以及遍历算法的实现。在这一项目中要熟悉二叉树的定义、性质、遍历、线索化和树的存储结构、遍历以及树与二叉树的转换，哈弗曼树以及哈弗曼编码等内容。

实训：二叉排序树的实现

1. 实训目的

(1) 掌握二叉树的存储结构以及建立方法。

(2) 掌握二叉排序树在两种存储结构上的实现算法。

2. 实训内容

(1) 用顺序和二叉链表作存储结构。

(2) 回车('\n')为输入结束标志，输入数列 L，生成一棵二叉排序树 T。

(3) 对二叉排序树 T 作中序遍历，输出结果。

(4) 输入元素 x，查找二叉排序树 T，若存在含 x 的结点，则删除该结点，并作中序遍历(执行操作(2))；否则输出信息“无 x”。

系统案例要求包括以下内容

1) 需求分析

在该部分中叙述每个模块的功能要求。

2) 概要设计

在此说明每个部分的算法设计说明(可以是描述算法的流程图)、每个程序中使用的存储结构设计说明(如果指定存储结构，请写出该存储结构的定义)。

3) 详细设计

各个算法实现的源程序，对每个题目要有相应的源程序(可以是一组源程序，也可以是每个功能模块采用不同的函数实现)，源程序要按照写程序的规则来编写。要结构清晰，重点函数的重点变量、重点功能部分要加上清晰的程序注释。

4) 调试分析

测试数据，测试输出的结果，分析时间复杂度，思考每个模块设计和调试时存在问题(问题是哪些？问题如何解决？)，算法的改进设想。

习　题

1．已知一棵度为 k 的树中有 n_1 个度为1的结点，n_2 个度为2的结点，…，n_k 个度为 k 的结点，证明该树中有多少个叶子结点？

2．假设一棵二叉树的先序序列为EBADCFHGIKJ，中序序列为ABCDEFGHIJK，请画出该二叉树。

3．已知二叉树有50个叶子结点，则该二叉树的总结点数至少应有多少个？

4．n 个结点的 k 叉树，若用具有 k 个Child域的等长链结点存储树的一个结点，则空的Child域有多少个？

5．画出与下列已知序列对应的树T：

树的先根次序访问序列为GFKDAIEBCHJ；

树的后根次序访问序列为DIAEKFCJHBG。

6．假设用于通信的电文仅由8个字母组成，字母在电文中出现的频率分别为：

0.07，0.19，0.02，0.06，0.32，0.03，0.21，0.10

请为这8个字母设计哈弗曼编码。

7. 已知二叉树采用二叉链表存放,要求返回二叉树T的后序序列中的第一个结点的指针是否可不用递归且不用栈来完成?请简述原因。

8．编写递归算法：对于二叉树中每一个元素值为x的结点，删去以它为根的子树，并释放相应的空间。

9．已知二叉树按照二叉链表方式存储，利用栈的基本操作写出后序遍历非递归的算法。

10．二叉树按照二叉链表方式存储，编写算法将二叉树左右子树进行交换。

11．建立一棵用二叉链表方式存储的二叉树，并对其进行遍历(先序、中序和后序)，打印输出遍历结果。基本要求：接受从键盘输入的先序序列，以二叉链表作为存储结构，建立二叉树(以先序来建立)并对其进行遍历(先序、中序、后序)，然后将遍历结果打印输出。要求采用递归和非递归两种方法实现。

[测试数据] ABCΦΦDEΦGΦΦFΦΦΦ(其中Φ表示空格字符)

输出结果为：先序：ABCDEGF

　　　　　　中序：CBEGDFA

　　　　　　后序：CGBFDBA

项目7
图及应用
——旅游景区管理信息系统

教学目标

本项目将学习数据结构中最复杂的结构——图，包括其基本概念和基本操作。通过本项目的学习，应了解什么是图及其两种存储结构，并能根据问题的要求选择合适的存储结构。熟练掌握图的两种遍历算法、图的最小生成树的两种算法，并能运用这两种算法解决现实生活中的实际问题。理解并掌握求最短路径、拓扑排序及关键路径的方法并灵活用于解决实际问题。

教学要求

知识要点	能力要求	相关知识
图的存储结构	理解邻接矩阵和邻接表结构及操作，并能应用到实际项目中	建立、显示邻接矩阵及邻接表
图的遍历	理解图的两种遍历方法：深度优先搜索及广度优先搜索，及它们在连通图和非连通图中的区别，并能应用到实际项目中	深度优先搜索遍历、广度优先搜索遍历
最小生成树	理解最小生成树的概念，熟悉构造最小生成树的两种算法：普里姆算法和克鲁斯卡尔算法，并能将它们应用到实际项目中	最小生成树、普里姆算法、克鲁斯卡尔算法
最短路径	理解最短路径的概念，熟悉求单源最短路径的迪杰斯特拉算法，并能应用到实际项目中	最短路径、迪杰斯特拉算法
拓扑排序和关键路径	理解拓扑排序、AOV 网、AOE 网及关键路径的概念，熟悉求拓扑排序的方法及关键路径的算法，并能将它们应用到实际项目中	拓扑排序、AOV 网、AOE 网、关键路径

引例

前面已经学习了一种非线性结构——树。在树形结构中，数据元素之间有着明显的层次关系，并且每一层的数据元素可能和下一层的多个元素有关联(即可拥有多个孩子结点)，但最多只能和上一层的一个数据元素有关联(即最多只能有一个双亲结点)。除了树的层次结构外，在现实世界中还存在这样的非线性结构：数据元素之间无明显的层次关系，元素间的关系是任意的，就像蜘蛛网一样，称这种结构为图。事实上可以将树看成是图的特例。图的应用极为广泛，计算机科学、物理、化学、语言学、逻辑学、通信工程等众多领域中的很多问题都可以用图来表示。在本项目中将结合“旅游景区管理信息系统”这一工作任务来学习图的相关知识点及其应用。

旅游景区管理信息系统是旅游区实用的管理系统。其主要功能包括制订旅游景点导游线路策略、制订景区道路铺设策略等，具有查询、增加、删除、输出等操作功能。该系统涉及图的建立、遍历，求最小生成树，求两景点间的最短路径等相关知识点。

任务 7.1　理解图的基本概念

【工作任务】

在使用图的基本算法解决实际问题之前，理解图的基本概念以及如何使用这些概念是非常重要的。理解什么是图以及图的相关术语，为后面的学习奠定基础。

下面先来了解图的概念及相关术语。

子任务 7.1.1　图的定义

【课堂任务】理解什么是图。

图是由一个非空的顶点集合和一个描述顶点之间关系——的边(或者弧)的集合组成的。下面通过图 7.1 所示的两个图来对图的定义加以说明。

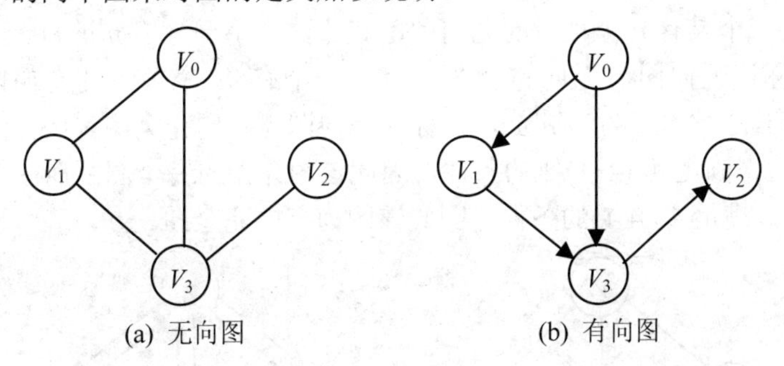

图 7.1　示例图

图 7.1(a)和图 7.1(b)两个图都是由 V_0、V_1、V_2、V_3 这 4 个顶点及与它们相连的边(弧)组成的。如果用 G 表示图，用 V 来表示图中顶点的集合，用 E 来表示 V 中顶点之间的关系，则图 7.1(a)可以定义为 $G=(V，E)$。

$$V=\{V_0，V_1，V_2，V_3\}$$

$$E=\{(V_0,V_1),(V_0,V_3),(V_1,V_3),(V_2,V_3)\}$$

而图 7.1(b)可以定义为 $G=(V, E)$。

$$V=\{V_0,V_1,V_2,V_3\}$$

$$E=\{<V_0,V_1>,<V_0,V_3>,<V_1,V_3>,<V_3,V_2>\}$$

子任务 7.1.2 图的基本术语

【课堂任务】 理解有关图的基本术语，为后面的学习奠定基础。

有关图的一些基本术语定义如下。

(1) 无向图：从图 7.1(a)中可以看出，该图中的每条边都是没有方向的，即每条边都是顶点的无序偶对的图，称之为无向图。无向图的边用包含一对顶点的圆括号来表示，如(V_0, V_1)。在无向图中，(V_0, V_1)和(V_1, V_0)代表一条边。

(2) 有向图：从图 7.1(b)中可以看出，该图中的每条边都是有方向的，即每条边都是顶点的有序偶对的图，称之为有向图。有向图的边通常称为有向边或弧，弧用包含一对顶点的尖括号表示，如$<V_0, V_1>$。$<V_0, V_1>$和$<V_1, V_0>$表示两条不同的弧。对于弧$<V_0, V_1>$，把弧的起点 V_0 称为弧头，把弧的终点 V_1 称作弧头。

(3) 邻接点：在无向图 7.1(a)中，(V_0, V_1)是一条无向边，则称顶点 V_0 和顶点 V_1 互为邻接点。在无向图 7.1(b)中，$<V_0, V_1>$是一条有向边，则称顶点 V_0 邻接到顶点 V_1，顶点 V_1 邻接到顶点 V_0，同时称弧$<V_0, V_1>$与顶点 V_0、V_1 相关联。

(4) 顶点的度：对于无向图，每个顶点的度是与该顶点相关联的边的数目，记作 D(V)，其中 V 表示顶点。例如在图 7.1(a)中，$D(V_0)=2$，$D(V_1)=2$，$D(V_2)=1$，$D(V_3)=3$。而对于有向图，把以顶点 V 为终点的弧的数目(顶点的入边数)称为顶点 V 的入度 $ID(V)$。例如，在图 7.1(b)中，$ID(V_0)=0$，$ID(V_1)=1$，$ID(V_2)=1$，$ID(V_3)=2$。而以顶点 V 为起点的弧的数目(顶点的出边数)称为顶点 V 的出度 $OD(V)$。例如，在图 7.1(b)中，$OD(V_0)=2$，$OD(V_1)=1$，$OD(V_2)=0$，$OD(V_3)=1$。因此，在有向图中，每个顶点 V 的度为其入度与出度之和，即 $D(V)=ID(V)+OD(V)$。在图 7.1(b)中，$D(V_0)=2$，$D(V_1)=2$，$D(V_2)=1$，$D(V_3)=3$。另外，任何图的边数或弧数总和等于各顶点的度数之和的一半。

(5) 完全图：一个具有 n 个顶点的无向图，其边数 e 小于等于 $n(n-1)/2$，若其边数恰好等于 $n(n-1)/2$，则称该无向图为无向完全图。对于一个有 n 个顶点的有向图，其边数 e 为 $0 \leqslant e \leqslant n(n-1)$，若其边数恰好为 $n(n-1)$，则称该有向图为有向完全图。例如，图 7.2(a)中有 4 个顶点，有 6 条边，满足 $4\times(4-1)/2$ 的条件，因此该图为无向完全图。而图 7.2(b)中有 4 个顶点，共有 12 条边，满足 $4\times(4-1)$的条件，因此该图为有向完全图。

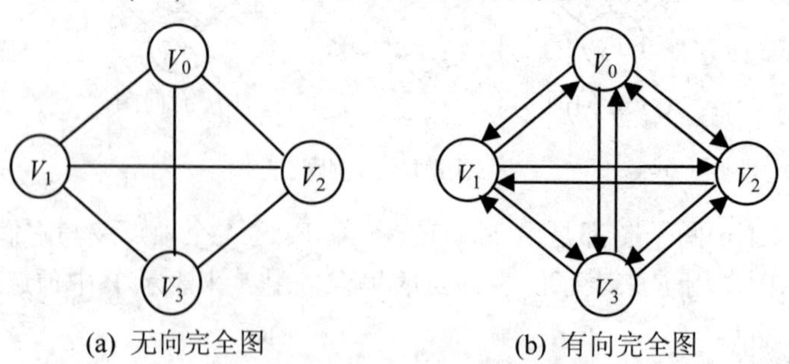

(a) 无向完全图　　(b) 有向完全图

图 7.2 无向完全图及有向完全图

(6) 子图：设有两个图 $G_1=(V_1, V_2)$，$G_2=(V_2, E_2)$，如果 V_1 是 V_2 的子集，E_1 也是 E_2 的子集，并且与 E_1 中的边或弧所关联的顶点均在 V_1 中，则称 G_1 是 G_2 的子图。例如图 7.3(a)、图 7.3(b)就是图 7.2(a)、图 7.2(b)的子图。

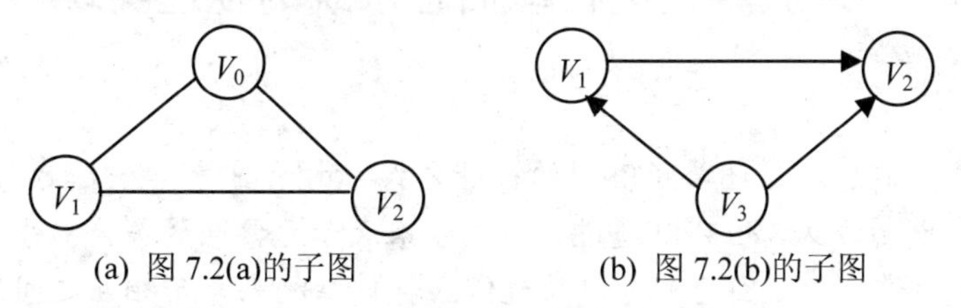

(a) 图 7.2(a)的子图 (b) 图 7.2(b)的子图

图 7.3 子图

(7) 路径与回路：在无向图 $G=(V, E)$中，若存在一个顶点序列 V_p，V_{i1}，V_{i2}，…，V_{im}，V_q，使得(V_p, V_{i1})，(V_{i1}, V_{i2})，…，(V_{im}, V_q)均属于 $E(G)$，则称顶点 V_p 到 V_q 存在一条路径。若 $G=(V, E)$是有向图，则路径也是有向的，它由 $E(G)$中的有向边$<V_p, V_{i1}>$，$<V_{i1}, V_{i2}>$，…，$<V_{im}, V_q>$组成。路径长度就是该路径上边或弧的数目。若一条路径上的顶点序列均不重复出现，则称此路径为一条简单路径。除第一个顶点和最后一个顶点外，其余顶点不重复出现的路径称为简单回路或简单环。

(8) 连通图：在无向图中，若从顶点 V_i 到顶点 V_j 有路径存在，则称 V_i 和 V_j 是连通的。如果无向图中的任意两个顶点都是连通的，则称该无向图为连通图，否则就是非连通图。无向图中的极大连通子图称为该图的连通分量。因此，连通图的连通分量只有一个，而非连通图则有多个连通分量。

(9) 权与网：图中边或弧上附带的数据称为权。带权的图称为网。网可分为有向网和无向网。例如，图 7.4(a)所示的是一个铁路交通图，边上的数据表示城市间的距离；7-4(b)所示的是一个工程施工进度图，边上的数据表示花费的时间。

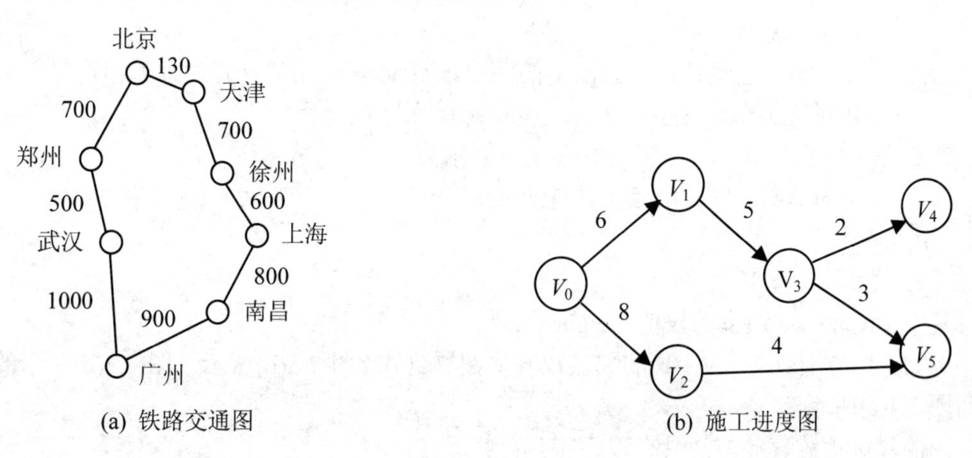

(a) 铁路交通图 (b) 施工进度图

图 7.4 网

(10) 生成树：包含连通图全部顶点的极小连通子图称为该图的生成树，即以最少的边连接连通图中的所有顶点。

任务 7.2　图的存储结构
——旅游景区管理信息系统的物理实现

【工作任务】

理解了图的基本概念后，还要了解图的存储方式。由于图是一个比较复杂的非线性结构，所以图没有顺序存储的方式，但可以通过二维数组来表示元素间的关系。另外，由于图中任意两个顶点间都可能存在关系，因此也可以通过链式存储结构来表示相互之间的关系。图的存储方式有多种，本任务将只介绍两种最基本的存储方式：邻接矩阵和邻接表。

在本任务中将用邻接表的存储方式来实现旅游景区管理信息系统的物理结构。要用图的存储结构实现该管理系统，必须解答下面的问题。

(1) 什么是邻接表？有什么特点？

(2) 旅游景区管理信息系统如何用邻接表定义？

子任务 7.2.1　邻接矩阵

【课堂任务】理解邻接矩阵的定义及特点，熟悉邻接矩阵的各种操作。

邻接矩阵(Adjacency Matrix)是表示顶点之间相邻关系的矩阵。它以矩阵的行和列表示顶点，以矩阵中的元素表示边或弧。邻接矩阵是图的顺序存储结构。

设 $G=(V, E)$是具有 n 个顶点的图，它的顶点集合 $V=\{v_0, v_1, \cdots, v_{n-1}\}$，则顶点间的关系 E 可用如下形式的矩阵 A 描述。对于 A 中的每一个元素 $A[i][j]$满足：

$$A[i][j]=\begin{cases}1 & v_i\text{与}v_j\text{相邻且具有边或弧相连}\\ 0 & \text{其他}\end{cases}$$

则 A 就是邻接矩阵。也就是说，当图中的两个顶点 v_i 与 v_j 相邻且有边或弧相连时，邻接矩阵第 i 行第 j 列上的元素值为 1；其他情况矩阵元素值为 0。

若 G 是带权图(网)，则其邻接矩阵 A 可表示为：

$$A[i][j]=\begin{cases}w_{ij} & v_i\text{与}v_j\text{相邻且具有边或弧相连}\\ \infty & \text{其他}\end{cases}$$

其中，w_{ij} 为 v_iv_j 边上的权值 weight。

例如，图 7.1(a)及图 7.1(b)的邻接矩阵如图 7.5(a)及图 7.5(b)所示。图 7.4(b)所示的邻接矩阵如图 7.5(c)所示。

图的邻接矩阵存储方法具有以下特点。

(1) 对于无向图或无向网，它的邻接矩阵一定是一个对称矩阵，可以进行压缩存储。

(2) 对于无向图，邻接矩阵的第 i 行(或第 i 列)非零元素和非∞元素的个数是第 i 个顶点的度。

(3) 对于有向图，邻接矩阵的第 i 行(或第 i 列)非零元素和非∞元素的个数是第 i 个顶点的出度(或入度)。

$$V=\begin{bmatrix} V_0 \\ V_1 \\ V_2 \\ V_3 \end{bmatrix} \quad A=\begin{matrix} & V_0 & V_1 & V_2 & V_3 \\ V_0 & 0 & 1 & 0 & 1 \\ V_1 & 1 & 0 & 0 & 1 \\ V_2 & 0 & 0 & 0 & 1 \\ V_3 & 1 & 1 & 1 & 0 \end{matrix}$$

(a) 无向图邻接矩阵

$$V=\begin{bmatrix} V_0 \\ V_1 \\ V_2 \\ V_3 \end{bmatrix} \quad A=\begin{bmatrix} 0 & 1 & 0 & 1 \\ 0 & 0 & 0 & 1 \\ 0 & 0 & 0 & 0 \\ 0 & 0 & 1 & 0 \end{bmatrix}$$

(b) 有向图邻接矩阵

$$V=\begin{bmatrix} V_0 \\ V_1 \\ V_2 \\ V_3 \\ V_4 \\ V_5 \end{bmatrix} \quad A=\begin{bmatrix} \infty & 6 & 8 & \infty & \infty & \infty \\ \infty & \infty & \infty & 5 & \infty & \infty \\ \infty & \infty & \infty & 4 & \infty & \infty \\ \infty & \infty & \infty & 2 & 3 & \infty \\ \infty & \infty & \infty & \infty & \infty & \infty \\ \infty & \infty & \infty & \infty & \infty & \infty \end{bmatrix}$$

(c) 网的邻接矩阵

图 7.5　邻接矩阵

图的顺序结构，除了用一个二维数组存储用于表示顶点间相邻关系的邻接矩阵外，还需要用一个一维数组来存储顶点信息，另外还有图的顶点数和边数，故可将其形式描述如下。

```
#define MAX_VERTEX_NUM 20                    /*最大顶点数设为20*/
typedef char Vertex_type[10];                /*顶点类型设为字符型*/
typedef int Edge_type;                       /*边的类型设为整型*/
typedef struct
{
  Vertex_type vexs[MAX_VERTEX_NUM];          /*顶点表*/
  Edge_type edges[MAX_VERTEX_NUM][MAX_VERTEX_NUM];       /*邻接矩阵，即边表*/
  int n, m;                                  /*顶点数和边数*/
}Segraph;                                    /*Segragh是以邻接矩阵存储的图类型*/
```

【例 7-1】建立一个有向图的邻接矩阵。

1. 分析

输入图的顶点信息和边的信息，存储到图的结构体中。顶点信息在本例中为顶点名称(用字母表示)，边的信息为顶点的有序对。如果是带权图，还要输入边的权值。为简便起见，本例中不考虑带权图。

2. 程序段

```
void create_segraph(Segraph *g)
{
    int i,j,k;
    printf("请输入顶点数和边数(输入格式为:顶点数,边数):\n");
    scanf("%d,%d",&(g->n),&(g->m));
    printf("请输入顶点信息(输入格式为:顶点号<CR>):\n");
    for(i=0;i<g->n;i++)
```

```
            scanf("\n%s",&(g->vexs[i]));
        for(j=0;j<g->n;j++)
            g->edges[i][j]=0;/*初始化邻接矩阵*/
            printf("请输入每条边对应的两个顶点的序号(输入格式为:i,j):\n");
        for(k=0;k<g->m;k++)
        {
            scanf("%d,%d",&i,&j);
            g->edges[i][j]=1;
        }
    }
    main( )
    {
        Segraph *g;
        g=(Segraph *)malloc(sizeof(Segraph));
        create_segraph(g);
}
```

3. 思考

(1) 如果在程序中输入的边的信息不是顶点序号，而是顶点名称，程序如何修改？

(2) 如何输入的图是无向图，程序又如何修改？

(3) 如何输入的图是带权图，程序又如何修改？(提示：设∞为 32767)

子任务 7.2.2 邻接表

【课堂任务】理解邻接表的定义，熟悉邻接表的各种操作，为旅游景区管理信息系统建立邻接表存储结构。

用邻接矩阵表示图占用的存储单元个数只与图的结点个数有关，而与边的数目无关。对于一个有 n 个结点的图，若其边数比 $n \times n$ 少很多，那么它的邻接矩阵中就会有很多零元素，这样会浪费很多空间来存储零元素。为此可以使用图的链式存储结构——邻接表(Adjacency List)。

邻接表由两部分构成，包括顶点表和边表。

顶点表由所有顶点数据信息以顺序结构的向量表形式存储，一个表目对应图的一个结点，每个表目包括两部分，一部分表示数据，可以是数据或指向结点数据的指针(vertex)。另一部分表示边(弧)的指针，该指针指向相邻的第一条边(弧)(firstedge)，通过这个指针可以访问相邻的任一顶点。顶点数据表的结构如图 7.6 所示。图中有 n 个顶点，就有 n 个表示边的链表，其中第 i 条链是由与第 i 个顶点相邻的边构成的链表。图的每个结点都有一个边表，这个链表的表头是顶点数据表中第 i 个表目的指针域。边表结点结构如图 7.7 所示。它由两部分组成，邻接点域(adjvex)用于存放与顶点 V_i 相邻接的顶点在顶点数据表中的位置，指针域(next)用于指向与顶点 V_i 相关联的下一条边(弧)的结点。

对于带权图的边表需再增设一个存储边上信息(如权值域 weight)，带权图的边表结构如图 7.8 所示。

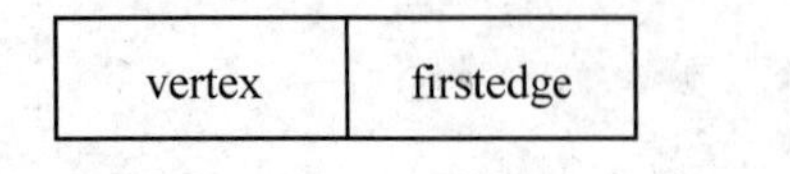

图 7.6 顶点表结点结构

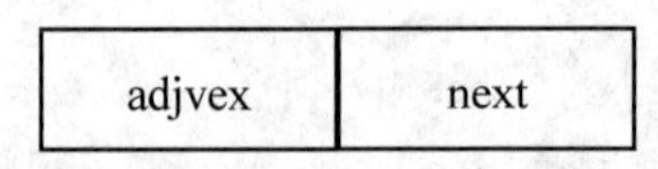

图 7.7 边表结点结构

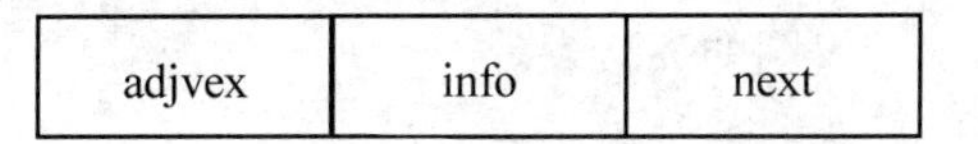

图 7.8　带权图的边表结点结构

使用 C 语言描述为：

```
#define MAX_VERTEX_NUM 20          /*最大顶点数为20*/
#define MAX_EDGE_NUM 20            /*最大边数为20*/
typedef char Vertex_type[10];
typedef struct node                /*边表结点*/
{
   int adjvex;                     /*邻接点域*/
   int weight;
   struct node *next;              /*指向下一个邻接点的指针域*/
}Edge_node;
typedef struct                     /*顶点表结点*/
{
   Vertex_type vertex;             /*顶点域*/
   Edge_node *firstedge;           /*边表头指针*/
}Vertex_node;
typedef struct
{
   Vertex_node adjlist[MAX_VERTEX_NUM];   /*邻接表*/
   int n,m;                        /*顶点数和边数*/
}Lgraph;
```

注：可将该邻接表的定义存为 graph_define.h，供其他程序使用。

由于邻接表中的每个单链表与邻接矩阵中的一行相当，因此某个顶点的度等于相应链表中的结点个数。对于有向图，顶点的出度等于相应链表中的结点个数。而要求顶点的入度，则必须遍历整个邻接表，统计该顶点出现的次数。显然，这种操作既费时又费力。为了方便这类操作，可以为图建立一个逆邻接表。逆邻接表的结构与邻接表完全相同，只是表中每个结点存放的是每条弧尾顶点。

【例 7-2】为图 7.1(b)所示的图建立邻接表和逆邻接表。

解：图 7.9(a)是图 7.1(b)的邻接表，图 7.9 (b) 图 7.1(b)的逆邻接表。

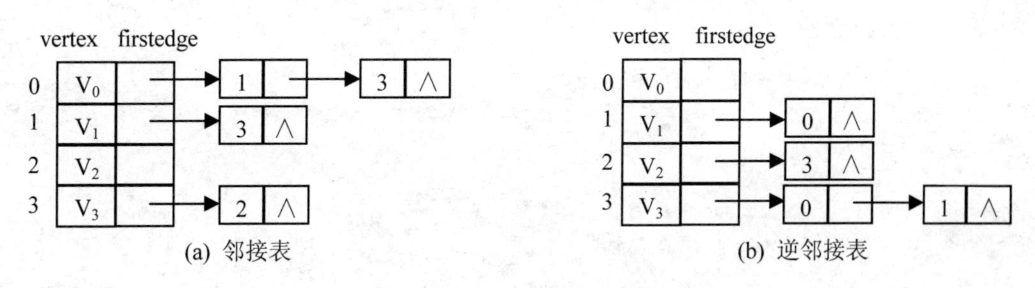

图 7.9　邻接表和逆邻接表

注意：对于一个给定的图，其邻接表和逆邻接表不唯一。因为顶点表中的顶点次序与边表中的顶点次序是任意的。

【例 7-3】建立一个无向带权图的邻接表。

1. 分析

输入图的顶点信息和边的信息，存储到图的邻接链表中。顶点信息本例中为顶点名称(用字符串表示)，边的信息为顶点的有序对和边的权值。由于是无向图，插入结点要申请两个边结点，分别插入到两个顶点对应的链表中。

2. 程序段

```
#include "stdio.h"
#include "graph_define.h"
void create_graph(Lgraph *g)
{
    int i,j,k,w;
    Edge_node *p,*t;
    printf("请输入顶点数和边数(输入格式为:顶点数,边数):\n");
    scanf("%d,%d",&(g->n),&(g->m));
    printf("请输入顶点信息(输入格式为:顶点号<CR>):\n");
    for(i=0;i<g->n;i++)
    {
        printf("\n第%d个顶点:",i+1); /*顶点序号从1开始*/
        scanf("\n%s",&(g->adjlist[i].vertex));
        g->adjlist[i].firstedge=NULL;
    }
    printf("请输入每条边对应的两个顶点的序号和权值(输入格式为:i,j,w):\n");
    for(k=0;k<g->m;k++)
    {
        printf("\n第%d条边:",k+1);
        scanf("\n%d,%d,%d",&i,&j,&w);
        if(i>=1 && i<=g->n && j>=1 && j<=g->n)
        {
            i--; j--;
        }
        else
        {
            printf("边的顶点号输入有误，请重新输入！\n");
            k--; continue;
        }
        p=(Edge_node *)malloc(sizeof(Edge_node));
        p->adjvex=j;
        p->weight=w;
        p->next=NULL;
        t=g->adjlist[i].firstedge;
        g->adjlist[i].firstedge=p;
        p->next=t;
        /*若建立的是有向图的邻接链表，下面的程序语句可省去*/
        q=(Edge_node *)malloc(sizeof(Edge_node));
        q->adjvex=i;
        q->weight=w;
        q->next=NULL;
        t=g->adjlist[j].firstedge;
        g->adjlist[j].firstedge=q;
```

```
        q->next=t;
    }
}
main()
{
    Lgraph *g;
    g=(Lgraph *)malloc(sizeof(Lgraph));
    create_graph(g);
}
```

本任务是实现对旅游景区管理信息系统景区旅游线路的管理。这里涉及景区景点的分布图，包括景点名称、一个景点到相邻景点的距离(必须是有路能到达的)。景区景点的分布图其实是一个无向带权连通图，可用邻接表存储。

任务 7.3　图 的 遍 历

【工作任务】

理解了图的基本概念及存储方式后，本任务介绍图的遍历。图的遍历算法是求解图的连通性、进行拓扑排序和求关键路径等应用的基础，因此，熟悉图的遍历算法，可以为图的实际应用奠定基础。

旅游景区管理信息系统的一个主要功能是输出景区旅游线路图，在线路图中保证景区的所有景点都能参观到，这就涉及图的遍历问题，利用上一任务中已用邻接表存储的无向带权图，可以将景区入口处的景点作为遍历的首顶点，遍历后顶点序列的最后一个顶点作为出口处。如果景区有多个入口处，则可输出多条线路图。

在本任务中将介绍两种主要的遍历方法：深度优先搜索遍历和广度优先搜索遍历，并采用深度优先搜索遍历策略输出景区旅游线路图。

与树的遍历类似，图的遍历也是许多操作的基础，例如，求连通分量、求最小生成树和拓扑排序等都是以图的遍历为基础的。

图的遍历是指从图的某一顶点出发，访问图中的其余顶点，且使每个顶点仅被访问一次。

在图的遍历中，由于图中的任一顶点都可能和其余顶点相邻接，所以在访问了某个顶点之后，又可能在沿着某条路径的遍历过程中再次回到该顶点。因而，必须对每一个已被访问的顶点做标记。为此，设一个辅助数组 visited[n]，用以表示 1～n 个顶点是否被访问过。数组中每个元素的初值均为 0，一旦顶点 i 被访问，则 visited[i]=1。

图的遍历根据搜索顺序的不同，可分为深度优先搜索(Depth-First Search，DFS)和广度优先搜索(Breadth-First Search，BFS)，它们对无向图和有向图都适用。

子任务 7.3.1　深度优先搜索遍历

【课堂任务】掌握连通图和非连通图的深度优先搜索遍历原理及具体实现，并能应用到旅游景区管理信息系统中，输出景区旅游线路图。

深度优先搜索遍历类似于树的先根遍历，是树的先根遍历的推广。深度优先搜索是一个递归的过程，其基本思想是：从图中某个顶点 V_0 出发，访问它，然后选择一个与 V_0 相邻的且没

被访问过的顶点 V_i 访问，再从 V_i 出发选择一个与它相邻的且没被访问的顶点 V_j 进行访问，依次进行。如果当前被访问过的顶点的所有邻接顶点都已被访问，则回退到已被访问的顶点序列中最后一个未被访问的相邻顶点，再从该顶点出发按同样方法进行遍历，直到图中所有与顶点 V_0 有路径相通的顶点都被访问到。若此时还有尚未访问到的顶点(这是非连通图的情况)，则另选一个尚未访问的顶点出发，重复上述过程，直到图中所有顶点都被访问到为止。

下面以图 7.10 所示的无向图为例来说明深度优先搜索的方法。

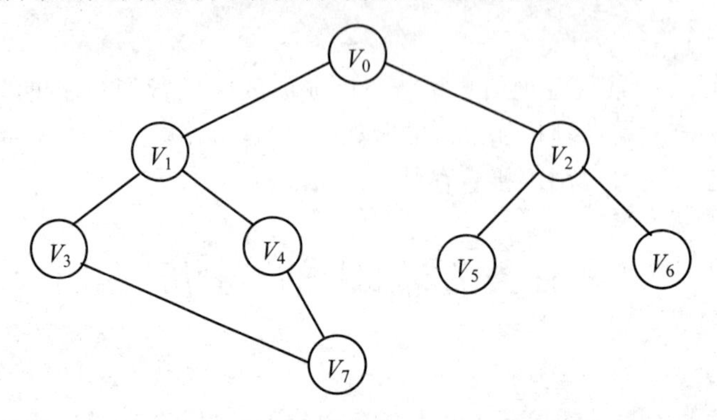

图 7.10　无向图 *G*

假设从顶点 V_0 出发进行搜索，在访问了顶点 V_0 之后，选择邻接点 V_1。因为 V_1 没有访问过，则从 V_1 出发进行搜索。依此类推，接着从 V_3、V_7、V_4 出发进行搜索。在访问了 V_4 之后，由于 V_4 的邻接点都已被访问，则搜索回到 V_7。由于同样的理由，搜索继续回到 V_3、V_1 直至 V_0，此时由于 V_0 的另一个邻接点未被访问，则搜索又从 V_0 到 V_2 继续进行下去。由此，得到的顶点序列为：

$$V_0 \to V_1 \to V_3 \to V_7 \to V_4 \to V_2 \to V_5 \to V_6$$

与树的先根遍历一样，图的遍历既可以用递归方法，也可以用非递归方法。递归方法程序比较简洁，这里用递归算法来实现。

如果是连通图，则一次遍历即可访问图中的每一个顶点。如果是非连通图，则一次遍历仅能访问开始顶点所在连通分量中的每一个顶点，其他连通分量中的顶点则无法访问到。因此，对于非连通图，在遍历完一个连通分量后，还要再选择一个开始顶点，遍历下一个连通分量，重复这个过程，直至图中所有顶点都被访问到为止。

【例 7-4】用递归方法实现图的深度优先搜索算法。

1. 分析

设图为无向连通图 *G*，用邻接表存储。输入深度优先搜索的首结点 v 后，从结点 v 开始搜索与 v 相邻的第一个结点 v_1，再搜索与 v_1 相邻的第一个结点 v_2，依此类推。一旦发现有结点已访问过，则回溯到上一层，直到所有结点都被访问过。为了防止回溯后出现断点，在实现时要有循环语句，保证所有结点都能被访问。

在遍历过程中为了便于区分顶点是否已被访问，需附设访问标志数组 visited，其初值为 0，一旦某个顶点被访问，则其对应的数组元素被置为 1。

2. 程序段

```
#include "stdio.h"
#include "stdlib.h"
```

```
#include "graph_define.h"
void dfs(Lgraph *g,int i,int visited[])
{
    int k;
    Edge_node *p;
    printf("visit vertex:V%s\n",g->adjlist[i].vertex);    /*访问顶点 Vi*/
    visited[i]=1;                                        /*标记 Vi 已访问*/
    p=g->adjlist[i].firstedge;                           /*取 Vi 边表的头指针*/
    while(p)                 /*依次搜索 Vi 的邻接点 Vj, j=p->adjva*/
    {
        k=p->adjvex;
        if(!visited[k])      /*若 Vj 尚未访问，则以 Vj 为出发点向纵深搜索*/
            dfs(g,k,visited);
            p=p->next;       /*找 Vi 的下一个邻接点*/
    }
}
void main()
{
    int visited[MAX_VERTEX_NUM];
    int x,i;
    Lgraph *g;
    g=(Lgraph *)malloc(sizeof(Lgraph));
    create_graph(g);
    for(i=0;i< MAX_VERTEX_NUM;i++)
        visited[i]=0;
        do{
            printf("请输入遍历首顶点序号：");
            scanf("%d",&x);
            if(x>=1 && x<=g->n)
                x--; break;
            else
                printf("顶点号输入有误，请重新输入！\n");
        }while(1);
        dfs(g,x,visited);
}
```

3. 思考

如果要遍历的图不是连通图，程序如何修改？

子任务 7.3.2 广度优先搜索遍历

【课堂任务】掌握连通图和非连通图的广度优先搜索遍历原理及具体实现，并能应用到具体问题中。

广度优先搜索遍历类似于树的层次遍历(按从上到下、从左到右的顺序遍历)，是树的层次遍历的推广。其基本思想是：从图中某顶点出发，在访问它之后，依次访问它的所有邻接点，然后分别从这些顶点出发按广度优先搜索遍历图中的其他顶点，并且按照先被访问的顶点的邻接点先访问的原则，直到所有顶点都被访问过。为了达到上述要求，需要用到一个队 queue[*n*]，另外，和深度优先搜索相同的是，在遍历过程中也需要用到标志数组 visited[*n*]，用来标记所对应的顶点是否被访问过。

下面以图 7.10 所示的无向图为例来说明实现广度优先搜索的方法。首先访问 V_0 和 V_0 的邻接点 V_1 和 V_2，然后依次访问 V_1 的邻接点 V_3 和 V_4 以及 V_2 的邻接点 V_5 和 V_6，最后访问 V_3 的邻接点 V_7。由于这些顶点的邻接点均已被访问过，并且图中所有顶点都被访问过，由此便完成了图的遍历。得到的顶点访问序列为：

$$V_0 \rightarrow V_1 \rightarrow V_2 \rightarrow V_3 \rightarrow V_4 \rightarrow V_5 \rightarrow V_6 \rightarrow V_7$$

与深度优先搜索遍历一样，如果是连通图，则一次遍历即可访问图中的每一个顶点。如果是非连通图，则依次遍历图的每个连通分量。

思考题：编写程序实现图的广度优先搜索算法。

任务 7.4　最小生成树

【工作任务】

很多实际应用问题都涉及最小生成树。如要在多个城市之间建立公路交通网，如何合理地设计才能满足在任意两个城市之间都有公路相通且建设费用最小的要求，这就是构造最小生成树。同样，在旅游景区管理中，会遇到景区道路铺设方案的制订问题。通常要求景区道路铺设不宜过多(否则会破坏景观，而且花费大)，但要能连通所有的景点，最关键的一点是，代价要最小。这个问题可以通过求最小生成树制订最佳铺设方案。

在本任务中将介绍两种主要的最小生成树构造方法：普里姆算法和克鲁斯卡尔算法，并应用克鲁斯卡尔算法解决旅游景区管理信息系统中有关景区道路铺设的最佳方案问题。

生成树是连通图中的极小连通子图，在许多领域里有着实际的应用，这里给出生成树和最小生成树的相关概念及最小生成树的构造方法。

子任务 7.4.1　生成树及最小生成树的相关概念

【课堂任务】掌握生成树及最小生成树的概念，为最小生成树构造方法的学习奠定基础。

(1) 生成树：设 $G=(V, E)$是一个连通的无向图，若 $G1$ 是包含 G 中所有顶点的一个无回路的连通图，则称 $G1$ 是 G 的一棵生成树。

(2) 生成树的特点：有 n 个顶点的连通图的生成树，必然包含 n 个顶点和 n-1 条边。

(3) 生成树代价：对于一个带权的图(网)，在一棵生成树中各条边的权值之和称为这棵生成树的代价。

(4) 最小代价生成树(简称最小生成树)：在一个连通图的生成树中，代价最小的生成树称为最小生成树。最小生成树的概念可以应用到许多实际问题中，例如要在 n 个城市之间建立高速公路，网的顶点代表城市，网的边代表城市间可能铺设的路线，边上的权值则代表高速公路的造价，显然，各城市间的距离和地理条件不同，造价就不同，那么，要做到既连通 n 个城市又使总造价最低，这就是一个典型的图的最小生成树问题。

子任务 7.4.2　最小生成树的构造方法

【课堂任务】掌握构造最小生成树的两种方法：普里姆算法和克鲁斯卡尔算法，以及它们的异同，并应用克鲁斯卡尔算法求出铺设景区道路的最佳路线。

构造最小生成树的方法主要有两种：普里姆(Prim)算法和克鲁斯卡尔(Kruskal)算法。

1. 普里姆(Prim)算法

从最小生成树的定义可以看出，构造最小生成树，实际上就是解决以下两个问题的过程。

(1) 如何选取权值最小的边。

(2) 如何用 n-1 条边连接带权图的 n 个顶点，且不构成回路。

普里姆算法很好地解决了这两个问题，它的基本思想是：设 G=(V，E)是连通网，V 是连通网中的顶点集合，E 是连通网中边的集合。T=(U，D)是正在构造的最小生成树，U 是最小生成树的顶点集合，D 是最小生成树的边的集合。V−U 表示属于集合 V 而不属于集合 U 的顶点的集合。

① 若从顶点 v_0 开始构造最小生成树，则从集合 V 中取出顶点 v_0 放入集合 U 中。此时，集合 U={v_0}，集合 V−U={除 v_0 外的所有顶点}，集合 D 为空。

② 若在集合 U 中的顶点 v_i 和集合 V−U 中的顶点 v_j 之间存在边，则寻找这些边中权值最小的边，但不构成回路。将顶点 v_j 加入集合 U 中，将边(v_i,v_j)加入集合 D 中。

③ 重复步骤②，直至 U 与 V 相等为止。此时，D 中必有 n−1 条边，则 T=(U，D)即是最小生成树。

【例 7-5】已知一个带权图如图 7.11(a)所示，用普里姆算法构造一棵最小生成树(假设从顶点 1 开始构造)。

解：构造过程如图 7.11 所示。

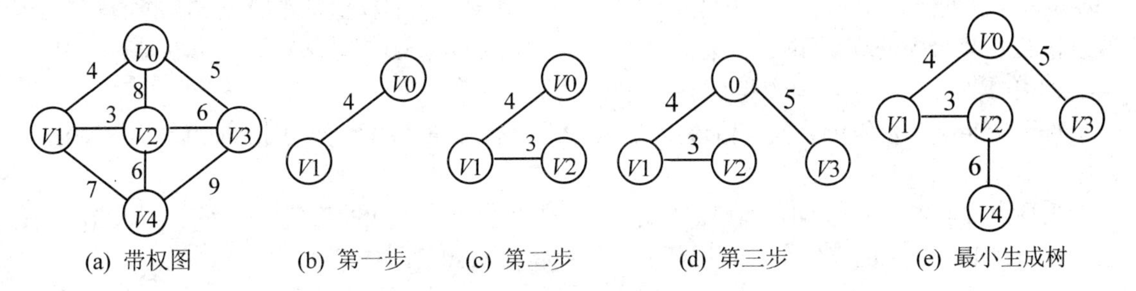

(a) 带权图　(b) 第一步　(c) 第二步　(d) 第三步　(e) 最小生成树

图 7.11　最小生成树构造过程

构造最小生成树的普里姆算法的程序段如下。

```
void Prim(Segraph *g,int v)
/*g 为邻接矩阵，v 为起始点*/
{
    Weight lowcost[MAX_VEX_NUM];
    int uset[MAX_VEX_NUM];
    int i,j,MinEdge,MinWeight,k;
    for(i=0;i<g->vexs;i++)  /*初始化 lowest 和 uset 数组*/
    {
        lowest[i]=g->arcs[v][i];
        uset[i]=1;
    }
    uset[v]=0;
    printf("起始点%c\n",g->data[v]);
    for(i=1;i<g->vexs;i++)
    {
        MinWeight=MAXWEIGHT;  /*初始化最小权值*/
        for(j=0;j<g->vexs;j++)
```

```
        {
            if(uset[j] && lowcost[j]<MinWeight)  /*寻找权值最小的边*/
        {
            MinWeight=lowest[j];
            MinEdge=j;  /*权值最小边的弧尾顶点*/
        }
    }
    for(j=0;j<g->vexs;j++)  /*寻找权值最小边的弧头顶点*/
        if(g->arcs[j][MinEdge]==MinWeight )
            k=j;
    printf("边(%c, %c)\t 权值[%d]\n",g->data[k],g->data[MinEdge],MinWeight);
    uset[MinEdge]=0;  /*权值最小的边加入最小生成树*/
    v=MinEdge;
    for(j=0;j<g->vexs;j++)  /*更新最小权值*/
    {
        if(uset[j] && g->arcs[v][j]<lowcost[j])
            lowcost[j]=g->arcs[v][j];
        }
    }
}
```

算法说明：为了便于选择权值最小的边，设置两个数组 lowest 和 uset。lowest 数组元素 lowest[v]存放集合 U 中的顶点 u 和集合 $V-U$ 中的顶点 v 构成的权值最小的边(u, v)的权值；uset 数组存放 U 集合中的顶点和 $V-U$ 集合中的顶点，当 uset[u] = 0 时，表示顶点 u 在集合 U 中，当 uset[u]=1 时，表示顶点 u 在集合 $V-U$ 中。

每次从 lowest 数组中寻找权值最小的边。若找到这样的边(u，v)，则把顶点 v 加入到集合 U 中，即置 uset[v]为 0。

当顶点 v 从集合 $V-U$ 加入到集合 U 中后，需要更新 lowest[v]的权值。若存在一条边(u，v)，它的权值比 lowest[v]的权值小，则用新的权值更新 lowest[v]。

2. 克鲁斯卡尔(Kruskal)算法

克鲁斯卡尔算法是一种按照带权图中边的权值递增的次序，选择合适的边构造最小生成树的方法。其基本思想如下。

(1) 将带权图的所有边移走。

(2) 从移走的边中选一个权值最小的边，如果不构成回路，则放回原处，否则舍去。

(3) 重复(2)，直到移回 $n-1$ 条边(设顶点数为 n)。

判断待移回的边是否与已移回的边构成回路，则要判断待移回的边的两个顶点是否已连通(即是否处于同一个连通子图中)，若已连通，则再移回这条边时必然构成回路。

具体方法是：设无向带权连通图为 $G=(V, E)$，令 G 的最小生成树为 T，其初态为 $T=(V, \{\})$，即开始时，最小生成树 T 由图 G 中的 n 个顶点构成，顶点之间没有一条边，这样 T 中各顶点各自构成一个连通子图。然后，按照边的权值由小到大的顺序，考察 G 的边集 E 中的各条边。若被考察的边的两个顶点属于 T 的两个不同的连通子图，则将此边作为最小生成树的边加入到 T 中，同时把两个连通子图连接为一个连通子图；若被考察边的两个顶点属于同一个连通子图，则舍去此边，以免造成回路，如此下去，当 T 中的边数为 n-1 时，T 便为 G 的一棵最小生成树。

设用数组 S 记录每个顶点对应的连通子图序号，当两个连通子图合并时，把被并入的连通子图中所有顶点的连通子图序号替换成并入的连通子图序号。

【例 7-6】用克鲁斯卡尔算法求图 7.11(a)所示带权图的最小生成树。

解：构造过程如图 7.12 所示。

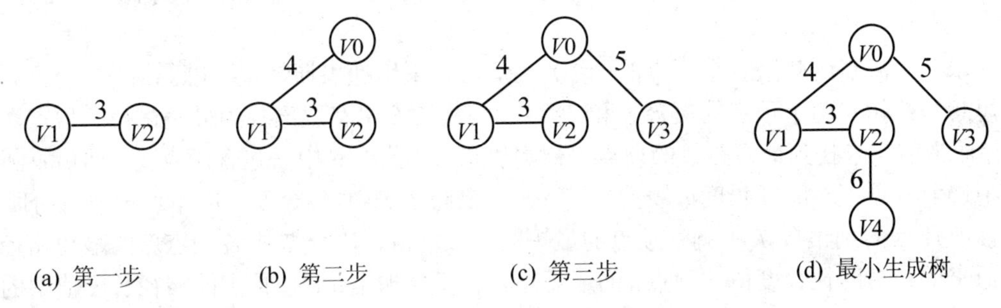

图 7.12　最小生成树构造过程

从上述讨论可知，克鲁斯卡尔算法的时间主要花在边按权排序上，因此它适用于顶点数较多而边数较少的图(也称为稀疏图)。而普里姆算法的时间主要花在接顶点寻找权值最小的边上，因此它适用于顶点数不多而边数较多的图(也称为稠密图)。

任务 7.5　最 短 路 径

【工作任务】

很多实际应用都涉及最短路径问题。如对于实际的交通网络，如何合理地选择一条最优路径，这就是寻找最短路径的问题。

如在旅游景区，经常会遇到游客打听从一个景点到另一个景点的最短路径和最短距离的情况，这类游客不喜欢按照导游图的线路来游览，而是挑选自己感兴趣的景点游览。为于方便这类游客进行信息查询，就需要计算出所有景点之间的最短路径和最短距离。

在掌握了图的遍历知识基础上，本任务将讨论寻找从某个顶点到其余顶点的最短路径的算法——迪杰斯特拉算法，并将在旅游景区管理信息系统中应用该算法计算两个指定景点的最短路径和最短距离，实现景点最优路径查询，方便游客游览。

在一个图中，从一个顶点到另一个顶点如果存在路径，则称该路径上的边的数目为路径长度。如果两顶点间存在多条路径，则所谓最短路径自然是指路径最短的一条。对于一个网来说，路径的长度是指路径上各边的权值之和，相应地，最短路径也就是指路径上各边的权值之和最小的一条。在实际生活中经常遇到这样的问题，从 A 城到 B 城有若干条通路，一个旅客要从 A 城到 B 城，如果该旅客希望尽可能少换车，就会找一条从 A 城到 B 城中转车次数最少的路径。如果旅客希望尽可能节约费用，所找的最短路径又会是哪一条？这就是带权图中求最短路径的问题，此时所找的路径是从 A 城到 B 城所经过的各条边的权值之和最小的路径。

本任务所讨论的是带权有向图(有向网)的最短路径问题。最常见的求最短路径问题有两个：一个是求单源最短路径，另一个是求每一对顶点之间的最短路径。下面先来讨论求单源最短路径的方法，然后再讨论求两个指定顶点间的最短路径的方法。

1. 单源最短路径的计算方法

称有向路径上的第一个顶点为源点，称最后一个顶点为终点。从某个源点到其他各顶点的最短路径即为单源最短路径。求单源最短路径的问题是：给定一个带权图 G=(V，E)和图中的一个源点 V，分别求出从 V 到图 G 中其他每个顶点的最短路径的长度，即路径上的权值的总和。

要求一个源点到其余各个顶点的最短路径，可以采用迪杰斯特拉(Dijkstra)算法。该算法的基本思想是：设置两个顶点的集合 S 和 $T=V-S$，集合 S 中存放已找到最短路径的顶点，集合 T 中存放当前还未找到最短路径的顶点。初始状态时，集合 S 中只包含源点 v_i，然后不断从集合 T 中选取到顶点 v_i 路径长度最短的顶点 u 加入到集合 S 中，集合 S 中每加入一个新的顶点 u，都要修改顶点 v_i 到集合 T 中剩余顶点的最短路径长度值，集合 T 中各顶点新的最短路径长度值为原来的最短路径长度值与顶点 u 的最短路径长度值加上 u 到该顶点的路径长度值中的较小值。此过程不断重复，直到集合 T 中的顶点全部加入到 S 中为止。

求解思路：

(1) 定义一个数组 min_dist，它的每个数组元素 min_dist[i]表示当前所找到的从始点 v_i 到每个终点 v_j 的最短路径的长度。它的初态为：若从 v_i 到 v_j 有边，则 min_dist[j]为边的权值；否则置 min_dist[i]为∞。定义一个数组 path，其元素 path[k]($0 \leqslant k \leqslant n-1$)用以记录 v_i 到 v_k 的最短路径中 v_k 的直接前驱结点序号，如果 v_i 到 v_k 存在边，则 path[k]的初值为 i。定义一个数组 W，存储任意两点之间边的权值。

(2) 查找 min(min_dist[j]，$j \in V-S$)，设 min_dist[k]最小，将 k 加入 S 中。修改对于 $V-S$ 中的任一点 v_j，min_dist[j]=min(min_dist[k]+w[k][j], min_dist[j])且 path[j]=k。

(3) 重复上一步，直到 $V-S$ 为空。

在进行算法设计时，用一个 tag 数组来记录某个顶点是否已计算过最短距离，如果 tag[k]=0，则 $v_k \in V-S$，否则 $v_k \in S$。初始值除 tag[i]=1 以外，所有值均为 0。

程序实现：

```
    #include "stdio.h"
    #include "stdlib.h"
    #include "graph_define.h"
    #define MAXNUM 32767
    void min_distance1(int w[][MAX_VERTEX_NUM],int min_dist[],int path[],int i,int
n)
    /*w 为图的带权邻接矩阵，min_dist 为顶点 i 到其他各个顶点的距离，path 为最短路径*/
    {
        int j,k,t;
        unsigned min;
        int tag[MAX_VERTEX_NUM];
        for(j=0;j<n;j++)
            tag[j]=0;
            tag[i]=1;
        for(j=0;j<n;j++)
            if(min_dist[j]!=MAXNUM)
                path[j]=i;
                t=1;
                while(t==1)
                {
                    min=MAXNUM;
```

```
            for(j=0;j<n;j++)
                if(tag[j]==0 && min>=min_dist[j])
                {
                    min=min_dist[j];
                    k=j;
                }
                tag[k]=1;
            for(j=0;j<n;j++)
                if(min_dist[j]>min_dist[k]+w[k][j])
                {
                    min_dist[j]=min_dist[k]+w[k][j];
                    path[j]=k;
                }
                t=0;
            for(j=0;j<n;j++)
                if(tag[j]==0)  t=1;
        }
}
```

2. 两个指定顶点间最短路径的计算方法

给定带权有向图 G=(V，E)和源点 $v_i \in V$ 和终点 $v_j \in V$，要求出 v_i 和 v_j 之间的最短路径和最短距离。求解思路为：先求出 v_i 到除 v_j 结点以外其他所有结点的最短距离，然后计算：min_dist[i][j]=min(min_dist[i][k]+w[k][j], w[i][j])，$0 \leqslant k \leqslant n-1$，且 $k \neq i, k \neq j$。虽然这个思路看起来很复杂，但较容易用递归方法实现。在递归算法中，为了防止死循环，若 v_i 到某个顶点的最短距离已计算过，将不再重复计算。在程序中需定义一个数组 path，其元素 path[k]($0 \leqslant k \leqslant n-1$，且 $k \neq i, k \neq j$)用以记录 v_i 到 v_k 最短路径中 v_k 的直接前驱顶点序号。path 元素的初始值为-1，若元素值不等于-1，则说明该顶点的最短距离已计算过。再定义一个数组 min_dist，其元素 min_dist[k] ($0 \leqslant k \leqslant n-1$)存放 v_i 到 v_k 的最短距离，初始值为 v_i 到 v_k 的边的权值。还需要定义一个数组 w，存储任意两点之间边的权值。

【例 7-7】已知一个带权图，如图 7.13 所示，求出从顶点 V_0 到图中其余顶点的最短路径。

解：求解过程如图 7.13 所示。

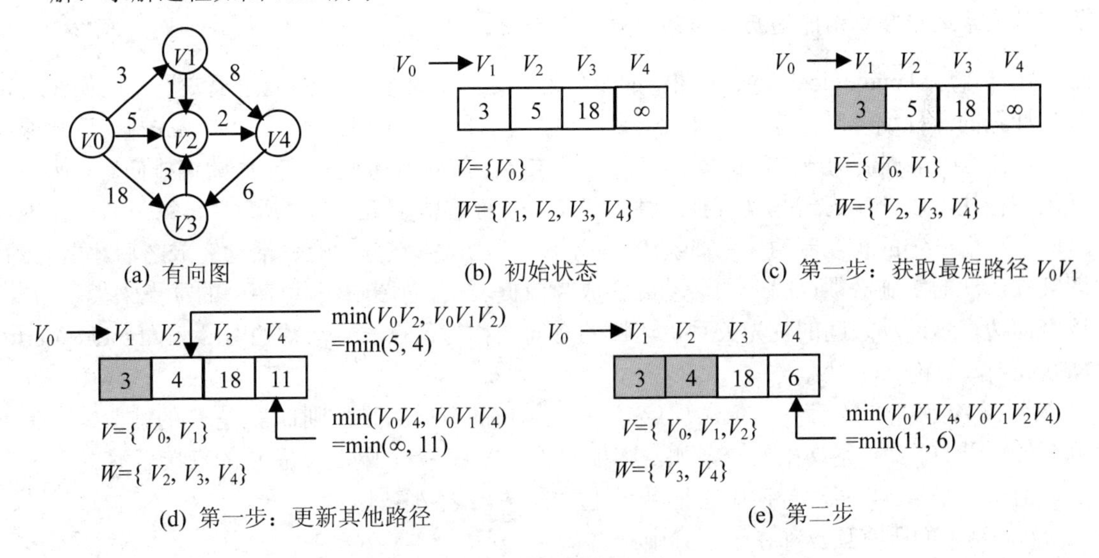

图 7.13 迪杰斯特拉算法求解过程

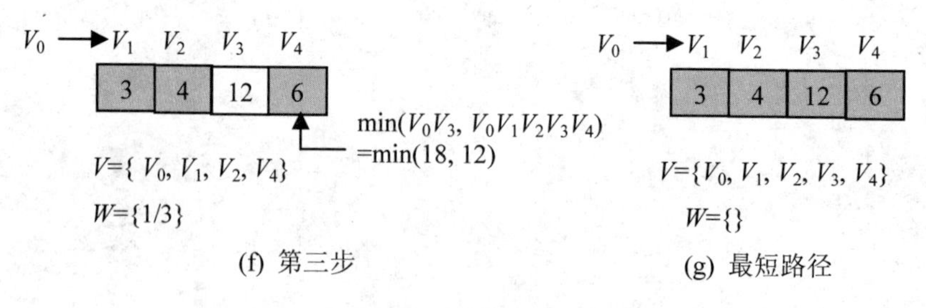

图 7.13 迪杰斯特拉算法求解过程(续)

任务 7.6 拓扑排序和关键路径

【工作任务】

工程上的许多问题都与图有关，例如，判断一个工程能否顺利进行，以及计算完成工程的最短时间问题，就是有向无环图的拓扑排序和求关键路径问题。

在旅游景区管理信息系统中，通过深度优先搜索遍历输出景区旅游导游线路，该线路从入口出发，经过所有旅游景点后到达出口。在输出的导游线图中，有可能出现回路，即一个景点经过两次及两次以上。为了实现导游线路图的优化，首先要判断图中有没有回路，若有，回路由哪几个景点组成。然后尽可能消除回路。比如说可以通过在景区之间多修建道路来消除回路。当然，如果确实存在困难，不能彻底消除回路，也最好使回路经过的景点最少。其中，判断导游线路图有无回路，可通过拓扑排序方法来解决。

在本任务中将讨论拓扑排序的方法及关键路径的求解算法，并应用拓扑排序方法来解决旅游线路图中的回路问题。

子任务 7.6.1 拓扑排序

【课堂任务】掌握 AOV 网及其拓扑排序方法，能求解拓扑排序过程，并应用到旅游景区管理信息系统中，以消除遍历输出的游览线路回路。

拓扑排序(Topological Sort)是图中的重要运算之一。在实际中的应用很广泛，比如在进行教学计划的课程编排时，需考虑课程先后制约关系，即在时间上先修课程必须先排，后续课程必须后排。在工程活动或工序的安排上，也同样存在前后活动和前后工序的编排问题，例如一项工程往往可以分解为一些具有独立性的子工程，称这些子工程为“活动”。每个活动在进行时间上有着一定的相互制约关系。也就是说，有些活动必须在其他有关活动完成之后才能开始，即某项活动的实施必须以另一项活动的完成为前提。在有向图中，若以图中的顶点来表示活动，以有向边表示活动之间的优先关系，这样的有向图称为顶点表示活动的网(Activity On Vertex Network)，简称 AOV 网。

在 AOV 网中，若存在一条从顶点 V_i 到顶点 V_j 的有向路径，则称 V_i 是 V_j 的前驱，V_j 是 V_i 的后继。若 $<V_i, V_j>$ 是网中的一条弧，则称 V_i 是 V_j 的直接前驱，V_j 是 V_i 的直接后继。

对于一个 AOV 网，若存在满足以下性质的一个线性序列：

(1) 网中的所有顶点都在该序列中；

(2) 从顶点 V_i 到顶点 V_j 存在一条路径，则在线性序列中，V_i 一定排在 V_j 的前面。

则这个线性序列称为拓扑序列，构造拓扑序列的操作称为拓扑排序。

在 AOV 网中不应该出现有向环，因为存在环意味着某项活动应以自己为先决条件。显然，这是荒谬的，若设计出这样的流程图，工程便无法进行。而对于程序的数据流图来说，则表明存在一个死循环。因此，对于给定的 AOV 网应首先判定网中是否存在环。检测的办法是为有向图构造其顶点的拓扑有序序列，若网中所有顶点都在它的拓扑有序序列中，则 AOV 网中必定不存在环。

拓扑排序的方法如下。

(1) 在有向图中选择一个没有前驱(即入度为 0)的顶点并输出.

(2) 从图中删除该顶点和所有以它为尾的弧。

(3) 重复步骤(1)和(2)，直至全部顶点均已输出，或当前图中不存在无前驱的顶点为止。

【例 7-8】求出图 7.14(a)的拓扑有序序列。

解：求解过程如图 7.14(b)至图 7.14(f)所示。

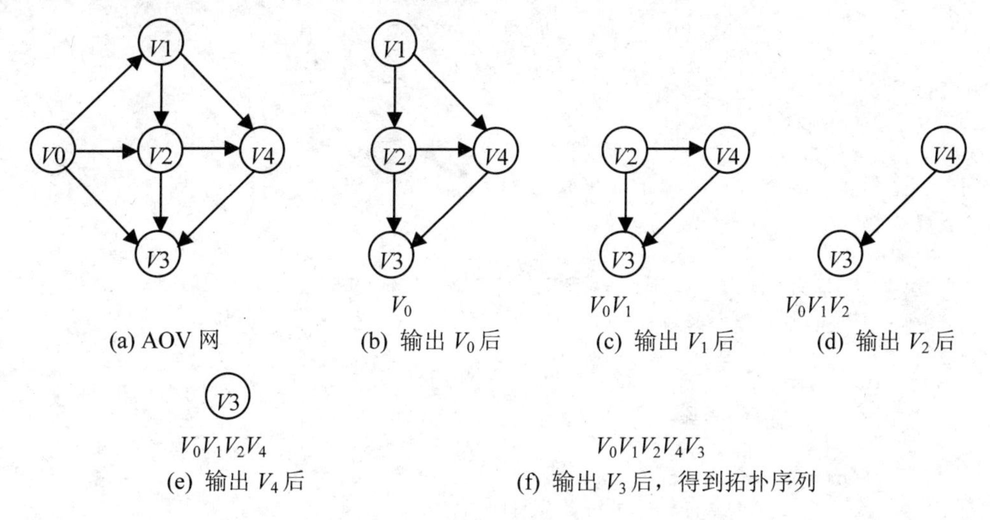

(a) AOV 网　(b) 输出 V_0 后　(c) 输出 V_1 后　(d) 输出 V_2 后

(e) 输出 V_4 后　(f) 输出 V_3 后，得到拓扑序列

图 7.14　拓扑排序过程

拓扑排序的算法有很多，在此将介绍一种拓扑排序递归算法。

设有向图用邻接表存储，为了实现的方便，必须先转换成邻接矩阵。当找到一个顶点无前驱时，输出该顶点，并在图中删除该顶点(即在邻接矩阵中删除该顶点对应的行和列)后再递归调用该程序。拓扑排序时结果先存放在临时数组中，如果拓扑成功，则输出顶点序列，否则输出“该图有回路”的信息。

算法实现：

```
    #include "stdio.h"
    #include "graph_define.h"
int topo_sort(int a[][MAX_VERTEX_NUM],int vex[],int vexno[],int n)
/* a为邻接矩阵，vex存放拓扑排序顶点序列，vexno为顶点序号*/
    {
        int i,j,k,tag;
        if(n==0)
            return 1;
            for(i=0;i<n;i++)
            {
```

```
        tag=1;
        for(j=0;j<n;j++)
        if(a[j][i]!=0) tag=0;
           if(tag==1)
           {
               j=0;
               while(vex[j]!=-1) j++;
               vex[j]=vexno[i];
               for(j=i;j<n-1;j++)
                   for(k=0;k<n;k++)
                       a[j][k]=a[j+1][k];
               for(j=i;j<n-1;j++)
                   for(k=0;k<n;k++)
                       a[k][j]=a[k][j+1];
               for(j=i;j<n-1;j++)
                   vexno[j]=vexno[j+1];
                   return topo_sort(a,vex,vexno,n-1);
           }
      }
      return 0;
}
void main()
{
    Lgraph *g;
    int vex[MAX_VERTEX_NUM],a[MAX_VERTEX_NUM][MAX_VERTEX_NUM],
    vexno[MAX_VERTEX_NUM];
    int i,j,n,k;
    Edge_node *p;
    for(i=0;i<MAX_VERTEX_NUM;i++)
        vex[i]=-1;
        g=(Lgraph *)malloc(sizeof(Lgraph));
        create_graph1(g);     /*建立有向图*/
        n=g->n;
    for(i=0;i<n;i++)
        for(j=0;j<n;j++)
            a[i][j]=0;
    for(i=0;i<n;i++)
    {
        p=g->adjlist[i].firstedge;
        while(p!=NULL)
        {
            j=p->adjvex;
            a[i][j]=p->weight;
            p=p->next;
        }
    }
    for(i=0;i<n;i++)
        vexno[i]=i;
        k=topo_sort(a,vex,vexno,n);
        if(k==0)
            printf("该图有回路，拓扑排序失败\n");
        else
```

```
        {
            printf("拓扑排序序列：");
    for(i=0;i<n-1;i++)
        printf("%s->",g->adjlist[vex[i]].vertex);
        printf("%s\n",g->adjlist[vex[n-1]].vertex);
    }
}
```

子任务 7.6.2　关键路径

【课堂任务】掌握 AOE 网及其关键路径求解算法，并能应用于解决具体问题。

在带权的有向无环图中，如果用顶点表示事件(Event)，有向边表示活动，边上的权值表示活动持续的时间，则称这样的有向图为边表示活动的网(Activity On Edge Network)，简称 AOE 网。通常，AOE 网可用来估算工程的完成时间。

例如，图 7.15 是一个假想的有 9 项活动的 AOE 网。其中有 7 个事件 $v_0, v_1, v_2, \cdots, v_6$，每个事件表示在它之前的活动已完成，在它之后的活动可以开始。如 v_0 表示整个工程开始，v_6 表示整个工程结束，v_3 表示活动 a_2 和 a_3 已经完成，活动 a_5 可以开始。与每个活动相联系的数是执行该活动所需的时间。如活动 a_2 需要 2 天，a_3 需要 4 天等。

由于整个工程只有一个开始点和一个完成点，故在正常情况(无环)下，网中只有一个入度为零的顶点(称为源点)和一个出度为零的顶点(称为汇点)。

由以上讨论可以看出，AOE 网具有以下性质。

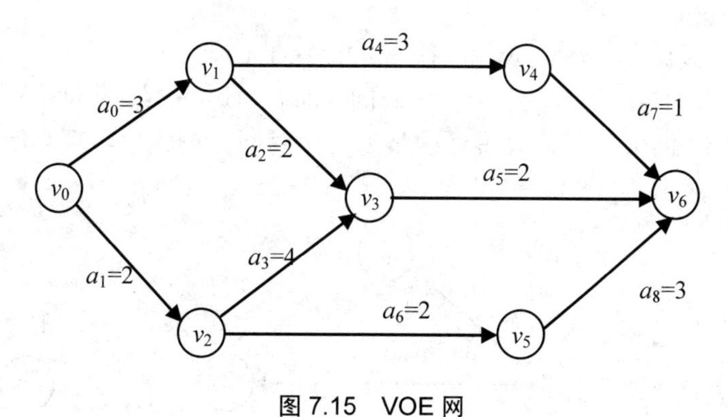

图 7.15　VOE 网

(1) 只有在某顶点所代表的事件发生后，从该顶点发出的有向边所代表的活动才能开始。

(2) 只有在进入某一顶点的各有向边所代表的活动均已完成，该顶点所代表的事件才能发生。

与 AOV 网不同，对 AOE 网有待研究的问题是：①完成整项工程至少需要多少时间？②哪些活动是影响工程进度的关键？

由于在 AOE 网中有些活动可以并行地进行，所以完成工程的最短时间是从开始点到完成点的最长路径的长度(路径长度是指路径上各活动持续时间之和，不是路径上弧的数目)，路径长度最长的路径称为关键路径(Critical Path)。关键路径上的活动称为关键活动。关键路径的长度就是完成一个工程的最短工期。

假设开始点是 v_0，从 v_0 到 v_k 的最长路径长度称为事件 v_k 的最早发生时间 $ve(k)$。这个时间决定了所有从 v_k 发出的有向边所表示的活动的最早开始时间。根据 AOE 网的性质，只有进入

v_k的所有活动$<v_j, v_k>$都结束，v_k所代表的事件才能发生。而所有活动$<v_j, v_k>$的最早结束时间为$\max\{ve(j) + dur(<v_j, v_k>)\}$。因此，计算事件$v_k$最早发生时间的递推公式是：

$$\begin{cases} ve(0) = 0 \\ ve(k) = \max\{ve(j) + dur(<v_j, v_k>)\} \quad (k=1, 2,\cdots, n-1) \end{cases}$$

其中，$dur(<v_j, v_k>)$为活动$<v_j, v_k>$的持续时间，即有向边$<v_j, v_k>$上的权值。$ve(k)$为所有进入v_k的有向边$<v_j, v_k>$的弧尾所代表事件的最早发生时间。公式中各项之间的关系如图 7.16 所示。

由以上公式可以看出，计算事件最早发生时间，要从源点向汇点方向推进。

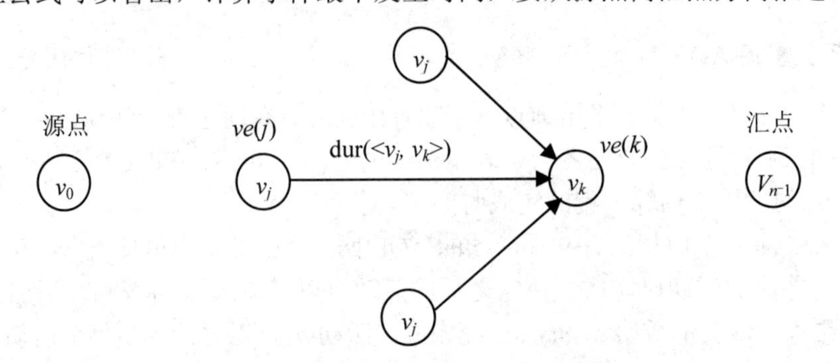

图 7.16　$ve(k)$与$ve(j)$和$dur(<v_j, v_k>)$的关系

事件v_k的最迟发生时间$vl(k)$是在不推迟整个工程工期的前提下，该事件最迟发生的时间。计算事件v_k最迟发生时间的递推公式是：

$$\begin{cases} vl(n-1) = ve(n-1) \\ vl(k) = \min\{vl(j) - dur(<v_k, v_j>)\} \quad (k = n-2, \cdots, 1, 0) \end{cases}$$

其中，$dur(<v_k, v_j>)$为活动$<v_k, v_j>$的持续时间，即有向边$<v_k, v_j>$上的权值。$vl(j)$为所有从v_k发出的有向边$<v_k, v_j>$的弧头所代表事件的最迟发生时间。公式中各项之间的关系如图 7.17 所示。

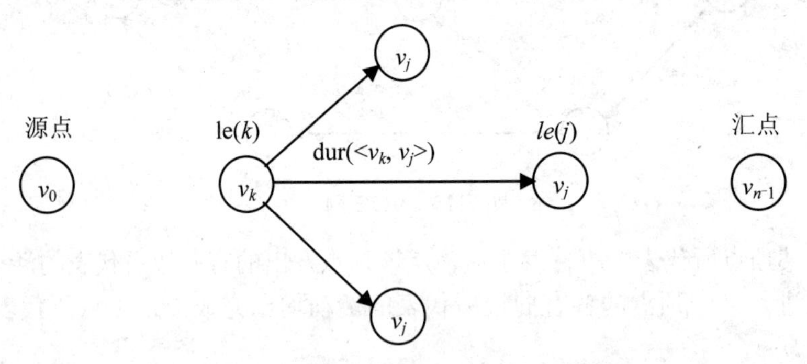

图 7.17　$le(k)$与$le(j)$和$dur(<v_k, v_j>)$的关系

由以上公式可以看出，计算事件最迟发生时间，要从汇点向源点方向递推。

若用弧$<v_k, v_j>$表示活动a_i，则根据 AOE 网的性质，只有事件v_k发生了，活动a_i才能开始，即活动a_i的最早开始时间$e(i)$等于事件v_k的最早发生时间：$e(i)=ve(k)$。公式中各项之间的关系如图 7.18 所示。

活动a_i的最迟开始时间$l(i)$是在整个工期按期完成的前提下，a_i必须开始的最迟时间。若用有向边$<v_k, v_j>$表示活动a_i，则活动a_i的最迟开始时间是：

$$l(i)=vl(j)-dur(<v_k, v_j>)$$

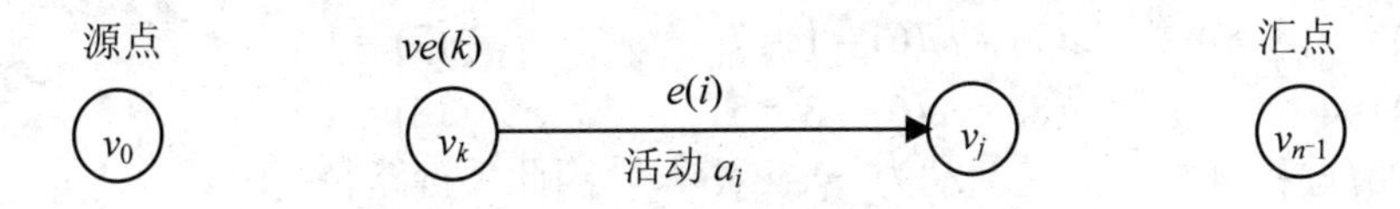

图 7.18　$e(i)$与 $ve(k)$的关系

其中，dur(<v_k, v_j>)为活动<v_k, v_j>的持续时间，即有向边<v_k, v_j>上的权值。$vl(j)$为有向边<v_k, v_j>的弧尾所代表事件 v_j 的最迟发生时间。公式中各项之间的关系如图 7.19 所示。

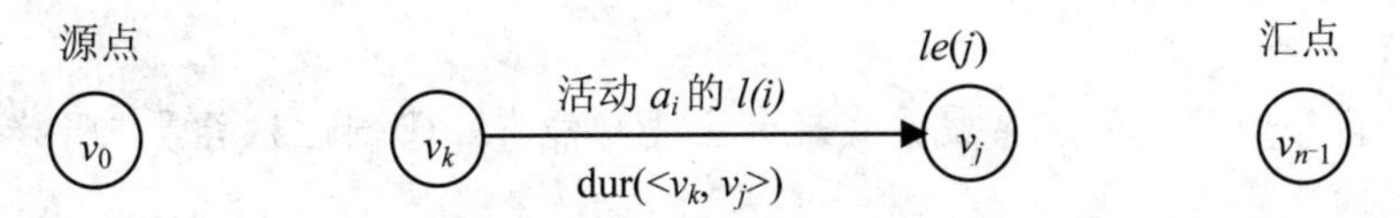

图 7.19　$l(i)$与 $ve(j)$和 dur(<v_k, v_j>)的关系

活动 a_i 的最迟开始时间 $l(i)$与最早开始时间 $e(i)$之差定义为活动 a_i 的时间余量 $s_p(i)$。它表示在不影响整个工程工期的前提下，活动 a_i 可以拖延的时间。

当一个活动 a_i 的时间余量为零，即 $e(i)=l(i)$时，则表明该活动是关键活动。若 a_i 拖延，则整个工期就要拖延。若 a_i 提前，则整个工期就可以提前完成。

确定关键路径的方法是，首先求出所有事件的最早发生时间和最迟发生时间，然后利用它们再求出所有活动的最早开始时间和最迟开始时间，最后根据活动的时间余量是否为零来确定关键活动。关键活动所在的路径就是关键路径。

【例 7-9】求出图 7.15 的关键路径。若此 AOE 网表示工程进度图，弧上的权值表示完成工序所需的天数，则完成该工程需要多少天？

解：求解过程如下。

(1) 事件的最早发生时间。

$ve(0) = 0$　　　　$ve(1) = 3$

$ve(2) = 2$　　　　$ve(3) = \max\{ve(1) + 2, ve(2) + 4\} = 6$

$ve(4) = ve(1) + 3 = 6$　　　　$ve(5) = ve(2) + 2 = 4$

$ve(6) = \max\{ve(3) + 2, ve(4) + 1\} = 8$

(2) 事件的最迟发生时间。

$vl(6) = 8$　　　　$vl(5) = vl(6) - 3 = 5$

$vl(4) = vl(6) - 1 = 7$　　　　$vl(3) = \mathrm{vl}(6) - 2 = 6$

$vl(2) = \min\{vl(5) - 2, vl(3) - 4\} = 2$　　　　$vl(1) = \min\{vl(4) - 3, vl(3) - 2\} = 4$

$vl(0) = \min\{vl(2) - 2, vl(1) - 3\} = 0$

(3) 活动的最早开始时间、最迟开始时间和活动的时间余量。

$e(0) = se(0) = 0$　　$l(0) = le(1) - 3 = 1$　　$sp(0) = 1$

$e(1) = se(0) = 0$　　$l(1) = le(2) - 2 = 0$　　$sp(1) = 0$

$e(2) = se(1) = 3$　　$l(2) = le(3) - 2 = 4$　　$sp(2) = 1$

$e(3) = se(2) = 2$　　$l(3) = le(3) - 4 = 2$　　$sp(3) = 0$

$e(4) = se(1) = 3$　　$l(4) = le(4) - 3 = 4$　　$sp(4) = 1$

$e(5) = se(3) = 6$　　$l(5) = le(6) - 2 = 6$　　$sp(5) = 0$

$e(6) = se(2) = 2$　　$l(6) = le(5) - 2 = 3$　　$sp(6) = 1$

$e(7) = se(4) = 6$　　$l(7) = le(6) - 1 = 7$　　$sp(7) = 1$

$e(8) = se(5) = 4$　　$l(8) = le(6) - 3 = 5$　　$sp(8) = 1$

(4) 由上求解过程可知，关键活动为 a_1、a_3、a_5，因此关键路径是(v_0，v_2，v_3，v_6)。

(5) 由关键路径可求出完成该工程最少需要的天数为 8 天。

任务 7.7　旅游景区管理信息系统的实现

【工作任务】

建立一个景区旅游信息管理系统，实现的主要功能有：①制订旅游景点导游线路策略；②制订景区道路铺设策略。

在任务中景点分布是一个无向带权连通图，图中边的权值是景点之间的距离。

(1) 在景区旅游信息管理系统中制订旅游景点导游线路策略，首先通过遍历景点，给出一个入口景点，建立一个导游线路图，导游线路图用有向图表示。遍历采用深度优先策略，这也比较符合游客心理。

(2) 为了使导游线路图能够优化，可通过拓扑排序判断图中有无回路，若有回路，则打印输出回路中的景点，供人工优化。

(3) 在导游线路图中，还将为一些不愿按线路走的游客提供信息服务，比如从一个景点到另一个景点的最短路径和最短距离。在线路图中将输出任意景点间的最短路径和最短距离。

(4) 在景区建设中，道路建设是其中一个重要内容。道路建设首先要保证能连通所有景点，但又要花最小的代价，可以通过求最小生成树来解决这个问题。本任务中假设修建道路的代价只与它的里程相关。

【系统功能模块】

图 7.20 所示为系统功能模块图。

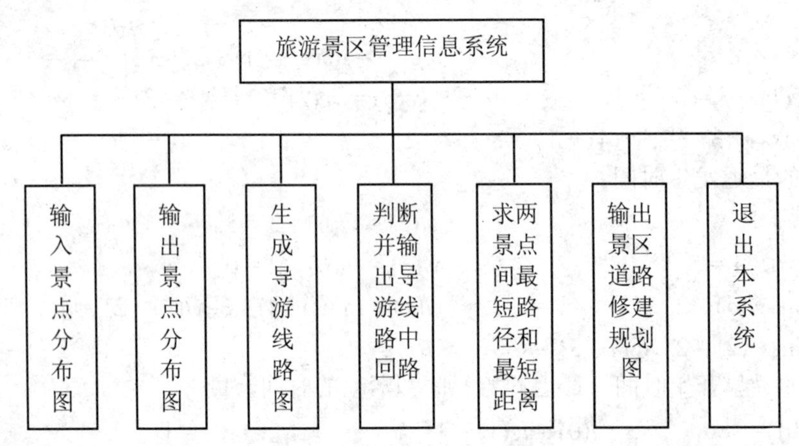

图 7.20　系统功能模块图

【数据结构】

1. (带权无向)图的邻接表

景点的信息包括景点的名称和邻近景点之间的通路和距离。用邻接链表存储景点分布图的信息。其定义见任务 7.2 的邻接表定义。

2. 边的类型定义

在求最小生成树时，用到边的定义。其定义见任务 7.4 求最小生成树的定义。

【程序结构图】

图 7.21 所示为程序结构图。

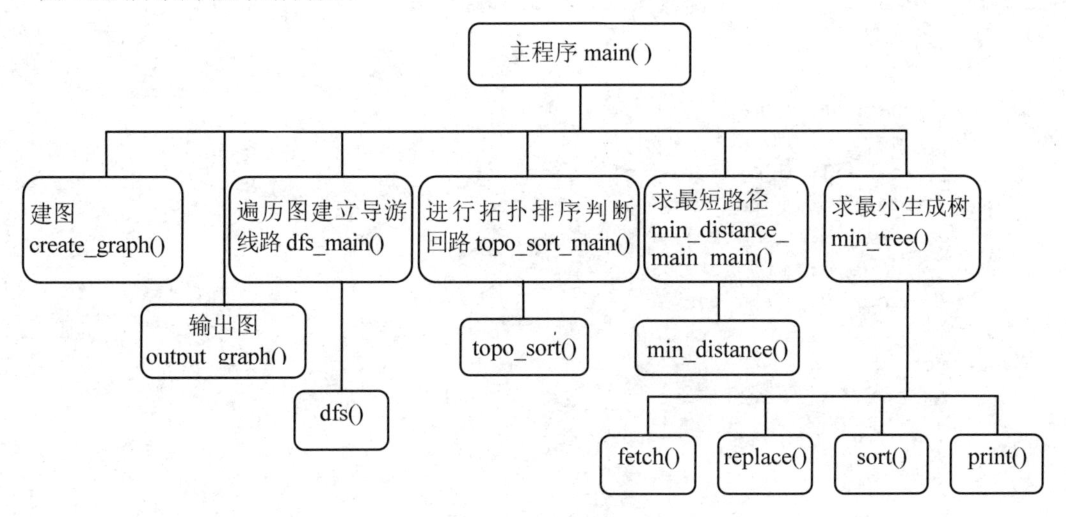

图 7.21　程序结构图

【程序段】

1. 主程序

主程序采用设计主菜单调用若干功能模块，同时在主程序中定义两个邻接表类型变量 *G* 和 *G*1，作为调用子函数的参数。

```
void main()
{
   Lgraph *g,*g1;
   int select;
   void create_graph();
   void output_graph();
   void dfs_main();
   void topo_sort_main();
   void min_distance_main();
   void min_tree();
   g=(Lgraph *)malloc(sizeof(Lgraph));
   g->m=0;
   g1=(Lgraph *)malloc(sizeof(Lgraph));
   while(1)
   {
      system("cls");
      printf("\n\n******景区旅游管理信息系统******\n");
      printf("1. 输入景点分布图\n");
      printf("2. 输出景点分布图邻接矩阵\n");
      printf("3. 生成导游线路图\n");
      printf("4. 输出导游线路图中回路\n");
      printf("5. 求两景点间最短路径和最短距离\n");
```

```
        printf("6. 输出景区道路修建规划图\n");
        printf("0. 退出\n");
        printf("请选择功能序号: ");
        scanf("%d"&select);
printf("\n\n**************************************************\n\n");
        switch(select)
        {
            case 1: create_graph(g); break;
            case 2: output_graph(g);break;
            case 3: dfs_main(g,g1);break;
            case 4: topo_sort_main(g1);break;
            case 5: min_distance_main(g);break;
            case 6: min_tree(g); break;
            case 0: exit(0);
        }
        getchar();
        printf("按回车键继续……");
        getchar();
    }
}
```

2. 建图子模块

建立无向带权图，输入顶点信息和边的信息，输出邻接链表 *G*。由于是无向边，输入一条边时构建两条边，其程序见任务 7.2。

3. 输出图子模块

从邻接表 *g* 转换成邻接矩阵 *a*，并输出邻接矩阵 *a*。图中边的权值∞用 32767 表示。

```
void output_graph(Lgraph *g)
{
    int i,j,n;
    inta[MAX_VERTEX_NUM][MAX_VERTEX_NUM];
    Edge_node *p;
    if(g->n==0)
    {
        printf("景点分布图未输入，无法输出！\n");
        return;
    }
    for(i=0;i<g->n;i++)
        for(j=0;j<g->n;j++)
            if(i==j)
                a[i][j]=0;
            else
                a[i][j]=MAXNUM;
    for(i=0;i<g->n;i++)
    {
        p=g->adjlist[i].firstedge;
        while(p!=NULL)
        {
            j=p->adjvex;
```

```
                a[i][j]=p->weight;
                p=p->next;
            }
        }
        printf("景点分布图邻接矩阵为:\n\n");
        printf("%8s"," ");
        for(i=0;i<g->n;i++)
            printf("%8s",g->adjlist[i].vertex);
        for(i=0;i<g->n;i++)
        {
            printf("%8s",g->adjlist[i].vertex);
            for(j=0;j<g->n;j++)
                printf("%9d",a[i][j]);
                printf("\n");
        }
}
```

4. 遍历子模块

通过遍历图 *G*，只得到遍历的顶点序列。先将顶点序列存放在数组 vex 中，然后再转换成导游线路存入数组 vex1 中，最后生成导游线路图 *G*1(同样用邻接表存储，供拓扑排序用)。

```
void dfs_main(Lgraph *g,Lgraph *g1)
    {
        int visited[MAX_VERTEX_NUM];
        int x,i;
        int vex[MAX_VERTEX_NUM];
        int j,k,i1,tag;
        int vex1[MAX_VERTEX_NUM];
        Edge_node *p,*q;
        for(i=0;i<MAX_VERTEX_NUM;i++)
            visited[i]=0;
            if(g->n==0)
            {
                printf("景点分布图未输入，无法生成导游线路图！\n");
                return;
            }
            do
            {
                printf("请输入口景点序号：");
                scanf("%d",&x);
                if(x>=1 && x<=g->n)
                    x--;
                   break;
                else
                    printf("景点号输入有误，请重新输入！\n");
            }while(1);
            j=0;
            dfs(g,x,visited,vex,&j);        //每次调用时，j 初始化为 0
            /*构建游览线路，存放在数组 vex1 中*/
            i1=0;
        for(i=0;i< g->n-1;i++)
```

```
    {
        j=vex[i+1];
        tag=1;
        k=0;
        while(tag)
        {
            vex1[i1++]=vex[i+k];
            p=g->adjlist[vex[i+k]].firstedge;
            while(p!=NULL && p->adjvex!=j)    /*判断 v_{i+k} 与 v_j 之间有没有边*/
            p=p->next;
            if(p==NULL)
                k--;                              /*若 v_{i+k} 与 v_j 之间没有边回溯*/
            else
                tag=0;
        }
    }
    vex1[i1++]=j;
    /*建立游览线路图的邻接链表 G1，供拓扑排序用*/
    for(i=0;i<g->n;i++)
    {
        strcpy(g1->adjlist[i].vertex,g->adjlist[i].vertex );
        g1->adjlist[i].firstedge=NULL;
    }
    for(k=0;k<i1-1;k++)
    {
        i=vex1[k];
        j=vex1[k+1];
        p=(Edge_node *)malloc(sizeof(Edge_node));
        p->adjvex=j;
        p->weight=1;                          /*建立游览线路图时，不考虑边的权值*/
        q=g1->adjlist[i].firstedge;
        g1->adjlist[i].firstedge=p;
        p->next=q;
    }
    g1->n=g->n;
    g1->m=i1-1;
    /*输出游览线路*/
    printf("游览线路为\n：");
    for(k=0;k<i1-1;k++)
    {
        i=vex1[k];
        printf("%s->",g->adjlist[i].vertex);
    }
    printf("%s\n",g->adjlist[vex1[i1-1] ].vertex);
}
void dfs(Lgraph *g,int i,int visited[],int vex[],int *j)
{
    int k;
    static j=0;
    Edge_node *p;
    printf("visit vertex:V%s\n", g->adjlist[i].vertex);  /*访问顶点 V_i*/
    vex[*j]=i;          /*遍历结点 v_i，存入数组 vex 中*/
    *j=*j+1;
```

```
    visited[i]=1;                    /*标记 Vi 已访问*/
    p=g->adjlist[i].firstedge;       /*取 Vi 边表的头指针*/
    while(p)                         /*依次搜索 Vi 的邻接点 Vj，j=p->adjva*/
    {
       k= p->adjvex;
       if (!visited[k])              /*若 Vj 尚未访问，则以 Vj 为出发点向纵深搜索*/
          dfs(g,k,visited,vex,j);
          p=p->next;                 /*找 Vi 的下一个邻接点*/
    }
}
```

5. 拓扑排序子模块

相关工作任务、流程图及程序见任务 7.6。

6. 求最短路径子模块

相关工作任务、流程图及程序见任务 7.5。

7. 求最小生成树子模块

相关工作任务、流程图及程序见任务 7.4。

8. 示例——景点分布图

1) 图例(图 7.22)

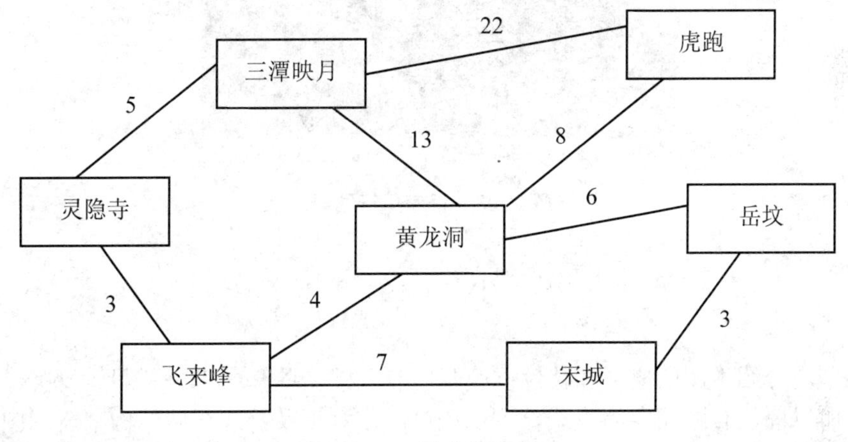

图 7.22　景点分布图

2) 景点信息(表 7-1)

表 7-1　景点信息

序号	景点名称
1	三潭映月
2	虎跑
3	灵隐寺
4	黄龙洞
5	岳坟
6	飞来峰
7	宋城

3) 边的信息(表 7-2)

表 7-2 边的信息

景点号 1	景点号 2	权值(里程)
6	7	7
5	7	3
4	6	4
3	6	3
4	5	6
2	4	8
1	4	13
1	3	5
1	2	22

4) 运行结果(如图 7.23 所示)

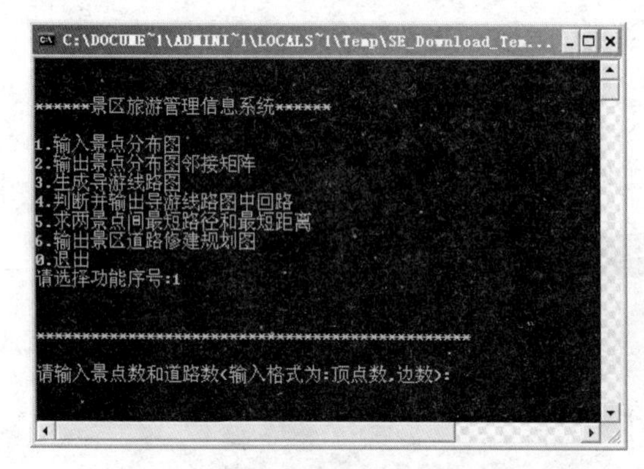

图 7.23 程序运行结果

小 结

本项目首先介绍了图的概念和特性以及与图有关的一些基本术语。图是一种比较复杂的非线性结构，所以图没有顺序存储方式，可以通过二维数组及链式存储结构来表示图中各顶点、边之间的相互关系。在本项目中主要介绍了两种存储方式：邻接矩阵和邻接表。图的遍历是图的最基本也是最重要的操作，常用的遍历算法有深度优先搜索和广度优先搜索两种。求最小生成树、最短路径、拓扑排序及关键路径的算法是本项目的难点，本项目较详细地介绍了求最小生成树的两种常用算法：Prim 算法和 Kruskal 算法。求最短路径、拓扑排序和关键路径的应用很广泛，本项目通过举例对这 3 个算法进行了介绍，并结合“旅游景区管理信息系统”这一任务，综合应用了图的主要算法。

实训：图及应用

1. 实训目的

(1) 进一步了解图的基本概念。

(2) 了解图的遍历的基本概念和基本方法。

(3) 掌握建立图的邻接链表的方法。

(4) 了解图的生成树和最小生成树的基本概念。

(5) 掌握求图最小生成树的方法。

2. 实训内容

(1) 试编程实现以下功能。

① 建立无向带权图。

② 按深度优先方法遍历无向图。

要求：①无向图采用链式存储结构。②遍历无向图时，输入遍历首顶点的顶点名称。③用菜单实现功能选择。

(2) 在实训内容 1 的基础上，增加“按广度优先方法遍历无向图”功能，要求与实训内容 1 相同。

(3) 在实训内容 1 和实训内容 2 的基础上，增加“用克鲁斯卡尔算法求最小生成树”功能，要求与实训内容 1 相同。

3. 实训准备

(1) 复习有关“图的链式存储”、“图的遍历”和“求图的最小生成树”等相关内容。

(2) 上机前，根据题目要求画出程序流程图，并按程序流程图编写好源程序。

4. 实训报告

1) 上交内容

(1) 源文件。

(2) 可执行文件。

(3) 系统设计过程说明文档。

2) 系统设计过程说明文档包含的内容

(1) 总体设计图及说明。

(2) 系统主程序流程图及说明。

(3) 主程序中所用的所有变量说明。

(4) 所有函数说明。

(5) 调试说明(调试中遇到的问题及最终解决的方法)。

(6) 制作感想。

习　　题

一、选择题

1. 一个有 n 个顶点的无向图最多有(　　)条边。

　A. n　　B. $n(n-1)$　　C. $n(n-1)/2$　　D. $2n$

2. 在有向图中，所有顶点的入度之和是所有顶点出度之和的(　　)倍。

　A. 0.5　　B. 1　　C. 2　　D. 3

3．在无向图中，所有顶点的度数之和等于边数之和的(　　)倍。

A．0.5　　B．1　　C．2　　D．3

4．n个结点的有向完全图含有边的数目是(　　)。

A．n^2　　B．$n\times(n+1)$　　C．$n/2$　　D．$n\times(n-1)$

5．邻接表是图的一种(　　)。

A．顺序存储结构　　B．链式存储结构

C．索引存储结构　　D．散列存储结构

6．采用邻接表存储的图的深度优先遍历算法类似于二叉树的(　　)。

A．前序遍历　　B．中序遍历　　C．后序遍历　　D．按层遍历

7．以下有关连通分量的说法中，正确的是(　　)。

A．连通分量是有向图中的极小子图　　B．连通分量是无向图中的极小子图

C．连通分量是有向图中的极大子图　　D．连通分量是无向图中的极大子图

8．任何一个无向连通图(　　)最小生成树。

A．只有一棵　　B．有一棵或多棵

C．一定有多棵　　D．可能不存在

9．在有向图G的拓扑序列中，若顶点V_i在顶点V_j之前，则下列情形中不可能出现的是(　　)。

A．G中有弧$<V_i, V_j>$　　B．G中有一条从V_i到V_j的路径

C．G中没有弧$<V_i, V_j>$　　D．G中有一条从V_j到V_i的路径

10．具有n个顶点的连通图，其最小生成树具有(　　)条边。

A．$n/2$　　B．$n-1$　　C．n　　D．n

11．对于图7.24所示的有向图，其深度优先搜索遍历序列为(　　)。

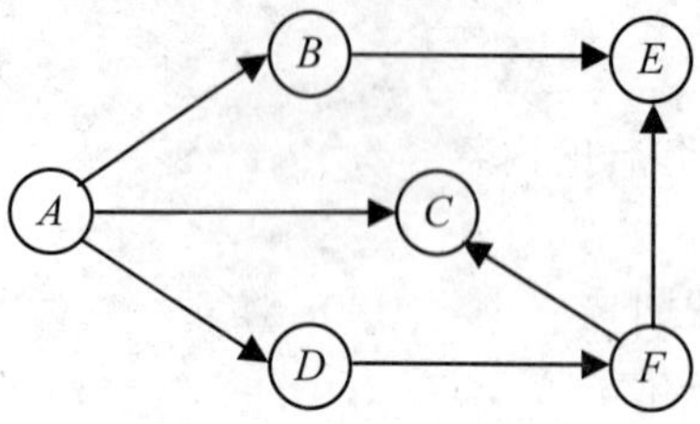

图7.24　有向图

A．*ADFCBE*　　B．*ABEDCF*　　C．*ACDBEF*　　D．*ADFECB*

12．对于图7.24所示的有向图，其广度优先搜索遍历序列为(　　)。

A．*ABCDFE*　　B．*ABCDEF*　　C．*ABECDF*　　D．*ADCBEF*

13．下面哪一方法可以判断出一个有向图是否有环(回路) (　　)。

A．深度优先遍历　　B．拓扑排序

C．求最短路径　　D．求关键路径

14．对于图7.24所示的有向图，其拓扑排序序列为(　　)。

A．*ADCFEB*　　B．*CEBFDA*　　C．*ABDFCE*　　D．*CBFEDA*

15．下列关于AOE网的叙述中，不正确的是(　　)。

A．关键活动不按期完成就会影响整个工程的完成时间

B．任何一个关键活动提前完成，那么整个工程将会提前完成

C．所有的关键活动提前完成，那么整个工程将会提前完成

D．某些关键活动提前完成，那么整个工程将会提前完成

二、填空题

1．有向图的极大连通子图称为__________。

2．在有向图中，顶点的度等于__________。

3．__________算法是按路径长度递增的次序产生最短路径的算法。

4．图的存储结构主要有__________、__________。

5．图的遍历方法主要有__________和__________两种。

6．构造连通网最小生成树的两个典型算法是__________、__________。

7．n 个顶点的连通图的生成树含有__________条边。

8．在 AOE 网中，从源点到汇点路径上各活动时间总和最长的路径称为__________。

9．在 AOV 网中，结点表示_________，边表示_________。在 AOE 网中，结点表示_________，边表示_________。

10．普里姆(Prim)算法适用于求_________的网的最小生成树；克鲁斯卡尔(kruskal)算法适用于求_________的网的最小生成树。

三、应用题

1．对于图 7.25 所示的有向图，分别给出其邻接矩阵、邻接表和逆邻接表，并指出图中每个结点的出度和入度。

2．画出 5 个结点的完全图，并画出该图所有连通的子图。

3．对于图 7.26 所示的无向图分别画出按普里姆算法和克鲁斯卡尔算法得到最小生成树的过程。

4．对图 7.27 利用迪杰斯特拉算法，求从顶点 v_0 到其余各顶点的最短路径。

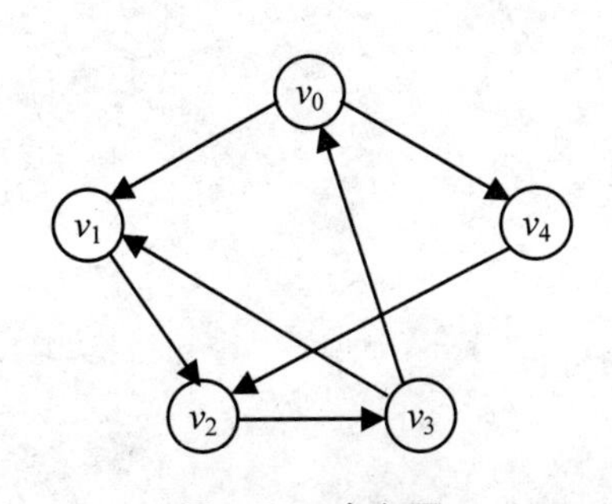

图 7.25 有向图

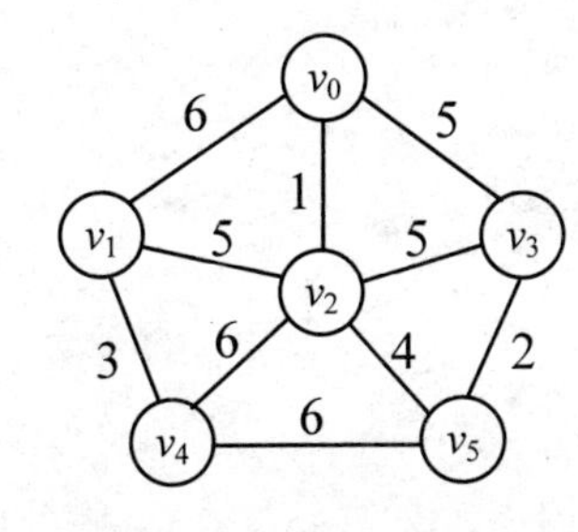

图 7.26 无向图 G

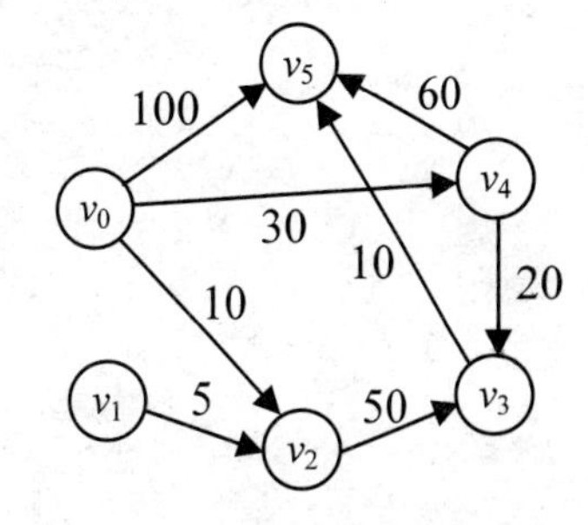

图 7.27 有向图 G

5．已知图的邻接矩阵为：

	V1	V2	V3	V4	V5	V6	V7	V8	V9	V10
V1	0	1	1	1	0	0	0	0	0	0
V2	0	0	0	1	1	0	0	0	0	0
V3	0	0	0	1	0	1	0	0	0	0
V4	0	0	0	0	0	1	1	0	1	0
V5	0	0	0	0	0	0	1	0	0	0

V6	0	0	0	0	0	0	0	1	1	0
V7	0	0	0	0	0	0	0	0	1	0
V8	0	0	0	0	0	0	0	0	0	1
V9	0	0	0	0	0	0	0	0	0	1
V10	0	0	0	0	0	0	0	0	0	0

当用邻接表作为图的存储结构，且邻接表都按序号从大到小排序时，试写出：

(1) 以顶点 V_1 为出发点的唯一的深度优先遍历。

(2) 以顶点 V_1 为出发点的唯一的广度优先遍历。

(3) 该图唯一的拓扑有序序列。

项目8 查找

教学目标

在前几个项目中介绍了基本的数据结构，包括线性表、树、图结构，并讨论了这些结构的存储映像以及定义在其上的相应运算。从本项目开始，将介绍数据结构中的重要技术——查找和排序。在日常生活中，经常涉及在大量数据元素中查找特定数据元素的操作。人们通常会考虑用不同的方法进行操作，以取得较高的效率。效率高的查找方法不仅与算法本身有关，而且与被查找元素的存储结构有关。通过本项目的学习，应了解各种查找算法的基本思想，以及相应算法的设计与实现。掌握基于线性表、树的查找方法等内容，能够针对不同实际情况，设计出好的查找算法和适宜的存储结构。

教学要求

知识要点	能力要求	相关知识
查找的基本概念	理解查找的定义，熟悉什么是查找	查找的基本概念
基于线性表的查找	熟悉顺序查找法、折半查找法以及分块查找法的基本思想、算法实现和查找效率分析等	基于线性表的各种查找算法及实际应用
树的查找	熟悉二叉排序树、平衡二叉排序树的基本思想、算法实现和查找效率分析等	基于树的各种查找算法及实际应用

引例

学生资料管理系统是学校经常使用的系统，为了能方便查找指定的数据元素，本项目将利用基于线性表的查找算法在学生情况表中查找学号为给定值的记录，并对该记录的部分数据进行修改。

为了能方便统计文章中某个单词的数目，在这一项目中还将利用基于树的查找算法来解决问题。

任务8.1 理解查找

【工作任务】

在用查找方法查看学生成绩之前，理解几个与查找有关的基本概念是非常重要的。理解什么是查找表、关键字、查找以及平均查找长度，为后面的学习奠定基础。要把学生成绩信息按用户要求进行查找和修改，必须解决下面的问题。

(1) 什么是查找？查找在数据处理中的重要性是什么？

(2) 查找的基本方法有哪些？

子任务8.1.1 查找的基本概念

【课堂任务】理解什么是查找，为后面的学习奠定基础。

查找也称为检索，可以分为人工查找和计算机查找两种方式。简单的查找操作可以由人工来完成，复杂、信息量大的查找操作则是人工无法完成的，必须借助计算机来完成。利用计算机查找是计算机应用的一个重要领域。随着信息技术的普及和推广，计算机应用已经深入到每个普通家庭，人们的生活与计算机已经息息相关。例如上图书馆借书，需要借用电脑查找；上互联网搜索资料，需要进行查找；了解日常办证申请结果，也要到相关部门的电脑上查找；在手机通信录上寻找朋友的电话号码，也要进行查找，可以说查找无处不在。

在计算机技术中，查找的应用也相当广泛。在人们比较熟悉的计算机安全方面，查找就有非常重要的应用。

首先，查毒软件就是一个明显的例子，不管哪个品牌的杀毒软件，它首先都要判断是否有病毒，才能进行杀毒。而判断是否有病毒的过程，实际上就是在别的软件中查找是否包含有病毒特征码的过程。如果别的软件包含有病毒特征码，则说明已感染了病毒，反之，则没有被病毒感染。在防火墙技术上，查找也是重要的技术环节。

其次，计算机操作系统在发现有新的硬件添加时，也会自动查找(搜索)其驱动程序。高级程序设计语言编写的程序在编译时，编译系统也会对调用的函数和变量查找其出处(定义)。

查找是许多程序中最消耗时间的一部分程序，因而，好的查找方法会大大提高运行速度。掌握好的查找技术，不仅可以提高程序设计能力，而且可以提高运用计算机技术解决实际问题的能力。

在正式介绍查找算法之前，首先介绍几个与查找有关的基本概念。

(1) 查找表(列表)是由同一类型的数据元素(或记录)构成的集合。查找表分为静态查找表和动态查找表。

① 静态查找表是仅对查找表进行查找操作的一类查找表，即查找关键字等于给定值的数据元素是否在查找表中，查找前后不能改变表。

② 动态查找表是除对查找表进行查找操作外，可能还要向表中插入数据元素或删除表中数据元素的类表。

(2) 关键字是查找表中区别不同记录的数据项的数据元素。若此关键字可以唯一的标识一个记录，则称此关键字为主关键字(对不同的记录，其主关键字均不同)。反之，用以识别若干个记录的关键字称为次关键字。当数据元素只有一个数据项时，其关键字即为数据元素的值。

(3) 查找是指根据给定的关键字值，在特定的列表中确定一个关键字与给定值相同的数据元素，并返回该数据元素在列表中的位置。若找到相应的数据元素，则称查找成功，否则称查找失败，此时应返回空地址及失败信息，并可根据要求插入这个不存在的数据元素。显然，查找算法中涉及三类参量，①查找对象K(找什么)；②查找范围L(在哪找)；③K在L中的位置(查找的结果)。其中①、②为输入参量，③为输出参量，在函数中，输入参量必不可少，输出参量也可用函数返回值表示。

(4) 平均查找长度。为确定数据元素在列表中的位置，需与给定值进行比较的关键字个数的期望值，称为查找算法在查找成功时的平均查找长度。对于长度为 n 的列表，查找成功时的平均查找长度为：

$$ASL=P_1C_1+P_2C_2+\cdots+P_nC_n=\sum_{i=1}^{n}P_jC_j$$

其中，P_i 为查找列表中第 i 个数据元素的概率；C_i 为找到列表中第 i 个数据元素时，已经进行过的关键字比较次数。由于查找算法的基本运算是关键字之间的比较操作，所以可用平均查找长度来衡量查找算法的性能。

查找的基本方法可以分为两大类，即比较式查找法和计算式查找法。其中比较式查找法又可以分为基于线性表的查找法和基于树的查找法，而计算式查找法也称为 HASH(哈希)查找法，下面分别介绍。

任务 8.2 掌握基于线性表的查找

【工作任务】

理解了查找的相关概念后，还需了解基于线性表查找的相关知识。本任务主要熟悉顺序查找法、折半查找法以及分块查找法的基本思想、算法实现和查找效率分析等。本任务将用线性表查找方法为学生情况表查找学号及对部分数据进行修改。要想实现查找，必须解决下面的问题。

(1) 线性查找的种类有哪些？

(2) 顺序查找的基本思想及其算法。

(3) 折半查找的基本思想及其算法。

(4) 分块查找的基本思想及其算法。

线性表可以有不同的存储表示方法，在不同的表示方法中，实现查找操作的方法也不同。在此，主要介绍3种方法，即顺序查找法、折半查找法和分块查找法。

顺序表是日常生活中一种常见的数据结构，对它的查找也是常见的操作。有关顺序表类型说明如下。

程序段【8-1】

```
typedef  int  KeyType;
#define  MAXSIZE  100
typedef  struct{
     KeyType key;                       // 关键字项
}SSElement;
typedef struct{
     SSElement elem[MAXSIZE];        //elem[0]可用作哨兵单元或空闲
```

```
    int length;                        //顺序表长度
}SSTable;
```

子任务 8.2.1 顺序查找——用顺序查找为学生情况表查找学号

【课堂任务】掌握顺序查找的基本思想、算法实现和查找效率分析

1. 基本思想

顺序查找是一种最简单和最基本的查找方法，它的基本思想是，从表的一端开始，顺序扫描整个线性表，依次将扫描到的结点关键字与给定值 key 进行比较，若当前扫描到的结点关键字与 key 值相等，则查找成功，返回该结点在表中的位置；若扫描结束后，仍未找到关键字值等于 key 的结点，则查找失败，返回特定的值(0 或 NULL)。

2. 算法实现

顺序查找方法既适用于线性表的顺序存储结构，也适用于线性表的链式存储结构。使用单链表作为存储结构时，扫描必须从链表的第一个结点开始。下面只介绍以顺序表作为存储结构时的顺序查找。

算法源代码如下。

算法【8-1】

```
int ST_search (SSTable ST, KeyType key)
{                                  //在顺序表 ST 中查找关键字为 key 的数据元素
  int i;
  ST.elem[0].key=key;
                //设置监视哨,当从表尾向前查找失败时,不必判断表是否检测完毕
  i=ST.length ;
  while(ST.elem[i].key!=key) i-- ; //从表尾端向前查找
  return i;
}
```

上述算法中，设置了一个监视哨，令 ST.elem[0].key=key，这样做的目的是避免每次查找时都要判断是否已经查找整个表，从而提高了查找效率。这种程序设计技巧使得测试循环条件的时间大约减少一半，对于较长的程序文件，节约的时间是相当可观的。从算法可以看出，查找成功时，返回的 i 值大于 0 或等于 0。如果查找不成功时，在文件中增加关键字值为 key 的记录，则可将上述算法改为如下代码。

算法【8-2】

```
int ST_search (SSTable ST, KeyType key, SSElement x)
{                                          //在顺序表 ST 中查找关键字为 key 的数据元素
  int i;
  ST.elem[0].key=key;                      //设置监视哨
  i=ST.length ;
  while(ST.elem[i].key!=key) i-- ; //从表尾端向前查找
  if(i<0)
{
   ST.elem[ST.length+1].key=x;
   i= ST.length+1;
   ST.length= ST.length+1 ;
}
```

```
  return i;
 }
```

利用顺序查找算法在学生情况表中查找学号为给定值的结点,并将该结点的部分数据进行修改。例如，在学生情况表中查找学号为 20110 的学生记录，并将该学生记录的语文成绩修改为 100，程序段 8-2 如下。

程序段【8-2】

```
#include "stdio.h"
#define MAX_stABLE_SIZE 20
typedef struct{
   char num[8],name[10];
   int eng,chin,phy,chem;
}student;                                    /*学生信息*/
typedef struct{
   student elem[MAX_stABLE_SIZE];
   int length;
}stable;                                     /*学生情况表*/
void create_stable(stable *st){              /*建立无序表 st*/
  int i,j,k;
   printf("\ninput n : ");
  scanf("%d",&st->length);
  printf("\ninput %d student of st\n", st->length);
  for(i=1;i<=st->length;i++)
  scanf("%s %s %d%d%d%d",st->elem[i].num,st->elem[i].name,&st->elem[i].
        eng,&st->elem[i].chin,&st->elem[i].phy,&st->elem[i].chem);
  getchar();
}
void print_stable(stable st){                /*输出表 st*/
   int i;
   printf("\noutput st\n");
   for(i=1;i<=st.length;i++)
   printf("%s %s %3d %3d %3d %3d\n",st.elem[i].num,
          st.elem[i].name,st.elem[i].eng,st.elem[i].chin,
          st.elem[i].phy,st.elem[i].chem);
}
int search_seq (stable *st,char key[]) /*顺序查找学号*/
{
   int i;
   strcpy(st->elem[0].num,key);              /*设置监视哨*/
   i=st->length;
   while(strcmp(st->elem[i].num,key)!=0) i-- ;
   return i;
 }
void modify(stable *st,char key[],int kc,int cj) /*修改查找学号对应课程成绩*/
{
   int i=search_seq (st,key);
   if(i!=0){
     if(kc==1)
         st->elem[i].eng=cj;
     else if(kc=2)
         st->elem[i].chin=cj;
```

```
        else if(kc==3)
            st->elem[i].phy=cj;
        else if(kc==4)
            st->elem[i].chem=cj;
    }
}
main(){
  char key[8];
  int kc,cj;
  stable st;
  create_stable(&st);
  print_stable(st);
  printf("\ninput key kc cj:");
  scanf("%s%d%d",key,&kc,&cj);
  printf("\n%s is in %d",key,search_seq(&st,key));
  modify(&st,key,kc,cj);
  print_stable(st);
  getch();
}
```

运行结果如图 8.1 所示。

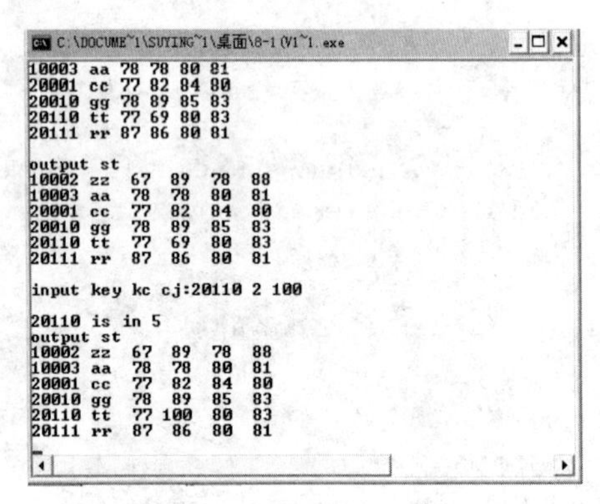

图 8.1　顺序查找运行结果

3. 算法分析

就上述算法而言，对于 n 个结点的顺序表，若给定值 key 与表中第 i 个结点的关键字值相等，则需要进行 $n-i+1$ 次比较，即 $c_i=n-i+1$。查找成功时，顺序查找的平均查找长度为：

$$\text{ASL}=\sum_{i=1}^{n}P_i(n-i+1)$$

设查找每个结点的概率相等，即 $p_i=1/n$，则在等概率情况下，查找成功时的平均查找长度为：

$$\text{ASL}=\sum_{i=1}^{n}P_i(n-i+1)=\frac{1}{n}\sum_{i=1}^{n}(n-i+1)=\frac{n+1}{2}$$

可以表述为，查找成功时的平均比较次数约为线性表长度的一半。

对于顺序查找，不论给定值 key 为何值，查找不成功时和给定值进行比较的关键字的个数均为 $n+1$。假设查找成功和查找不成功的可能性相同，查找每个结点的概率也相等，则 $p_i=1/(2n)$，此时顺序查找的平均查找长度为：

$$ASL'=\frac{1}{2n}\sum_{i=1}^{n}(n-i+1)+\frac{n+1}{2}=\frac{3}{4}(n+1)$$

因此，顺序查找的时间复杂度为 $O(n)$。

顺序查找的优点是算法简单，且对表的存储结构没有任何要求，无论是用数组还是用链表来存放结点，也无论结点之间是否按关键字有序存放，它都同样适用。顺序查找的缺点是查找效率低，当结点个数 n 很大时，不宜采用顺序查找。

为了提高顺序查找的效率，可作如下改进，如果按关键字递增的顺序将结点排序，那么平均查找长度也会减小，因为这时不成功的查找不必扫描整个线性表，而只要扫描到表中的关键字小于(从表尾开始扫描)或大于(从表头开始扫描)给定值 key 就能确定要找的表中不存在此结点。

子任务 8.2.2　折半查找——用折半查找为学生情况表查找学号

【课堂任务】掌握折半查找的基本思想、算法实现和查找效率分析。

1.基本思想

折半查找法又称为二分查找法，是一种效率较高的查找方法。使用该方法进行查找时，要求表中记录按关键字大小排序，并且要求线性表顺序存储。其基本思想是，将表中间位置记录的关键字与查找关键字比较，如果两者相等，则查找成功；否则利用中间位置记录将表分成前、后两个子表，如果中间位置记录的关键字大于查找关键字，则进一步查找前一子表，否则进一步查找后一子表。重复以上过程，直到找到满足条件的记录，则查找成功，或直到子表不存在，此时查找不成功。

2. 算法实现

折半查找的过程可描述为：

(1) low=1；high=n。

(2) 若 low＞high，则查找失败。

(3) mid=$\left\lfloor\frac{low+high}{2}\right\rfloor$。

若 key=ST.elem[mid].key，则查找成功，返回 mid；

若 key＜ST.elem[mid].key，则 high=mid-1，转(2)；

若 key＞ST.elem[mid].key，则 low=mid+1，转(2)。

下面给出折半查找的非递归算法，源代码如下。

算法【8-3】

```
int Search_bin (SSTable ST, KeyType key)
{                                                   /*折半查找的非递归算法*/
   int mid,low,high;
   low=1; high=ST.length;                           /*设置初始区间*/
   while(low<=high)                                 /*当前的查找区间非空*/
    {
      mid=(low+high)/2;
      if(key==ST.elem[mid].key) return(mid);        /*查找成功,返回 mid*/
       else if(key<ST.elem[mid].key)
            high=mid-1;                             /*调整到左子表*/
```

```
        else
            low=mid+1;                              /*调整到右子表*/
    }
 return(0);                                         /*查找失败*/
}
```

例如，假设被查找的有序表中关键字序列为{5,13,19,23,29,37,53,67,75,83,92}，当给定的key 值分别为 23、67 和 80 时，进行折半查找的过程如图 8.2 所示，图中用方括号表示当前的查找区间，用“↑”表示中间位置指示器 mid。因为 low 和 high 分别是“[”之后和“]”之前的第 1 个位置，所示图 8.2 中没有用箭头表示它们。

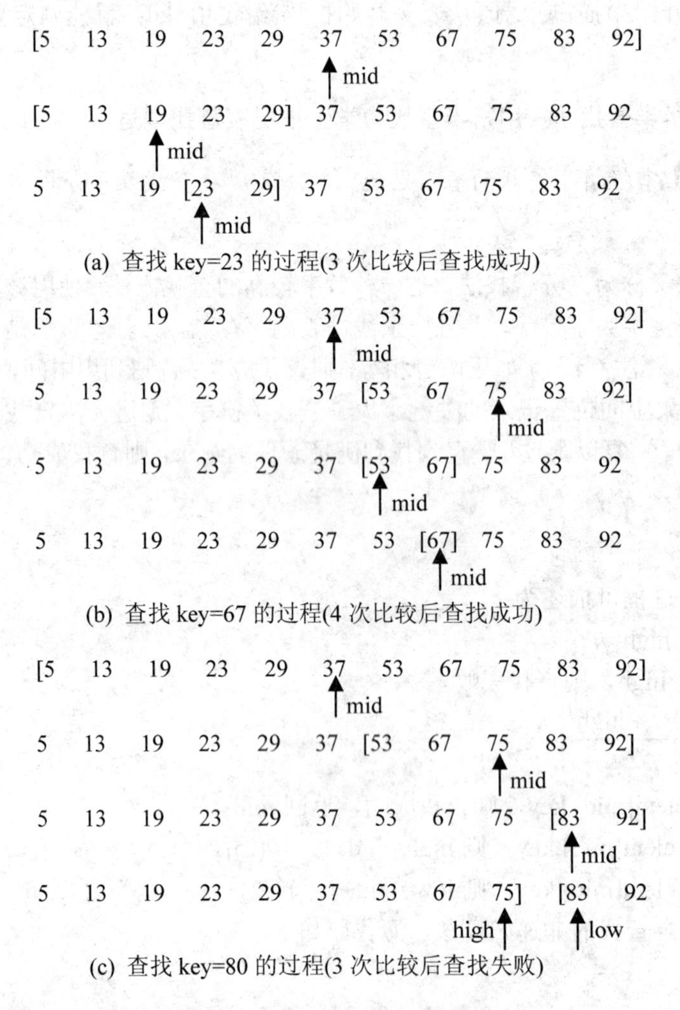

(a) 查找 key=23 的过程(3 次比较后查找成功)

(b) 查找 key=67 的过程(4 次比较后查找成功)

(c) 查找 key=80 的过程(3 次比较后查找失败)

图 8.2 折半查找过程示意图

如果在学生情况表中所查找的学号为有序序列，可利用折半查找算法来查找学号，并将该结点的部分数据进行修改。例如，在学生情况表中查找学号为 20110 的学生记录，并将该学生记录的语文成绩修改为 100。可以把上一任务给出的程序段 8-2 中 search_seq 顺序查找函数替换成 search_bin 折半查找函数，search_bin 函数程序段 8-3 如下。

程序段【8-3】

```
int search_bin (stable *st, char key[])
```

```
{                                                          /*折半查找的非递归算法*/
   int mid,low,high;
   low=1; high=st->length;                                 /*设置初始区间*/
   while(low<=high)                                        /*当前的查找区间非空*/
   {
   mid=(low+high)/2;
   if(strcmp(st->elem[mid].num,key)==0) return(mid);       /*查找成功,返回 mid*/
   else if(strcmp(st->elem[mid].num,key)>0)
        high=mid-1;                                        /*调整到左子表*/
   else
        low=mid+1;                                         /*调整到右子表*/
   }
   return(0);                                              /*查找失败*/
}
```

运行结果如图 8.3 所示。

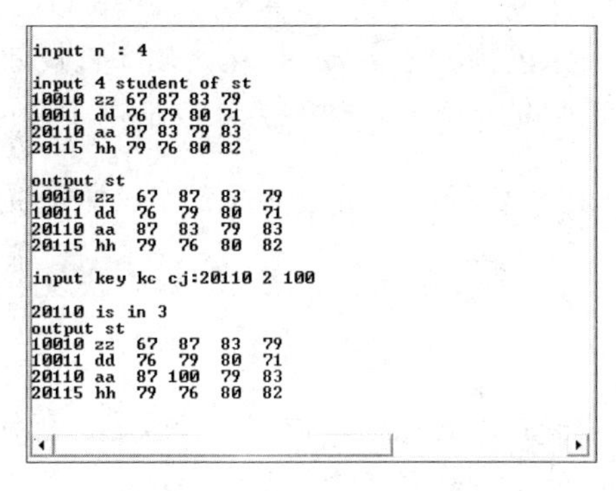

图 8.3 折半查找运行结果

3. 算法分析

从折半查找过程看，以表的中点为比较对象，并用中点将表分割为两个子表，对子表继续进行查找操作。所以，对表中每个数据元素的查找过程，可用二叉树来描述，称这个描述查找过程的二叉树为判定树。树中每个结点表示表中的一个记录，结点中的值为该记录在表中的位置。

有序表中关键字序列为{5,13,19,23,29,37,53,67,75,83,92}，折半查找判定树如图 8.4 所示。

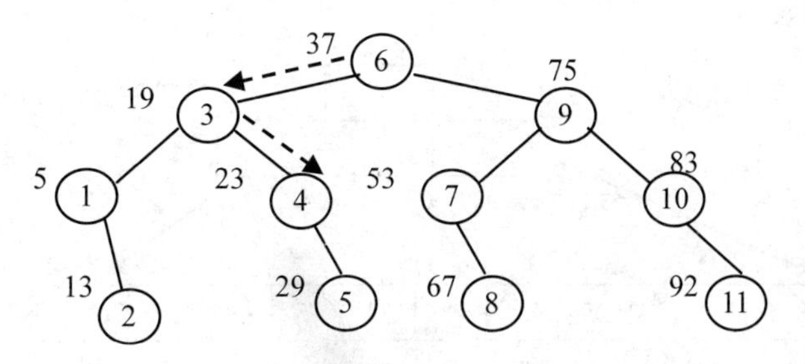

图 8.4 折半查找判定树及查找 23 的过程

从判定树上可见，查找表中某一元素的过程，即是判定树中从根结点到该元素结点路径上各结点关键字的比较次数，也即该元素结点在树中的层次数。对于 n 个结点的判定树，树高为 k，则有 $2^{k-1}-1<n\leqslant 2^{k}-1$，即 $k-1<\log_2(n+1)\leqslant k$，所以 $k=[\log_2(n-1)]$。因此，折半查找在查找

成功时，所进行的关键字比较次数至多为 k=[$\log_2(n+1)$]。

接下来讨论折半查找的平均查找长度。为便于讨论，以树高为 k 的满二叉树($n=2^k-1$)为例。假设查找表中每个元素是等概率的，即 $P_i=1/n$，则树的第 i 层有 2^{i-1} 个结点，因此，折半查找的平均长度为

$$\begin{aligned}\text{ASL}&=\sum_{i=1}^{n}P_iC_i\\&=\frac{1}{n}[1\times2^0+2\times2^1+\cdots+k\times2^{k-1}]\\&=\frac{n+1}{n}\log_2(n-1)-1\\&\approx\log_2(n-1)-1\end{aligned}$$

在图 8.4 中折半查找判定树中的平均查找长度为

$$\text{ASL}=(1\times1+2\times2+3\times4+4\times4)/11=33/11=3(次)$$

所以，折半查找的时间复杂度为 $O(\log_2 n)$。显然比顺序查找效率要高，但它也有两个限制条件。首先，查找表必须是有序的。其次，这种方法仅适用于顺序存储结构的查找表。

子任务 8.2.3　分块查找——用分块查找为学生情况表查找学号

【课堂任务】掌握分块查找的基本思想、算法实现和查找效率分析。

1. 基本思想

分块查找又称索引顺序查找，是对顺序查找的一种改进。在分块查找中，需要两个表，一个是查找表，一个是索引表。分块查找要求将查找表分成若干个子表(或称块)，并对每个子表建立一个索引项，索引项包括两个域，即关键字域(用来存放该子表中的最大关键字)和指针域(用来指示该子表的第一个记录在表中的位置)。查找表有序或者分块有序(块间有序，块内无序)排列，索引表按关键字有序排列。

所谓分块有序，指的是第二个块中所有记录的关键字均大于第一个块中的最大关键字，第三个块中的所有关键字均大于第二个块中的最大关键字，依此类推。

图 8.5 所示的是一个索引顺序表，其中包括 3 个块，第一个块的起始地址为 0，块内最大关键字为 25；第二个块的起始地址为 5，块内最大关键字为 58；第三个块的起始地址为 10，块内最大关键字为 88。

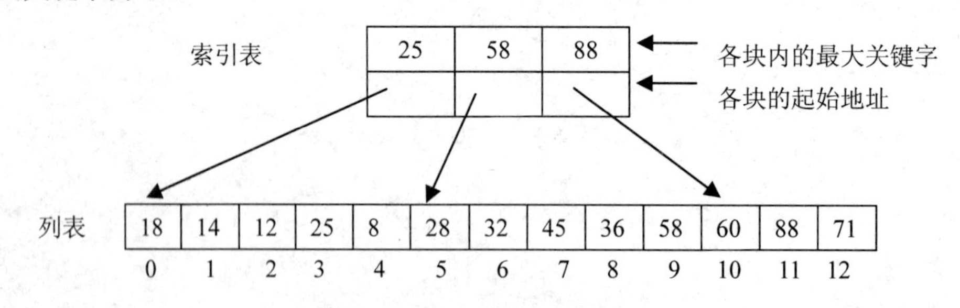

图 8.5　分块查找法的索引顺序表

分块查找的基本过程如下。

(1) 首先，将待查找关键字 key 与索引表中的关键字进行比较，以确定待查记录所在的块。

由于索引表是按关键字有序排列的，因此可用顺序查找法或折半查找法进行查找。

(2) 其次由于每个块中的元素是任意排列的，因此用顺序查找法在相应块内查找关键字为key的元素。

例如，在上述索引顺序表中查找元素36。首先，将36与索引表中的关键字进行比较，因为25＜36≤58，所以36在第二个块中，进一步在第二个块中顺序查找，最后在8号单元中找到元素36。

2. 算法实现

算法源代码如下。

算法【8-4】

```
#define b 20                                  /*块的大小*/
typedef int KeyType;
typedef struct{                               /*索引表结点类型*/
      int addr;
      KeyType index;
}IDTable;
IDTable id[b];
int Block_search(SSTable ST, IDTable id[], KeyType key)
{                                             /*在顺序表ST和索引表id上分块查找关键字key*/
  int i,mid;
  int low1,high1;                             /*标识索引表的区间*/
  int low2,high2;                             /*标识查找表的区间*/
  low1=0;high1=b-1;                           /*置二分查找区间的下界和上界*/
  while(low1<=high1){
    mid=(low1+high1)/2;
    if(key<=id[mid].index)high1=mid-1;
    else low1=mid+1;
  }
   if(low1<b){
    low2=id[low1].addr;                       /*块起始地址*/
    if(low1==b-1) high2=ST.length-1;          /*求块末地址*/
    else high2=id[low1+1].addr-1;
  }
  for(i=low2;i<=high2;i++)                    /*在块内顺序查找*/
   if(ST.elem[i].key==key) return i;          /*查找成功*/
  return 0;
}
```

在学生情况表中可利用分块查找算法来查找学号,并将该结点的部分数据进行修改。例如，在学生情况表中查找学号为20110的学生记录，并将该学生记录的语文成绩修改为100,

程序段8-4如下。

程序段【8-4】

```
#include "stdio.h"
#define MAX_stABLE_SIZE 20
typedef struct{
   char num[8],name[10];
   int eng,chin,phy,chem;
}student;                                     /*学生信息*/
```

```
typedef struct{
    student elem[MAX_stABLE_SIZE];
    int length;
}stable;                                              /*学生情况表*/
typedef struct{
   char key[8];
   int add;
}table;
typedef struct{
   table data[20];
   int len;
}idtable;                                             /*索引表*/
void create_stable(stable *st){                       /*建立无序表 st*/
   int i,j,k;
   printf("\ninput n : ");
   scanf("%d",&st->length);
   printf("\ninput %d student of st\n", st->length);
   for(i=1;i<=st->length;i++)
   scanf("%s %s %d%d%d%d",st->elem[i].num,st->elem[i].name,&st->elem[i].
        eng,&st->elem[i].chin,&st->elem[i].phy,&st->elem[i].chem);
   getchar();
}
char *max(stable st,int low,int high){               /*查找块内最大关键字*/
   int j;
   char maxnum[8];
   strcpy(maxnum,st.elem[low].num);
   for(j=low+1;j<=high;j++)
     if(strcmp(st.elem[j].num,maxnum)>0)
          strcpy(maxnum,st.elem[j].num);
   return maxnum;
}
void create_idtable(stable st,idtable *id){          /*建立索引表 id*/
   int b,s,i,j,k;
   printf("\ninput b: ");
   scanf("%d",&b);
   printf("input s: ");
   scanf("%d",&s);
   id->len=b;
   for(i=1;i<=id->len;i++)
   {
   id->data[i].add=1+s*(i-1);
   strcpy(id->data[i].key,max(st,id->data[i].add,id->data[i].add+s-1));
   }
}
void print_stable(stable st){                         /*输出表 st*/
     int i;
     printf("\noutput st\n");
     for(i=1;i<=st.length;i++)
     printf("%s %s %3d %3d %3d %3d\n",st.elem[i].num,
            st.elem[i].name,st.elem[i].eng,st.elem[i].chin,
            st.elem[i].phy,st.elem[i].chem);
}
```

```
void print_idtable(idtable id){                /*输出表 id*/
   int i;
   printf("\noutput id\n");
   for(i=1;i<=id.len;i++)
      printf("%s %d\n",id.data[i].key,id.data[i].add);
}
int block_search(stable *st,idtable id,char key[]){
                                               /*分块查找*/
   int i,mid;
   int low1,high1;
   int low2,high2;
   low1=1;
   high1=id.len;
   while(low1<=high1){
     mid=(low1+high1)/2;
     if(strcmp(key,id.data[mid].key)<=0)
         high1=mid-1;
     else
         low1=mid+1;
   }
   if(low1<=id.len){
    low2=id.data[low1].add;
    if(low1==id.len)
        high2=st->length;
   else
        high2=id.data[low1+1].add-1;
  }
   for(i=low2;i<=high2;i++)
   if(strcmp(st->elem[i].num,key)==0)return i;

   return 0;
}
void modify(stable *st,idtable id,char key[],int kc,int cj)
{
   int i=block_search(st,id,key);
   if(i!=0){
    if(kc==1)
        st->elem[i].eng=cj;
    else if(kc==2)
        st->elem[i].chin=cj;
    else if(kc==3)
        st->elem[i].phy=cj;
    else if(kc==4)
        st->elem[i].chem=cj;
   }
}
main(){
   char key[8];
   int kc,cj;
   stable st;
   idtable id;
   create_stable(&st);
```

```
    print_stable(st);
    create_idtable(st,&id);
    print_idtable(id);
    printf("\ninput key kc cj:");
    scanf("%s%d%d",key,&kc,&cj);
    printf("\n%s is in %d",key,block_search(&st,id,key));
    modify(&st,id,key,kc,cj);
    print_stable(st);
}
```

运行结果如图 8.6 所示。

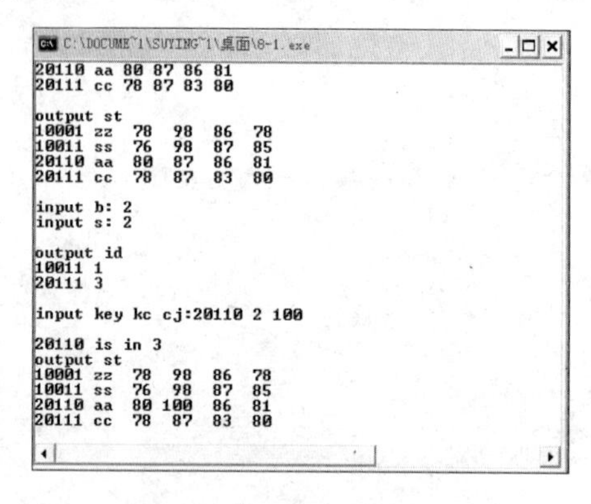

图 8.6　分块查找运行结果

3. 算法分析

分块查找的平均查找长度由两部分构成，即查找索引表时的平均查找长度 L_B 以及在相应块内进行顺序查找的平均查找长度 L_W。

$$ASL_{bs}=L_B+L_W$$

假定将长度为 n 的表分成 b 块，且每块含 s 个元素，则 $b=n/s$。又假定查找表中每个元素的概率相等，则每个索引项的查找概率为 $1/b$，块中每个元素的查找概率为 $1/s$。若用顺序查找法确定待查元素所在的块，则有

$$L_B=\frac{1}{b}\sum_{i=1}^{b} j=\frac{b+1}{2}，\ L_W=\frac{1}{s}\sum_{i=1}^{s} j=\frac{s+1}{2}$$

$$ASL_{bs}=L_B+L_W=\frac{b+s}{2}+1$$

将 $b=\dfrac{n}{s}$ 代入，得

$$ASL_{bs}=\frac{1}{2}\left(\frac{n}{s}\right)+s+1$$

若用折半查找法确定待查元素所在的块，则有

$$L_B=\log_2(b+1)-1$$

$$ASL_{bs}=\log_2(b+1)-1+\frac{s+1}{2}\approx\log_2(\frac{n}{s}+1)-\frac{s}{2}$$

分块查找的优点是，在查找表中插入或删除一个元素时，只要找到该元素所属的块，在块

内插入和删除即可。因为块内元素的是任意存放的，所以插入或删除元素比较容易，无需移动元素。分块查找的缺点是需要增加一个索引表的存储空间和一个将初始表分块排序的运算。

任务 8.3 掌握基于树的查找

【工作任务】

本任务主要熟悉二叉排序树、平衡二叉排序树的基本思想及两种树的算法实现和查找效率分析等。本任务中将用树的查找方法来实现单词统计案例。要想实现查找，必须解决下面的问题。

(1) 树的查找方法包括哪些？

(2) 二叉排序树和平衡二叉树的定义、特点及用途。

(3) 二叉排序树的插入、删除及查找方法。

基于树的查找法又称为树表查找法，是将待查表组织成特定树的形式并在树结构上实现查找的方法，主要包括二叉排序树、平衡二叉排序树。

子任务 8.3.1 二叉排序树——用二叉排序树查找进行单词统计

【课堂任务】掌握二叉排序树的插入建树、查找算法及时间性能，理解输入实例对所建立的二叉查找树形态的影响。

1. 二叉排序树的定义

二叉排序树又称为二叉查找树，二叉排序树是一棵空树或者是具有下列性质的二叉树。

(1) 若它的左子树不空，则左子树上所有结点的值均小于它的根结点的值。

(2) 若它的右子树不空，则右子树上所有结点的值均大于(若允许具有相同关键字的结点存在，则为大于或等于)它的根结点的值。

(3) 它的左、右子树本身又各是一棵二叉排序树。

从二叉排序树的定义可以得出二叉排序树的一个重要性质，即中序遍历二叉排序树得到的关键字序列是一个递增有序序列。

如图 8.7 所示的二叉树就是一棵二叉排序树，在这棵二叉排序树中，根结点比左子树上的值都小、比右子树上的值都大，且左右子树都是一棵二叉排序树。若中序遍历该二叉排序树，则可得到的一个递增有序序列为{14，25，35，40，45，55，62，72，77，92}

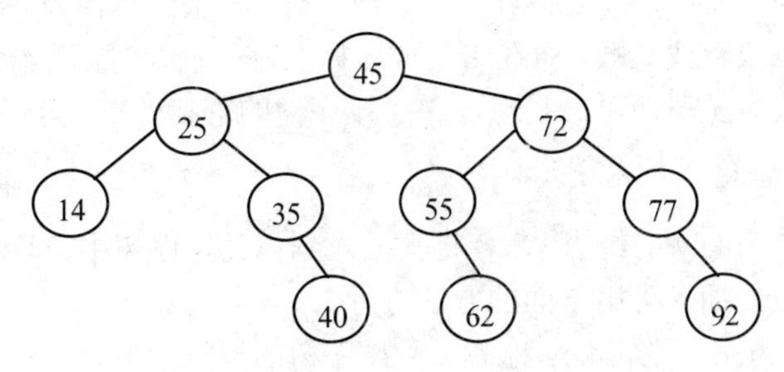

图 8.7 二叉排序树

2. 二叉排序树的查找

因为二叉排序树可看作是一个有序表，所以在二叉排序树上进行查找与折半查找类似，也是一个逐步缩小查找范围的过程。根据二叉排序树的特点，首先将待查关键字 key 与根结点关键字 t 进行比较，如果：

(1) key=t，则查找成功，返回根结点指针。

(2) key＜t，则继续在根的左子树中查找。

(3) key＞t，则继续在根的右子树中查找。

(4) 若二叉排序树为空，则查找失败。

显然，这是一个递归的过程，可以用如下递归算法 8-5 实现。

算法【8-5】

```
BiTree Search_bst(BiTree T,char key){
/*在 T 中查找值为 key 的结点,查找成功,返回指向该结点的指针;否则返回 NULL*/
  if(!T||T->data==key)
          return T;
  if(key<T->data)
          return Search_bst(T->lchild,key);
  else
          return Search_bst(T->rchild,key);
}
```

上述算法中，设置了一个监视哨，令 ST.elem[0].key=key，这样做的目的是根据二叉排序树的定义，二叉排序树查找的递归算法可以用循环方式直接实现。二叉排序树的非递归查找过程的算法 8-6 如下。

算法【8-6】

```
BiTree Search_bst1(BiTree T,char key){
  /*在 T 中查找值为 key 的结点,查找成功,返回指向该结点的指针;否则返回 NULL*/
   BiTree p=T;
   while(p){
        if(p->data==key)          /*key 在二叉排序树 T 中*/
                  return p;
        else if(key<p->data) p=p->lchild;
                  else p=p->rchild;
   }
  return NULL;                    /*key 不在二叉排序树 T 中*/
}
```

对于一般的二叉树，按给定关键字查找树中结点时，从根结点出发，有时需要遍历整个二叉树才能找到待查结点或查找失败。而在二叉排序树上进行查找时，若给定值不等于根结点的值，只需查找左子树或右子树即可。显然，二叉排序树的查找效率高于一般的二叉树。

3. 二叉排序树的插入

已知一个关键字值为 key 的结点 s，若将其插入到二叉排序树中，只要保证插入后仍符合二叉排序树的定义即可。插入可用下面的方法进行。

(1) 若二叉排序树为空，则将 key 称为二叉排序树的根结点值。

(2) 当二叉排序树非空时，则将 key 与二叉排序树的根结点进行比较，若 key 的值等于根结点的值，则说明树中已有此结点，无需插入；若 key 的值小于根结点的值，则将 key 插入到根的左子树中，否则将 key 插到根的右子树中。如此进行下去，直到把 s 作为一个叶子结点插入二叉排序树中，或者直到发现树中已存在 s 结点为止。

算法 8-7 源代码如下。

算法【8-7】

```
void Insert_bst1(BiTree *T, BiTree new){
/*递归算法:将new结点插入二叉排序树T中*/
  if(!(*T)) *T=new;
  else if(new->data==(*T)->data) return;
     else if(new->data<(*T)->data)
                Insert_bst1(&(*T)->lchild, new);
          else
                Insert_bst1(&(*T)->rchild, new);
}
```

由于二叉排序树的插入是从根结点开始逐层向下查找插入位置的，因此，也可以写出插入过程的非递归算法，其基本过程是首先需要确定待插入结点的双亲结点位置，然后再进行插入操作。

(1) 从根结点开始查找双亲结点的位置，若二叉排序树为空，则将 key 作为根结点插入到空树中。

(2) 当二叉排序树非空时，若树中已有此结点，无需插入；否则，找到双亲结点，若 key 值小于双亲结点的值，则将 key 插入到双亲结点的左子树中，否则将 key 插到双亲结点的右子树中。

算法 8-8 源代码如下。

算法【8-8】

```
int Insert_bst2(BiTree *T, BiTree new){
                                 /*非递归算法:将new结点插入二叉排序树T中*/
  BiTree f,p;
  if(!(*T)){*T=new;return 1;}
  else{
    p=*T;
    while(p!=NULL){          /*找new结点的双亲结点f*/
       if(new->data==p->data) return 0;
        else
          if(new->data<p->data){f=p;p=p->lchild;}
          else {f=p;p=p->rchild;}
    }
                                 /*将new结点插入,作为f的左孩子或右孩子*/
if(new->data<f->data)
        f->lchild=new;
        else
      f->rchild=new;
  }
  return 1;
}
```

可以看出，二叉排序树的插入过程，即构造一个叶子节点，并将其插入到二叉排序树的合适位置的过程，此过程可以保证二叉排序树性质不变。插入时不需要移动元素。

例如，在图 8.7 所示的二叉排序树上插入关键字为 20 的结点的过程，如图 8.8 所示。插入前二叉排序树非空，将 20 和根结点 45 比较，因为 20<45，故应将 20 插入到 45 的左子树上；又因为 45 的左子树非空，将 20 再和左子树的根 25 比较，因为 20<25，故应将 20 插入到 25 的左子树上；依此类推，直至最后 20>14 且 14 的右子树为空，故将 20 作为 14 的右孩子结点插入到树中。

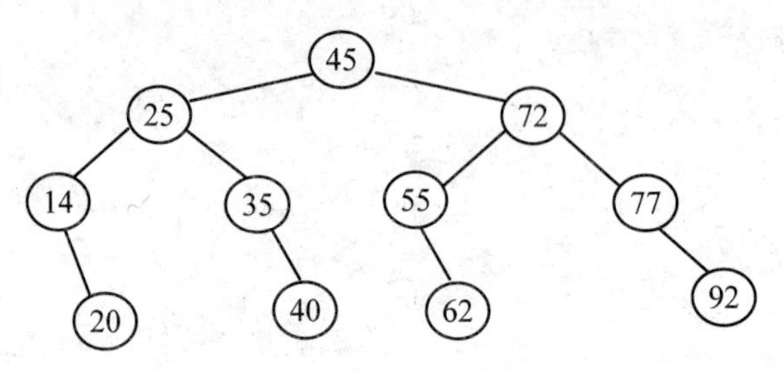

图 8.8　二叉排序树的插入

4. 二叉排序树的生成

二叉排序树的生成，是从空的二叉排序树开始，每输入一个数据元素，建立一个新结点，并插入到当前已生成的二叉排序树中。

算法 8-9 源代码如下。

算法【8-9】

```
BiTree Creat_bst(){
                    /*输入一串以'@'结束的字符序列,建立二叉排序树*/
  BiTree new,T=NULL;
 char ch;
  printf("\ninput string(end of '@'): ");
  ch=getchar();
  while(ch!='@'){
       new=(BiTree)malloc(sizeof(BiTNode));
       new->data=ch;
       new->lchild=new->rchild=NULL;
       Insert_bst1(&T,new);
       ch=getchar();
  }
  return T;
}
```

假若给定一个元素序列，可以利用上述算法创建一棵二叉排序树。首先，将二叉排序树初始化为一棵空树，然后逐个读入元素，每读入一个元素，就建立一个新的结点并插入到当前已生成的二叉排序树中，即调用上述二叉排序树的插入算法插入新结点。

例如，设关键字的输入顺序序列为{45，24，53，12，28，90}，按上述算法生成的二叉排序树的过程如图 8.9 所示。

通过上述分析，可以利用二叉排序树实现单词的统计操作。输入一段英文文章，存入文件 in.txt 中，统计文章中各单词出现的次数，然后将单词按词典顺序输出。例如，in.txt 文件的内容为“this is a table.that is a desk.”。

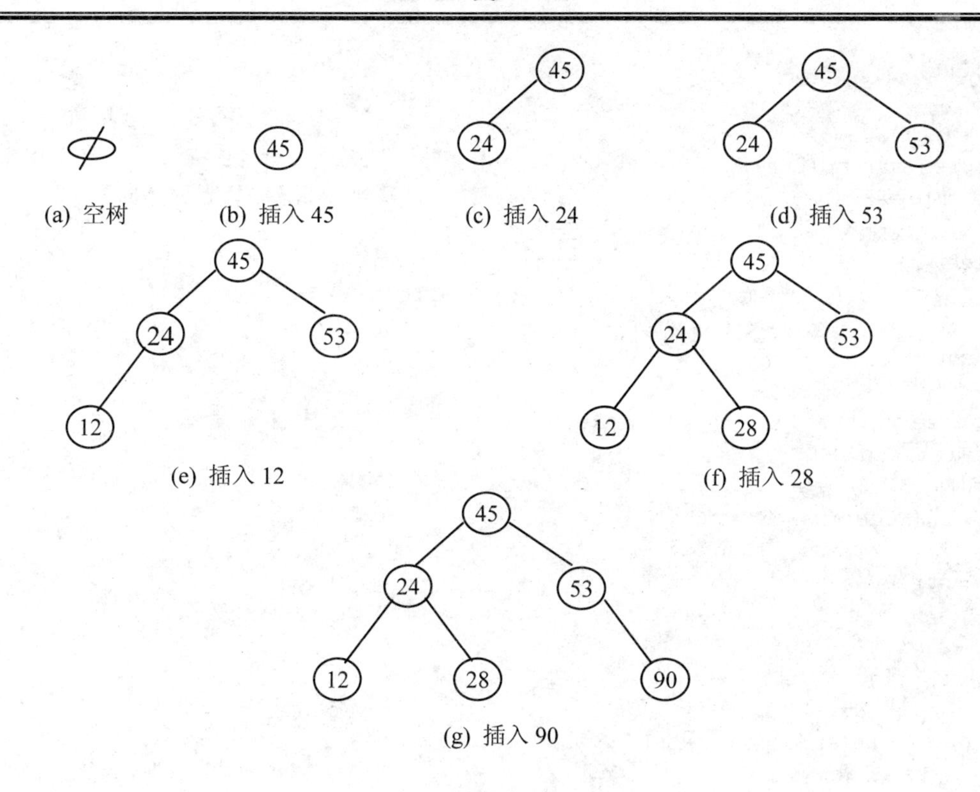

图 8.9　二叉树排序树生成过程

由于不清楚文章中单词的数目,因此可以采用二叉排序树存储读入的单词并通过查找二叉排序树对单词进行计数。采用二叉链表的存储形式，结点的数据部分包含两个信息：单词及其出现的次数，分别用 word 和 count 表示。left 指向 word 之前出现但比 word 小的第一个单词的结点，right 指向 word 之后出现但比 word 大的第一个单词的结点。当文章扫描结束后，按照单词出现的先后顺序动态建立了一棵二叉排序树，每次处理单词时先进行查找操作，若找到，则结点的 count 值加 1；未找到，则插入新结点。对二叉排序树进行中序遍历，得到一个按词序递增的单词序列。

程序段 8-5 如下。

程序段【8-5】

```
#include <stdio.h>
#include <stdlib.h>
#include <string.h>
#define INF "c:\\yl\\6\\in.txt"
/*文件内容为:this is a table .that is a desk.*/
typedef struct Node{     /*定义结点类型*/
   char word[10];        /*单词*/
   int count;            /*出现次数*/
   struct Node *left,*right;
}Node,*BiTree;
int Find(BiTree T,char *keyword,BiTree *p){
/*在二叉查找树中查找单词 keyword,若找到,p 指针指向该结点,并返回 1*/
/*否则,p 指针指向查找路径上出现的最后一个结点,并返回 0*/
int cmpres=0;
BiTree ptr;
```

```
*p=NULL;
ptr=T;
while(ptr){
  cmpres=strcmp(ptr->word,keyword);
  if(cmpres==0)                              /*找到,p指向当前结点,返回1*/
      {*p=ptr;return 1;}
  else
      {*p=ptr;ptr=cmpres>0?ptr->left:ptr->right;}
}                                            /*while*/
return 0;                                    /*查找失败*/
}
int InsertBst(BiTree *T,char *keyword){      /*向二叉查找树中插入元素*/
  BiTree s,p=NULL;
  if(Find(*T,keyword,&p)==0){                /*找不到单词keyword的结点*/
      s=(Node*)malloc(sizeof(Node));
      if(!s) return -1;
      strcpy(s->word,keyword);
      s->count=1;
      s->left=NULL;
      s->right=NULL;
      if(p==NULL) *T=s;                      /*keyword是第一个单词,s作为根结点*/
      else if(strcmp(p->word,keyword)<0)
        p->right=s;                          /*将keyword插入到当前结点的右子树*/
      else
          p->left=s;                         /*将keyword插入到当前结点的左子树*/
  }
  else p->count++;
  return 0;
}                                            /*endInsertBst*/
void Inorder(BiTree root){                   /*中序遍历输出二叉查找树中的所有结点*/
  if(root){
     Inorder(root->left);
     printf("\n%s\t\t%3d",root->word,root->count);
     Inorder(root->right);
  }
}/*Inorder*/
main(){
  char ch,word[10],buffer[100];
  FILE *fin;
  int i=0,found=0;
  BiTree root=NULL;
  fin=fopen(INF,"r");
  if(!fin) printf("open file %s error!\n",INF);      /*打开文件*/
  while(!feof(fin)){
    ch=fgetc(fin);
    if((ch>='a'&&ch<='z')||(ch>='A'&&ch<='Z'))
      {buffer[i++]=ch; found=1;}                      /*取一个单词并存入buffer*/
    else if(found){
       buffer[i]='\0';
       strcpy(word,buffer);
       if(InsertBst(&root,word)==-1) return;
       i=0;found=0;
```

```
    }                          /*end if*/
  }                            /*end while*/


fclose(fin);
  clrscr();
  printf("\nword\t\tcount\n");
  printf("\n--------------------\n");
  Inorder(root);
}
```

运行结果如图 8.10 所示。

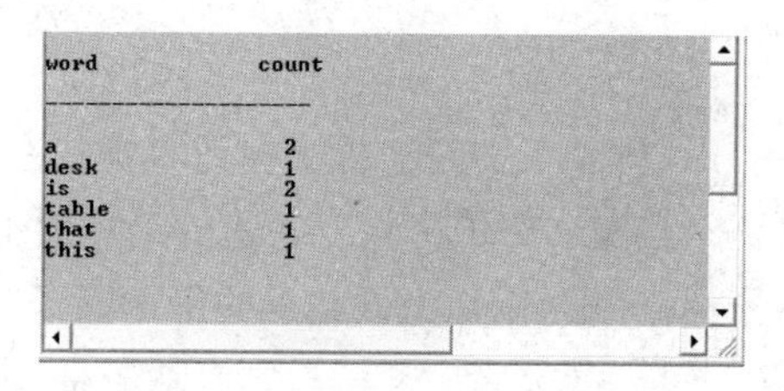

图 8.10　二叉排序树查找运行结果

5. 二叉排序树的查找性能

在二叉排序树上进行查找，若查找成功，则是从根结点出发经过了一条从根结点到待查结点的路径；若查找不成功，则是从根结点出发经过了一条从根结点到某个叶子结点的路径。因此二叉排序树的查找与折半查找类似，和关键字比较的次数不超过树的深度。然而，折半查找长度为 n 的有序表时，其判定树是唯一的，而含有 n 个结点的二叉排序树却不唯一。

例如，设关键字序列分别为{45,72,25,14,35,77}和{14,25,35,45,72,77}的序列，则生成的二叉排序树如图 8.11(a)和图 8.11(b)所示。

设 6 个结点的查找概率均为 1/6，则两树的平均查找长度分别为

$$ASL(a)=(1+2+2+3+3+3)/6=14/6$$

$$ASL(b)=(1+2+3+4+5+6)/6=21/6$$

由此可见，在二叉排序树上进行查找时的平均查找长度和二叉树的形态有关。在最坏情况下二叉排序树是通过依次插入一个有序表的 n 个结点而生成的，此时所得的二叉排序树退化为深度为 n 的单支树，它的平均查找长度和顺序查找相同，也是 $O(n)$；在最好的情况下，二叉排序树在生成的过程中，树的形态比较匀称，最终得到的是一棵形态与判定树相似的二叉排序树，此时它的平均查找长度大约是 $O(\log_2 n)$。

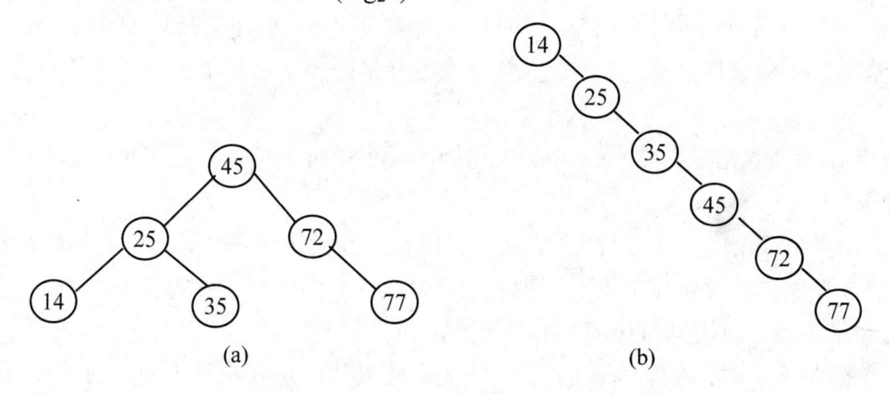

图 8.11　二叉排序树的不同形态

若考虑把 n 个结点按照可能的次序插入到二叉排序树中，则有 $n!$棵二叉排序树(其中有的形态相同)，对所有二叉排序树进行查找，得到的平均查找长度仍然是 $O(\log_2 n)$。

如果所建二叉排序树的形态和折半查找的判定树相似，平均查找长度和 $\log_2 n$ 是等数量级的，则需要在构造二叉排序树的过程中再进行平衡化处理，才能称为平衡二叉树。

子任务 8.3.2　平衡二叉树

【课堂任务】掌握二叉排序树的插入建树、查找算法及时间性能，理解输入实例对所建立的二叉查找树形态的影响。

1. 平衡二叉树的定义

平衡二叉树又称 AVL 树，这种二叉树是一棵空树或者是具有下列性质的二叉树。树的左子树和右子树都是平衡二叉树，且左、右子树深度之差的绝对值不超过 1。通常，将二叉树上任一结点的左子树高度和右子树高度之差称为该结点的平衡因子。因此，平衡二叉树上所有结点的平衡因子只可能是−1、0 或 1。换言之，若一棵二叉树上任一结点的平衡因子的绝对值都不大于 1，则该树称为平衡二叉树。例如，在图 8.12 中，图 8.12(a)是一棵平衡二叉树，而图 8.12(b)所示的树含有平衡因子为 2 或−2 的结点，故它是一棵非平衡二叉树。图中每个结点旁边所注的数字是该结点的平衡因子。

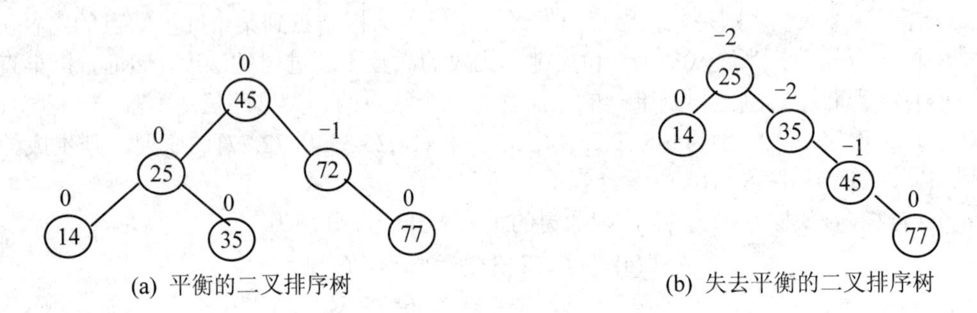

图 8.12　平衡与失去平衡的二叉排序树

2. 平衡二叉排序树的构造

如何构造出一棵平衡二叉排序树呢？在构造二叉排序树的过程中，每当插入一个结点，首先，先检查是否因结点的插入而破坏了树的平衡性，若是，则找出其中的最小不平衡子树，在保持二叉排序树特性的前提下，调整最小不平衡子树中各结点之间的连接关系，以达到新的平衡。所谓最小不平衡子树是指，以离插入结点最近且平衡因子绝对值大于 1 的结点作为根结点的子树。

设结点 B 为插入结点，结点 A 为失去平衡的最小子树根结点，对该子树进行平衡化调整的规则如下。

(1) 从结点 A 开始，在结点 A 到结点 B 的路径上连续选取 3 个结点作为调整对象。

(2) 将 3 个结点按关键字值由小到大的顺序排序，取中间结点作为新的根结点，较小结点作为其左孩子结点，较大结点作为其右孩子结点。

(3) 若根结点在调整前有左孩子结点，调整后将其作为现有左孩子结点的右孩子结点；若根结点在调整前有右孩子结点，调整后将其作为现有右孩子结点的左孩子结点。

例如，在一棵平衡二叉树中，插入结点 9 后，结点 29 的平衡因子由原来的 1 变为 2，使以结点 29 为根的子树失去平衡，调整如下，①选取 3 个结点 29、18、13；②取结点 18 作为新根结点，结点 13 作为其左孩子结点，结点 29 作为其右孩子结点；③结点 18 原来的右孩子结点即结点 21，现作为其右孩子结点 29 的左孩子结点，如图 8.14 所示。

例如，在一棵平衡二叉树中，插入结点 55 后，结点 13 的平衡因子由原来的-1 变为-2，致使以结点 13 为根的子树失去了平衡，调整如下，①选取 3 个结点 13、29、39；②取结点 29 作为新根结点，结点 13 作为其左孩子结点，结点 39 作为其右孩子结点；③结点 29 的左孩子结点 18，作为其左孩子结点 13 的右孩子结点，如图 8.13 所示。

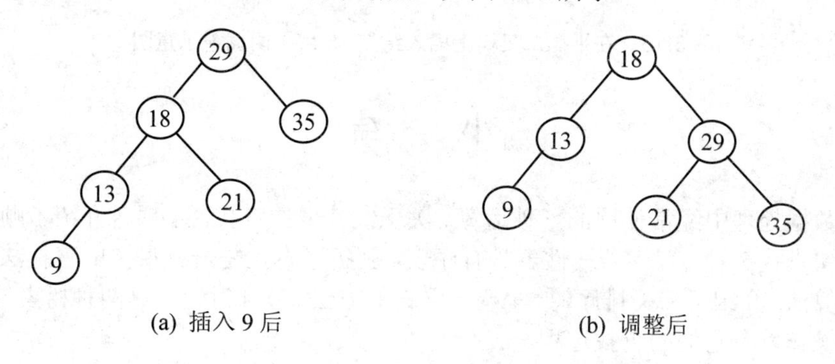

(a) 插入 9 后　　(b) 调整后

图 8.13　在平衡二叉树上插入结点 9 后平衡调整示意图

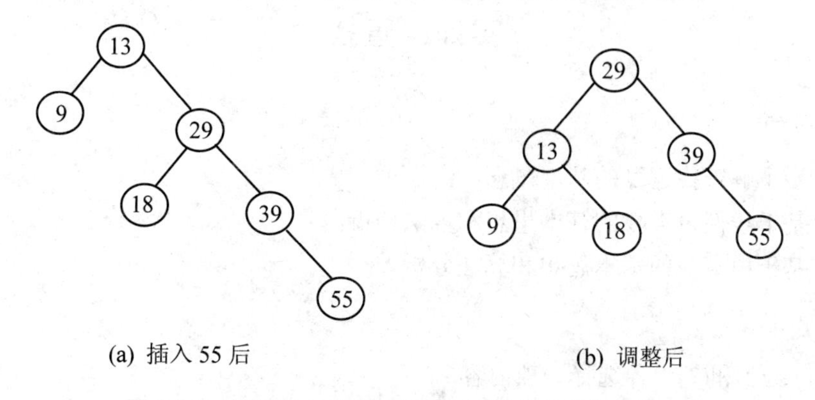

(a) 插入 55 后　　(b) 调整后

图 8.14　在平衡二叉树上插入结点 55 后平衡调整示意图

例如，在一棵平衡二叉树中，插入结点 25 后，结点 13 的平衡因子由原来的-1 变为-2，致使以结点 13 为根的子树失去平衡，调整如下，①选取 3 个结点 13、29、18；②取结点 18 作为新根结点，结点 13 作为其左孩子结点，结点 29 作为其右孩子结点；③结点 18 的左子树 16，作为其左孩子结点 13 的右子树；结点 18 的右子树 21，作为其右孩子结点 29 的左子树，如图 8.15 所示。

在平衡二叉树上进行查找的过程和在二叉排序树上相同，在查找过程中和给定值进行比较的关键字个数不超过树的深度。因此，在平衡二叉树上进行查找的时间复杂度为 $O(\log_2 n)$。

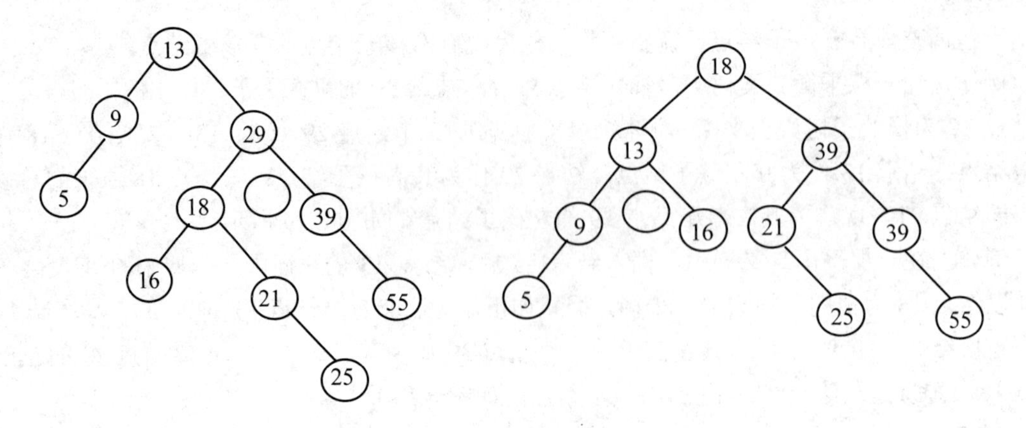

图 8.15　在平衡二叉树上插入结点 25 后平衡调整示意图

小　　结

查找是数据处理中经常使用的一种运算。关于线性表的查找，本项目介绍了顺序查找、折半查找和分块查找 3 种方法。若线性表是有序表，则折半查找是一种最快的查找法。关于树表的查找算法算法，介绍了二叉排序树、平衡二叉树的方法，分别讨论了这两种树表的基本概念、插入和删除操作以及它们的查找过程。

实训：查找

1. 实训目的

(1) 进一步了解查找运算的基本概念。

(2) 了解基于线性表查找的基本思想和算法分析。

(3) 了解基于树查找的基本思想和算法分析。

2. 实训内容

从以下(1)、(2)和(3)中各选择一项内容。

(1) 建立一个线性表，对表中数据元素存放的先后次序没有任何要求。输入待查数据元素的关键字进行查找。(为了简化算法，数据元素只含一个整型量关键字字段，数据元素的其余数据部分忽略不考虑。)

(2) 查找表的存储结构为有序表，即表中记录按关键字大小顺序排列存放。输入待查数据元素的关键字进行查找。(为了简化算法，记录只含一个整型量关键字字段，记录的其余数据部分忽略不考虑。程序要求对整型量关键字数据的输入按从小到大顺序依次输入。)

(3) 编程实现二叉排序树的创建、查找、插入、输出等算法。

3. 实训准备

(1) 复习有关顺序查找、折半查找、分块查找、二叉树查找等查找算法的相关内容。

(2) 上机前，请根据题目要求画出程序流程图，并按程序流程图编写好源程序代码。

4．实训报告

1) 上交内容

(1) 源文件。

(2) 可执行文件。

(3) 系统设计过程说明文档。

2) 系统设计过程说明文档包含的内容。

(1) 系统主程序流程图及说明。

(2) 主程序中所有所用变量的说明。

(3) 所有函数说明。

(4) 调试说明(调试中遇到的问题及最终解决的方法)。

(5) 制作感想。

习 题

一、选择题

1．顺序查找法适合于存储结构为(　　)的线性表。

A．哈希存储　　B．顺序存储或链式存储
C．压缩存储　　D．索引存储

2．对长度为4的顺序表进行查找，若第一个元素的概率为1/8，第二个元素的概率为1/4，第三个元素的概率为 3/8，第四个元素的概率为 1/4，则查找任一个元素的平均查找长度为(　　)。

A．11/8　　B．7/4　　C．9/4　　D．11/4

3．若二叉排序树中的关键字互不相同，则下列说法不正确的是(　　)。

A．最小元素和最大元素一定是叶子结点
B．最大元素必无右孩子结点
C．最小元素必无左孩子结点
D．新结点总是作为叶子结点插入到二叉排序树

4．对有14个数据元素的有序表R[14](假设下标从1开始)进行折半查找，搜索到R[4] 的关键字等于给定值，此时元素比较顺序依次为(　　)。

A．R[1]，R[2]，R[3]，R[4]　　B．R[1]，R[13]，R[2]，R[3]
C．R[7]，R[3]，R[5]，R[4]　　D．R[7]，R[4]，R[2]，R[3]

5．设有一个长度为100的已排好序的表，用折半查找法进行查找，若查找不成功，至少比较(　　)次。

A．9　　B．8　　C．7　　D．6

二、填空题

1．采用分块查找法(块长为 *s*，以顺序查找确定块)查找长度为 *n* 的线性表时的平均查找长度为____________。

2．已知一个有序表为{12,18,20,25,29,32,40,62,83,90,95,98}，当折半查找值为 29 和 90 的

数据元素时，分别需要____________次和____________次比较才能查找成功；若采用顺序查找，分别需要____________次和____________次比较才能查找成功。

3．从一棵二叉排序树中查找一个元素时，若元素的值小于根结点的值，则继续向____________查找；若元素的值大于根结点的值，则继续向____________查找。

4．折半查找的存储结构仅限于____________，且元素的排列____________。

三、应用题

1．对含有 n 个互不相同元素的集合，同时找最大元素和最小元素至少需进行多少次比较？

2．构造有 12 个元素的折半查找的判定树，并求解下列问题。

(1) 各元素的查找长度最大是多少？

(2) 查找长度为 1、2、3、4 的元素各有多少？具体是哪些元素？

(3) 查找第 5 个元素依次要与哪些元素比较？

3．为什么有序的单链表不能进行折半查找？

4．设关键字集合为{1,2,3,4,5,6}，以不同序列作为输入，构造 3 棵高度为 4 的二叉排序树。

四、算法设计题

1．已知顺序表 A 的长度为 n，试写出将监视哨设在高端的顺序查找算法。

2．试写一个算法，判别给定二叉树是否为二叉排序树。设此二叉树以二叉链表作存储结构，且树中结点的关键字均不同。

项目9 内部排序

教学目标

本项目将介绍数据结构中最重要的操作排序，包括其基本概念和常见的排序方法。通过本项目的学习，应了解内部排序分类和各种内部排序算法的基本思想以及其算法的设计与实现。掌握包括插入排序、交换排序、选择排序、归并排序及基数排序等多种经典排序的运算特点，能够解决现实生活中排序的实际问题。

教学要求

知识要点	能力要求	相关知识
排序的基本概念	理解排序的定义，熟悉什么是排序	排序定义
插入排序	理解直接插入排序、折半插入排序算法的基本思想，并能应用到实际项目中	各种插入排序的算法
交换排序	理解冒泡排序与快速排序算法的基本思想，并能应用到实际项目中	各种交换排序的算法
选择排序	理解简单选择排序算法的基本思想，并能应用到实际项目中	各种选择排序的算法

引例

在项目2中提到了学生成绩管理系统，在成绩查询时为了浏览方便，往往需要利用排序算法把学生姓名、学生成绩等进行排序。在本项目中将在学生信息查询系统中加入排序功能，以此来介绍各种排序算法的相关知识。

学生成绩管理系统是学生熟悉的教学系统之一，系统在大批量的数据查询过程中，查询的结果如果不加以处理，数据将会是杂乱无章的。为了查找方便，通常希望查询出的数据是按关键字有序排列的。可以利用排序算法，来解决这个问题。

根据待排序记录的数量不同和记录所处的位置不同，可以将排序分为内部排序和外部排序两大类。本项目主要讨论内部排序的常用算法，部分算法也可推广到外部排序。

任务 9.1 理解排序

【工作任务】

在用排序方法查询学生成绩之前，先理解排序的基本概念、分类以及其算法是非常重要的。理解什么是排序以及排序的基本操作，为后面的学习奠定基础。要把学生成绩信息按用户要求查看的序列来显示，必须解决下面的问题。

(1) 排序的基本思想是什么？有哪些基本操作？

(2) 排序有哪些类型？使用时如何选择？

下面来看一个例子。表 9-1 所示为排序前学生列表，表 9-2 为根据成绩排序后学生列表。

表 9-1 排序前学生列表

学号	姓名	成绩
2009001	张三	53
2009002	李玉	67
2009003	张石	91
2009004	王平	78
2009006	黄丽	82
2009005	刘芳	45

表 9-2 根据成绩排序后学生列表

学号	姓名	成绩
2009005	刘芳	45
2009001	张三	53
2009002	李玉	67
2009004	王平	78
2009006	黄丽	82
2009003	张石	91

上面的例子中，排序前所有记录都是无序状态，可以根据学号、姓名、成绩其中任何一个或多个属性进行重新排列，最后得到一个有序的序列，这就是排序。

子任务 9.1.1 排序的基本概念

【课堂任务】理解什么是排序，为后面的学习奠定基础。

排序是计算机程序设计中的一种重要操作，它的功能是将数据元素(记录)的任意排序的一个序列重新排列成一个按关键字有序排列的序列。因此，学习和研究各种排序方法是非常重要的。

为了便于讨论，在此首先要对排序下一个确切的定义。

假设给定具有 n 个记录的序列为

$$R_1, R_2, \cdots, R_n$$

每个记录都有其相应的关键字为

$$K_1, K_2, \cdots, K_n$$

需输出

$$R_{i1}, R_{i2}, \cdots, R_{in}$$

使其相应的关键字满足如下的非递减(或非递增)关系

$$K_{i1} \leqslant K_{i2} \leqslant \cdots \leqslant K_{in} (\text{或 } K_{i1} \geqslant K_{i2} \geqslant \cdots \geqslant K_{in})$$

这样的一种操作称为排序。

上述排序定义中的关键字 K_i 可以是记录 $R_i(i=1, 2, \cdots, n)$的主关键字，也可以是次关键字，或者是若干个数据项的组合。若关键字 K_i 是主关键字，那么排序后得到的结果是唯一的；若关键字 K_i 是次关键字，由于待排序的记录序列中可能存在两个或两个以上的关键字相等的记录，那么排序后得到的结果是不唯一。假设 $K_i=K_j(1\leqslant i\leqslant n, 1\leqslant j\leqslant n, i\neq j)$，且在排序前的序列中 R_i 领先于 R_j(即 $i<j$)，而在排序后的序列中 R_i 仍领先于 R_j，则称所用的排序方法是稳定的；反之，若在排序后的序列中 R_j 领先于 R_i，则称所用的排序方法是不稳定的。无论稳定还是不稳定的排序方法，均能完成排序操作。

注意：排序方法的稳定性是针对所有输入实例而言的，即在所有可能输入实例中，只要有一个实例使得排序方法不满足稳定性要求，那么该排序方法就是不稳定的。

子任务 9.1.2　排序方法的分类

【课堂任务】熟悉排序的分类，为后面的学习奠定基础。

1. 按是否涉及数据的内、外存交换分类

根据待排序记录的数量不同和记录所处的位置不同，可以将排序分为两大类。一类是内部排序(内排序)，指的是在排序过程中整个文件都是放在内存中处理，排序时不涉及数据的内、外存交换。另一类是外部排序，指的是待排序的数据量很大，以致内存不能一次容纳全部记录，在排序过程中需要对外存进行访问。本项目主要讨论内部排序的常用方法，部分算法也可推广到外部排序。

注意：(1) 内部排序适用于记录个数不多的小文件。

(2) 外部排序适用于记录个数太多，不能一次将全部记录放入内存的大文件。

2. 按策略划分内部排序方法

如果按照排序所用的策略不同，内部排序方法通常分为以下 5 类。

(1) 插入排序。

(2) 交换排序。

(3) 选择排序。

(4) 归并排序。

(5) 基数排序。

本项目主要介绍前 3 类内排序方法。

3. 按所需工作量划分内部排序方法

如果按所需工作量不同，内部排序方法分为以下 3 类。

(1) 简单排序方法，其时间复杂度为 $O(n^2)$。

(2) 先进的排序方法，其时间复杂度为 $O(n \log n)$。

(3) 基数排序，其时间复杂度为 $O(d \times n)$。

内部排序的方法很多，就其性能而言，很难提出一种被认为最好的方法，每一种方法都有各自的优缺点，适合在不同的环境(如记录初始排列状态等环境)下使用。评价一种排序算法优劣的标准主要有两条，一条是算法的运算量；另一条是执行算法所需要的附加存储空间。而算法的运算量则主要通过关键字的比较次数和记录的移动次数来反映。本项目将利用学生成绩查询系统中的排序功能，就每一类排序方法介绍一两种典型算法。

子任务 9.1.3　排序算法分析

【课堂任务】熟悉排序算法的基本操作及其存储方式，为后面的学习奠定基础。

1. 排序算法的基本操作

大多数排序算法都有以下两种基本操作。

(1) 比较两个关键字的大小。

(2) 改变指向记录的指针或移动记录本身。

注意：第一种基本操作对大多数排序方法来说都是必要的；第二种基本操作的实现依赖于待排序记录的存储方式，但也可以通过改变记录的存储方式来予以避免。

2. 待排文件的常用存储方式

1) 以顺序表(或直接用向量)作为存储结构

待排序的一组记录存放在地址连续的一组存储单元上，似于线性表的顺序存储结构。如图 9.1 所示。它的排序过程为对记录本身进行物理重排，即通过关键字之间的比较进行判定，将记录移到合适的位置。

2) 以链表作为存储结构

一组待排序记录存放在静态链表中，记录之间的次序关系由指针指示，如图 9.2 所示。在它的排序过程中，无需移动记录，只需修改指针。通常将这类排序称为链表(或链式)排序。

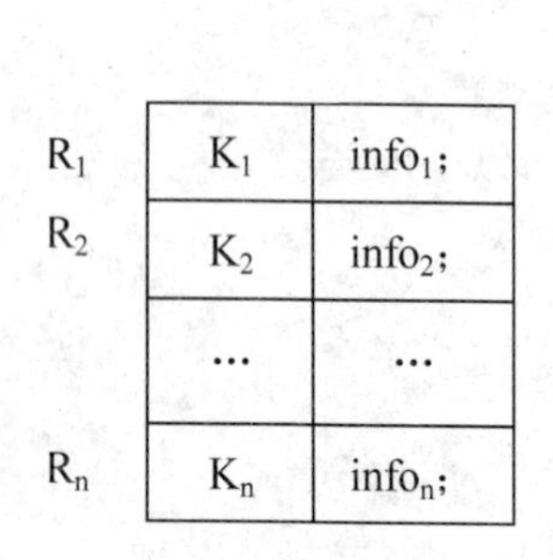

图 9.1　顺序结构

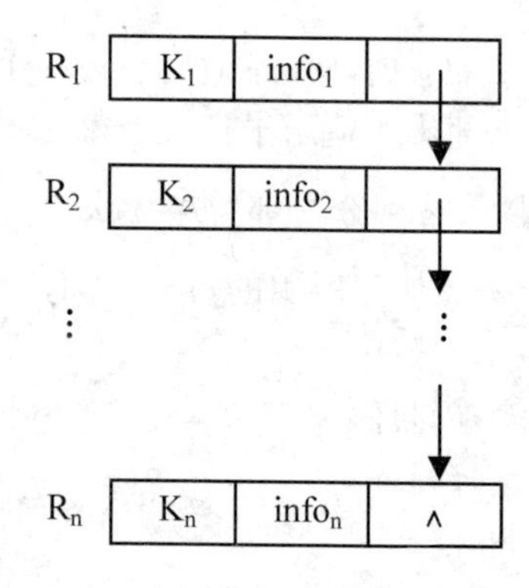

图 9.2　链式结构

3) 用顺序存储结构存储待排序的记录，但同时建立一个辅助表(例如包括关键字和指向记录地址的指针组成的缩影表)

待排序记录本身存储在一组地址连续的存储单元内，同时另外建立一个指示各个记录存储位置的辅助表，如图 9.3 所示。在它的排序过程中，只需对辅助表的表目进行物理重排(即只移动辅助表的表目，而不移动记录本身)。适用于难于在链表上实现，但仍需避免排序过程中移动记录的排序方法。

在本项目的讨论中，所采用的存储结构除特殊说明外均为第一种存储结构。且为了讨论方便，假设待排序记录的关键字均为整数。

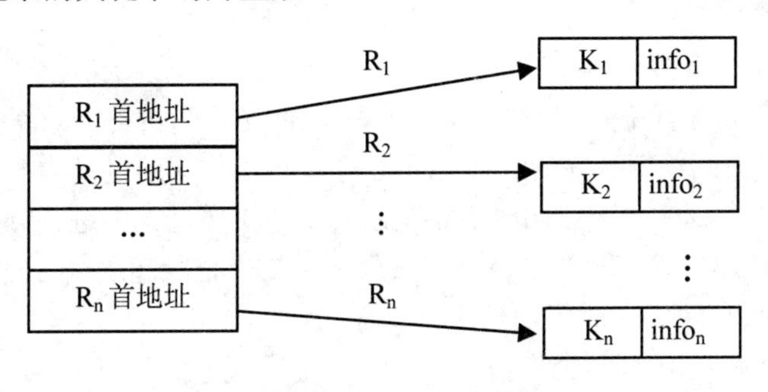

图 9.3 地址向量结构

待排序学生记录的类型设为如下代码。

```
#define MAXSIZE 100                    //线性表的最大长度
typedef int KeyType;                   //假设的关键字类型
typedef  struct {                      //记录类型
   KeyType key;                        //关键字项
   InfoType otherinfo;                 //其他数据项，类型 InfoType 依具体应用而定义
 }RecType;
typedef  struct {                      //排序表的数据类型
  RecType R[MAXSIZE+1] ;               //R[0]可用作哨兵单元或空闲
  int length;                          // 顺序表长度
} SeqList;                             //表的说明符
```

任务 9.2 学习插入排序

【工作任务】

理解了排序的概念、分类及操作后，我们仍需了解各种排序的算法及其基本思想，本任务主要熟悉插入排序。本任务将用插入排序来实现学生成绩管理系统中按照学号、姓名、成绩等关键字各记录的非递减排序。要用插入排序实现学生成绩信息的非递减排序，必须解决下面的问题。

(1) 什么是插入排序？有哪些方法？

(2) 各种插入排序的基本思想是什么？算法是什么？

(3) 学生成绩管理系统中根据各种关键字的插入排序应如何实现？

子任务 9.2.1 直接插入排序——用直接插入排序来实现按学号排序

【课堂任务】掌握直接插入排序的基本思想及算法，了解其算法的效率，利用学号对学生成绩管理系统进行排序。

1. 基本思想

直接插入排序是最简单的一种排序方法。它的基本思想是一个记录插入到已排好序的有序表中，从而得到一个新的、记录数增加 1 的有序表。假设待排序的记录存放在数组 $R[1..n]$中，初始时，R[1]自成 1 个有序区，无序区为 $R[2..n]$。从 i=2 起直至 $i=n$，依次将 $R[i]$插入当前的有序区 $R[1..i-1]$中，生成含 n 个记录的有序区。

2. 第 i 趟直接插入排序

一般情况下，第 i 趟直接插入排序的操作为在含有 i-1 个记录的有序子序列 R[1..i-1]中插入一个记录 $r[i]$后，变成含有 i 个记录的有序子序列 $r[1..i]$，为了提高效率，附加一个监视哨 $r[0]$，使得待插入的记录始终存放在 $R[0]$，也可在查找插入位置的过程中避免出界数组下标。在自 i-1 起往前搜索的过程中，可以同时后移记录。整个排序过程中进行 n-1 趟插入，即将序列中的第 1 个记录看成是一个有序的自序列，然后从第 2 个记录起逐个进行插入，直至整个序列变成按关键字非递减有序排序的序列为止。

算法中引入附加记录 $r[0]$有两个作用。

(1) 进入查找循环之前，$r[0]$保存了 $r[i]$的副本，使得不至于因记录的后移而丢失 $R[i]$中的内容。

(2) 在 while 循环监视下标变量 j 是否越界中，一旦越界(即 j<1)，$r[0]$自动控制 while 循环的结束，从而避免了在 while 循环内的每一次都要检测 j 是否越界(即省略了循环条件 j≥1)。因此，把 $r[0]$称为监视哨。

在学生成绩查询系统中用 8 个学生记录进行直接插入排序，其每条记录的关键字为学生的学号序列{23，13，45，34，16，17，26，50}如图 9.4 所示，图中{ }内为当前已排好序的学生记录子集合。

初始关键字:		{23}	13	45	34	16	17	26	50
i=2	3	{13	23}	45	34	16	17	26	50
i=3	45	{13	23	45}	34	16	17	26	50
i=4	34	{13	23	34	45}	16	17	26	50
i=5	16	{13	16	23	34	45}	17	26	50
i=6	17	{13	16	17	23	34	45}	26	50
i=7	26	{13	16	17	23	26	34	45}	50
i=8	50	{13	16	17	23	26	34	45	50}

监视哨 L. r[0]

图 9.4 直接插入排序示例

以上示例具体过程如下，有 8 个无序的学生记录，将关键字学号为 23 的学生记录看成是一个有序的子序列。第一轮排序，用第二条记录的学号 13 与第一条记录的学号 23 比较，发现 23＞13，所以将第二条记录存放到 $r[0]$，将学号为 23 这条记录后移一个位置，将 $r[0]$插入到第一条记录的位置。第二轮排序，将第三条记录存放到 $r[0]$，用第三条记录的学号 45 与前两条记录的学号 23、13 依次进行比较，发现 45＞23＞13，所以 3 条记录位置都保持不变，依此类推，直到第 8 条记录插入结束，即可实现学生记录的直接插入排序。

3. 直接插入排序算法

直接插入排序的算法如算法 9-1 所示。

算法【9-1】

```
void InsertSort(SeqList *L)            //对顺序表 L 作直接插入排序
```

```
{
  for (i=2;i<=L.length;++i)          //从第 2 条记录开始排序
     if (L.r[i].key< L.r[i-1].key)  //第 i 个记录如果小于前面的记录，则插入到适当
      {                              //的位置
      L.r[0]= L.r[i];                //暂时赋值为监视哨
      for(j=i-1; L.r[0].key< L.r[j].key;--j)
      L.r[j+1]= L.r[j];              //记录后移
      L.r[j+1]= L.r[0];              //插入到正确的位置
}
```

对学生成绩查询系统按照学号进行直接插入排序的程序段 9-1 如下。

程序段【9-1】

```
void InsertSort_num(SeqList *L)                    //按照学号排序
{
      int j,i;
    for(i=2;i<=L->length;++i)               //按照学号进行排序的循环语句
         if(L->elem[i].num<L->elem[i-1].num)
       {
          L->elem[0]=L->elem[i];
          for(j=i-1;L->elem[i].num<L->elem[j].num;--j)
          L->elem[j+1]=L->elem[j];
          L->elem[j+1]=L->elem[0];
       }
      printf("学号      姓名    性别    成绩\n");
     for(i=1;i<=L->length;i++)
     printf("%7d%10s%4s%7.0f\n",L->elem[i].num,L->elem[i].name,L->elem[i].sex,
     L->elem[i].score);
}
```

运行结果如图 9.5 所示。

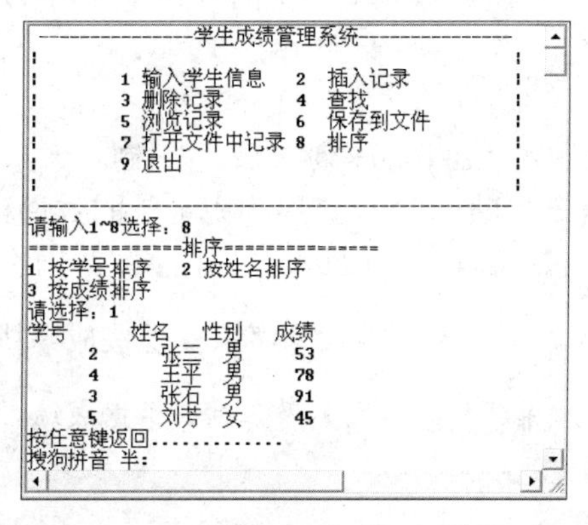

图 9.5 直接插入排序运行结果

4. 算法分析

从上面的叙述可见，直接插入排序的算法简捷，容易实现，那么它的效率如何呢？

1) 算法的时间性能分析

从时间来看，排序的基本操作为比较两个关键字的大小以及移动记录。下面先分析一趟插入排序的情况。算法 9-1 中里层的 for 循环的次数取决于待插记录的关键字与前 i-1 个记录的

关键字之间的关系。若 L.r[i].key≥L.r[i−1].key，则循环只进行一次关键字间的比较即可，而不需移动记录；若 L.r[i].key＜L.r[i−1].key，待插记录的关键字需与有序子序列 L.r[1…i−1]中第 i−1 个记录的关键字和监视哨中的关键字进行比较，并将 L.r[1…i−1]中第 i−1 个记录后移。排序性能分析见表 9-3。

表 9-3　排序性能分析

待排序列状态	正序	逆序	无序(平均)
第 i 趟的关键字比较次数	1	i+1	(i−2)/2
总关键字比较次数	n−1（即 $\sum_{i=2}^{n}1$）	(n+2)(n−1)/2(即 $\sum_{i=2}^{n}i$)	$\approx n^2/4$
第 i 趟记录移动次数	0	i+2	(i−2)/2
总的记录移动次数	0	(n+4)(n−1)/2(即 $\sum_{i=2}^{n}(i+1)$)	$\approx n^2/4$
时间复杂度	$O(n)$	$O(n^2)$	$O(n^2)$

注意：

在整个过程(进行 n−1 趟插入排序)中，待排序列中的记录按关键字非递减有序排列，称为正序。

在整个过程(进行 n−1 趟插入排序)中，待排序列中的记录按关键字非递增有序排列，称为逆序。

若待排序列中的记录是随机的，即待排序列中的记录可能出现的各种排列方式的概率相同，则可取正序和逆序最小值和最大值的平均值。

2) 算法的空间复杂度分析

算法所需的辅助空间是一个监视哨，辅助空间复杂度 $S(n)=O(1)$。

3) 直接插入排序的稳定性

直接插入排序是稳定的排序方法。

直接插入排序算法比较简单，当待排序列中记录的数量较小，且基本有序时，直接插入排序算法是一种很好的排序方法。但是通常待排序列中记录的数量较大，则不宜采用直接插入排序算法。下面将讨论如何对排序算法进行改进，尽可能地减少比较和移动这两种操作的次数。

子任务 9.2.2　折半插入排序——用折半插入排序来实现按成绩排序

【课堂任务】掌握折半插入排序的基本思想及算法，根据成绩对学生成绩管理系统进行排序。

1. 基本思想

由于插入排序的基本思想是在一个有序序列中插入一个新的记录，则从任务 8.2 中的讨论可知，可以利用折半查找查询到插入位置，由此得到的插入排序算法为折半插入排序。

2. 折半插入排序算法

折半插入排序的算法如算法 9-2 所示。

算法【9-2】

```
void BInsertSort (SeqList *L)                        // 对顺序表 L 作折半插入排序
```

```
{
    for ( i=2; i<=L.length; ++i )
    {
      L.r[0] = L.r[i];                       // 将L.r[i]暂存到L.r[0]
      low = 1;
      high = i-1;
      while (low<=high)
      {                                      // 在r[low..high]中折半查找有序插入的位置
        m = (low+high)/2;                    // 折半
        if (L.r[0].key < L.r[m].key)) high = m-1;   // 插入点在低半区
        else low = m+1;                             // 插入点在高半区
      } // while
      for ( j=i-1; j>=low; --j ) L.r[j+1] = L.r[j]; // 记录后移
      L.r[high+1] = L.r[0];                         // 插入
    }//for
} // BinsertSort
```

对学生成绩查询系统按照成绩进行折半插入排序的程序段 9-2 如下。

程序段【9-2】

```
void BInsertSort (SeqList *L)                     // 按照成绩排序
{
   int i,low,high,m,j;
   for(i=2;i<=L->length;++i)
   {  L->elem[12]=L->elem[i];
      low=1;
      high=i-1;
      while(low<=high)
      {
         m=(low+high)/2;
         if(L->elem[12].score<L->elem[m].score)
            high=m-1;
         else
            low=m+1;
      }
     for(j=i-1;j>=low;--j)
        L->elem[j+1]=L->elem[j];
     L->elem[high+1]=L->elem[12];
   }
   printf("学号      姓名    性别    成绩\n");
   for(i=1;i<=L->length;i++)
   printf("%7d%10s%4s%7.0f\n",L->elem[i].num,L->elem[i].name,L->elem[i].sex,
   L->elem[i].score);
}
```

运行结果如图 9.6 所示。

3. 算法分析

折半插入排序仅减少了关键字间的比较次数，而记录的移动次数不变，因此折半插入排序的时间复杂度仍然是 $O(n^2)$，另外，其空间复杂度为 $O(1)$。

折半插入排序也是一种稳定的排序方法。

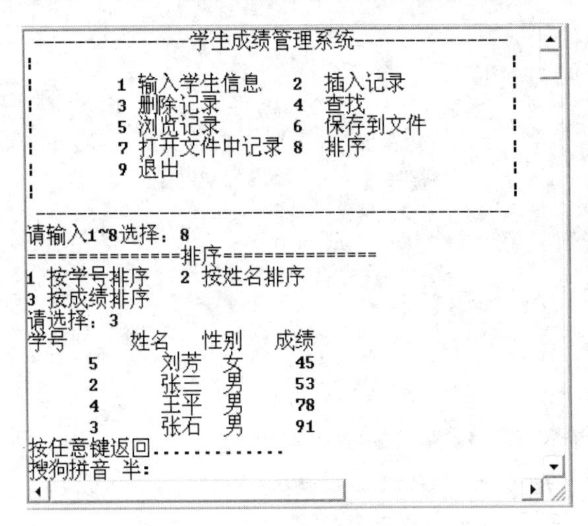

图 9.6　折半插入排序运行结果

任务 9.3　学习交换排序

【工作任务】

上任务 9.2 中已经学会了如何使用插入排序来实现学生成绩管理系统中各记录的排序运算，在本任务中将换一种交换排序的排序方式来实现。要用交换排序实现学生成绩信息的非递减排序，必须解决下面的问题。

(1) 什么是交换排序？有哪些方法？

(2) 各种交换排序的基本思想是什么？算法是什么？

(3) 学生成绩管理系统中根据各种关键字进行交换排序应如何实现？

交换排序的基本思想是两两比较待排序记录的关键字，发现两个记录的次序相反时即进行交换，直到没有反序的记录为止。应用交换排序基本思想的主要排序方法有冒泡排序和快速排序。

子任务 9.3.1　冒泡排序——使用冒泡排序来实现按姓名排序

【课堂任务】掌握冒泡排序的基本思想及算法，了解其算法的效率，利用姓名对学生成绩管理系统进行排序。

1. 基本思想

将被排序的记录数组 $R[1...n]$垂直排列，每个记录数组 $R[i]$看作是重量为 $R[i]$.key 的气泡。根据轻气泡不能在重气泡之下的原则，从下往上扫描数组 R，凡扫描到违反本原则的轻气泡时，就使其向上飘浮。如此反复进行，直到最后任何两个气泡都是轻者在上、重者在下为止。

1) 初始

$R[1...n]$为无序区。

2) 第一趟扫描

从无序区底部向上依次比较相邻两个气泡的重量，若发现轻者在下、重者在上，则交换二者的位置，即依次比较($R[n]$、$R[n-1]$)、($R[n-1]$、$R[n-2]$)、…、($R[2]$, $R[1]$)；对于每对气泡($R[j+1]$,

R[*j*])，若 *R*[*j*+1].key<*R*[*j*].key，则交换 *R*[*j*+1]和 *R*[*j*]的内容。

第一趟扫描完毕时，最轻的气泡就飘浮到该区间的顶部，即关键字最小的记录被放在最高位置 R[1]上。

3) 第二趟扫描

扫描 R[2…*n*]。扫描完毕时，次轻的气泡飘浮到 R[2]的位置上，…，最后，经过 *n*−1 趟扫描可得到有序区 R[1…*n*]。

注意：第 *i* 趟扫描时，R[1…*i*−1]和 R[*i*…*n*]分别为当前的有序区和无序区。扫描仍是从无序区底部向上直至该区顶部。扫描完毕时，该区中最轻气泡飘浮到顶部位置 *R*[*i*]上，结果是 *R*[1…*i*]变为新的有序区。

引用任务 9.2 的学生成绩排序的例子。现有 10 条学生记录，成绩分别为 53、67、91、78、82、45、73、80、69、81。利用冒泡过程如图 9.7 所示。

初始成绩	一趟排序结果	二趟排序结果	三趟排序结果	四趟排序结果	五趟排序结果	六趟排序结果	七趟排序结果
53	45	45	45	45	45	45	45
67	53	53	53	53	53	53	53
91	67	67	67	67	67	67	67
78	91	69	69	69	69	69	69
82	78	91	73	73	73	73	73
45	82	78	91	78	78	78	78
73	69	82	78	91	80	80	80
80	73	73	82	80	91	81	81
69	80	80	80	82	81	91	82
81	81	81	81	81	82	82	91

图 9.7 冒泡过程

2. 冒泡排序算法

1) 分析

因为每一趟排序都使有序区增加了一个气泡，在经过 *n*−1 趟排序之后，有序区中就有 *n*−1 个气泡，而无序区中气泡的重量总是大于等于有序区中气泡的重量，所以整个冒泡排序过程至多需要进行 *n*−1 趟排序。

若在某一趟排序中未发现气泡位置的交换，则说明待排序的无序区中所有气泡已均满足轻者在上、重者在下的原则，因此，冒泡排序过程可在此趟排序后终止。为此，在下面给出的算法中，引入一个变量 change，在每趟排序开始前，先将其置为 FALSE。若排序过程中发生了交换，则将其置为 TRUE。各趟排序结束时检查 change，若未曾发生过交换则终止算法，不再进行下一趟排序。

2) 具体算法

冒泡排序算法如算法 9-3 所示。

算法【9-3】

```
void Bubblesort (SeqList *L)
```

```
{   change=TRUE                              //设置标志，当无交换时结束排序
    for(i=1;i<=n-1 && change;++i)
     { change=FALSE;
       for (j=n;j<=2;--j)
        if(L.r[j].key<L.r[j-1].key)
        {  L.r[j] ⟷ L.r[j-1];
           change=TRUE;
        }
     }
}
```

对学生成绩查询系统按照姓名进行冒泡排序的程序段 9-3 如下。

程序段【9-3】

```
void Bubblesort (SeqList *L)               //利用冒泡排序，根据学生姓名排序
{
    int i,change,j;
    change=1;
    for(i=1;i<=L->length-1 && change;++i)
    {
       change=0;
       for (j=L->length;j>=2;--j)
       if(strcmp(L->elem[j].name,L->elem[j-1].name)<0)      //比较姓名
        {
         L->elem[12]=L->elem[j];
         L->elem[j]=L->elem[j-1];
         L->elem[j-1]=L->elem[12];
         change=1;
        }
     }
    printf("学号      姓名    性别    成绩\n");
    for(i=1;i<=L->length;i++)
    printf("%7d%10s%4s%7.0f\n",L->elem[i].num,L->elem[i].name,L->elem[i].sex,
    L->elem[i].score);
}
```

运行结果如图 9.8 所示。

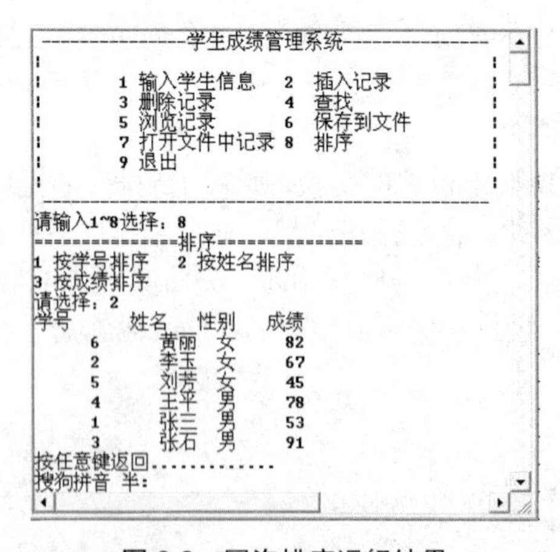

图 9.8 冒泡排序运行结果

3. 算法分析

1) 算法的最好时间复杂度

若文件的初始状态是正序的，一趟扫描即可完成排序，所需的关键字比较次数 C 和记录移动次数 M 均达到最小值。

$C_{min}=n-1$

$M_{min}=0$。

冒泡排序算法的最好时间复杂度为 $O(n)$。

2) 算法的最坏时间复杂度

若初始文件是反序的，需要进行 $n-1$ 趟排序，每趟排序要进行 $n-i$ 次关键字的比较($1\leqslant i\leqslant n-1$)，且每次比较都必须移动 3 次记录方可到达交换记录的位置。在这种情况下，比较和移动次数均达到最大值。

$$C_{max}=n(n-1)/2=O(n^2)$$

$$M_{max}=3n(n-1)/2=O(n^2)$$

冒泡排序算法最坏的时间复杂度为 $O(n^2)$。

3) 算法的平均时间复杂度为 $O(n^2)$

虽然冒泡排序不一定要进行 $n-1$ 趟，但由于它的记录移动次数较多，故平均时间性能比直接插入排序要差得多。

子任务 9.3.2 快速排序——使用快速排序来实现按姓名排序

【课堂任务】掌握快速排序的基本思想及算法，了解其算法的效率，利用姓名对学生成绩管理系统进行排序。

1. 基本思想

快速排序(Quicksort)是对冒泡排序的一种改进，由 C. A. R. Hoare 在 1962 年提出。它的基本思想是从待排序的序列中选取一个记录(通常选取第一个记录)，并设为关键字 K_1，然后将所有关键字小于 K_1 的记录都安置在 K_1 之前，将所有关键字大于 K_1 的记录都安置在 K_1 之后，由此关键字 K_1 最后所在的位置可作为分界线，将待排序序列记录分为两个子表，并将这个过程称为一趟快速排序。通过一趟划分后，关键字 K_1 前面所有的记录均不大于 K_1，后面所有的记录均不小于 K_1。然后再按此方法对这两个子表分别进行快速排序，整个排序过程可以递归进行，最终整个数据序列变成有序序列。

设要排序的序列是{L.r[s], L.r[s+1],…, L.r[t]}，首先任意选取一个记录(通常选用第一个记录 L.r[s])作为支点，然后将所有关键字比它小的记录都放到它前面，所有关键字比它大的记录都放到它后面，以支点 L.r[s]所在的位置为分界线，这时待排序序列被分割为两个子序列{L.r[s], L.r[s+1],…, L.r[i−1}和{L.r[i+1], L.r[i+2],…, L.r[t]}，这个过程称为一趟快速排序。一趟快速排序的算法如下。

(1) 若 $s\geqslant t$，则不用排序，返回，否则转到步骤(2)。

(2) 令 $i=s$、$j=t$、L.r[0]= L.r[i]。

(3) 若 L.r[j].key≥L.r[0].key 且 $i<j$，则 $j=j-1$，转到步骤(3)，否则 L.r[i]= L.r[j]，转到步骤(4)。

(4) 若 L.r[i].key≤L.r[0].key 且 $i<j$，则 $i=i+1$，转到步骤(4)，否则 L.r[j]= L.r[i]，转到步骤(5)。

(5) 重复第(3)、(4)步，直到 i=j 时，执行步骤(6)。

(6) i 为分界线的位置，L.r[i]= L.r[0]。

从学生成绩排序为例子。现有 10 条学生记录，成绩分别为 53、67、91、78、82、45、73、80、69、81。一趟快速排序过程如图 9.9(a)所示。整个排序过程可递归进行，若待排序列中只有一个记录，显然已有序，否则进行一趟快速排序后再分别对分割所得的两个子序有列进行快速排序如图 9.9 (b)所示。

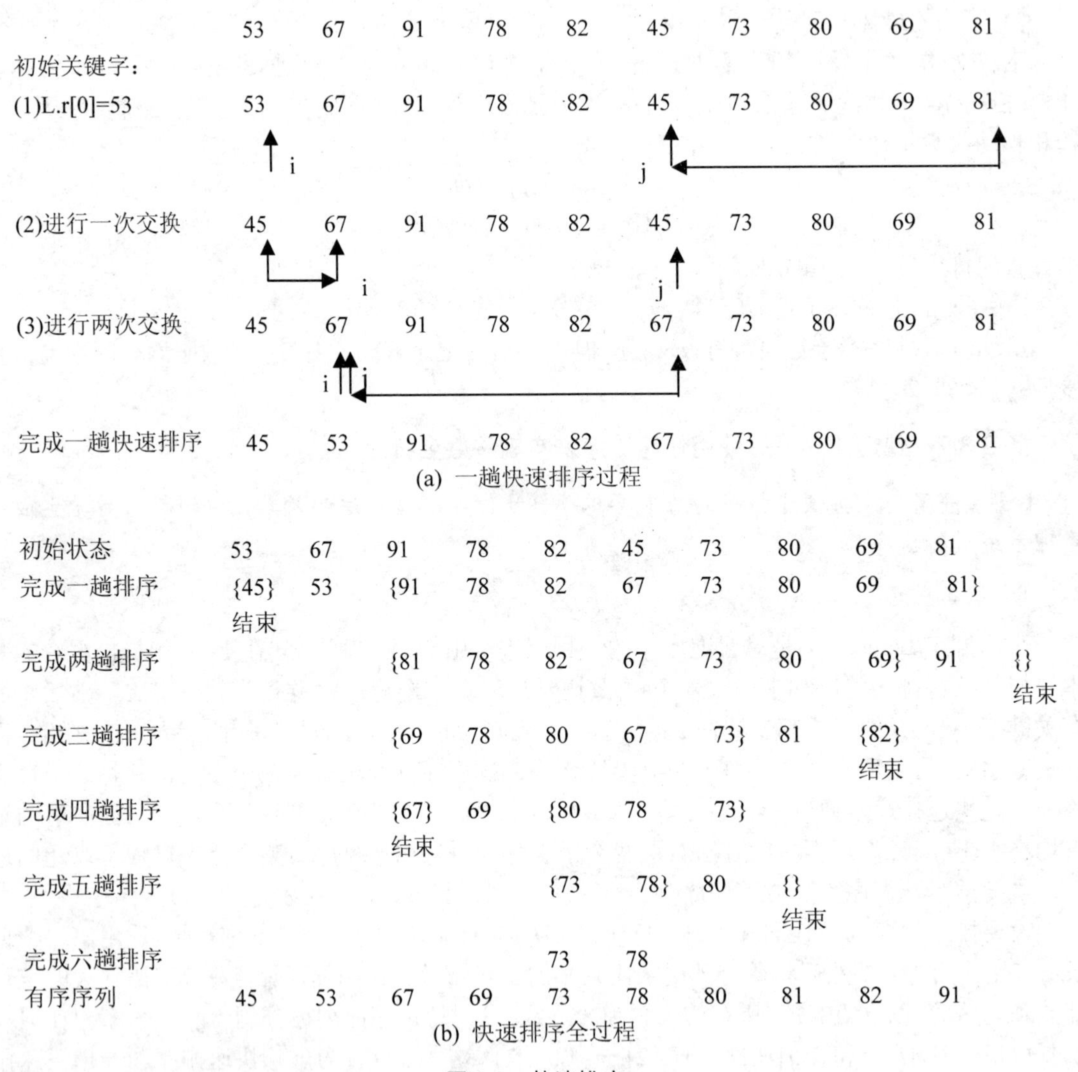

图 9.9 快速排序

2. 快速排序算法

1) 一趟快速排序的算法如算法 9-4 所示。

算法【9-4】

```
int Partition (SeqList *L,int i,int j)
{    //L 子表 L.r[i…j]的记录，以子表第一个记录为支点进行快速排序，观察排序后支点位置，此时在它
```

```
之前(后)的记录均不大于(小于)它
    while(i<j)                          //从表的两端交替向中间扫描
    {
      while(i<j && L.r[j].key>= L.r[0].key) j--;
      L.r[i]= L.r[j];                   //将比支点小的记录移到低端
      while(i<j && L.r[i].key<= L.r[0].key) i++;
      L.r[j]= L.r[i];                   //将比支点大的记录移到高端
    }
    return i;                           //返回支点位置
}
```

2) 快速排序算法如算法 9-5 所示。

算法【9-5】

```
void Quicksort (SeqList *L,int i,int j)//对顺序表 L 中 i～j 的记录进行快速排序
{
    if(i<j)
    {
      L.r[0]= L.r[i];                   //用子表的第一个记录作为支点记录
      p=Partition(L,i,j)                //用第 i 元素做支点实现一趟快速排序
      L.r[p]= L.r[0];                   //支点到位
      Quicksort(L,i,p-1)                //对以第 i 元素为支点一趟排序的前半部分进行快速排序
      Quicksort(L,p+1,j)                //对以第 i 元素为支点一趟排序的后半部分进行快速排序
    }
}
```

对学生成绩查询系统按照姓名进行快速排序的程序段 9-4 如下。

程序段【9-4】

```
int Partition (SeqList *L,int i,int j)    //一趟快速排序
{
  while(i<j)
  {
   while(i<j && strcmp(L->elem[j].name,L->elem[12].name)>=0) j--;
   L->elem[i]= L->elem[j];
   while(i<j && strcmp(L->elem[j].name,L->elem[12].name)<=0) i++;
   L->elem[j]= L->elem[i];
  }
  return i;
}

void Quicksort (SeqList *L,int i,int j)   //快速排序全过程
{
  int p;
  if(i<j)
  {
   L->elem[12]= L->elem[i];
   p=Partition(L,i,j) ;
   L->elem[p]= L->elem[12];
   Quicksort(L,i,p-1);
   Quicksort(L,p+1,j);
  }
}
```

运行结果如图 9.10 所示。

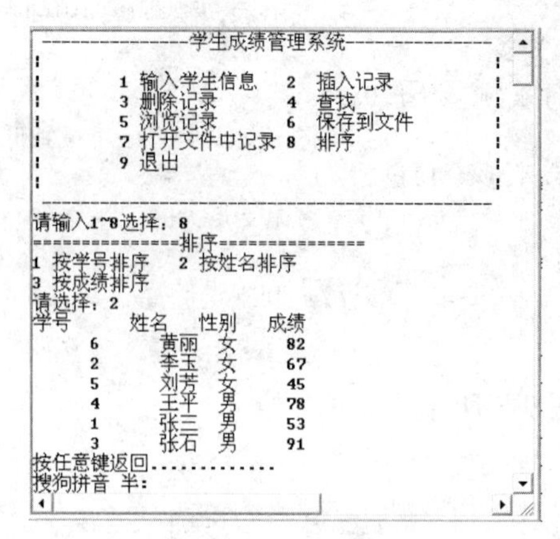

图 9.10 快捷排序结果

3. 算法分析

快速排序中第一个关键字的取法非常重要，因为如果第一个关键字的选取能够使其余的记录分成两个几乎相等的部分，就可以减少排序的执行时间。在算法 Quicksot 中是取待排序序列记录的第一个关键字，但是这种取法有可能将文件分成很不均匀的两部分，从而增加了排序时间。因此，当待排序的记录几乎有序时，可以取文件中间部分某个记录的关键字作为第一个关键字。另外一种取法是取文件的第一个、最后一个和中间一个这样两个关键字的中间值作为第一个关键字。

此外，在排序中当分割成的子文件太小而不值得再分时，可用其他方法例如直接插入排序法对这些小的子文件进行排序，这样做效果更好。

快速排序的时间主要耗费在划分操作上，对长度为 k 的区间进行划分，共需 $k-1$ 次关键字的比较。

1) 最坏时间复杂度

最坏情况是每次划分选取的支点都是当前无序区中关键字最小(或最大)的记录，划分的结果是支点左边的子区间为空(或右边的子区间为空)，而划分所得的另一个非空的子区间中记录的数目仅仅比划分前的无序区中记录个数少一个。

因此，快速排序必须做 $n-1$ 次划分，第 i 次划分开始时区间长度为 $n-i+1$，所需的比较次数为 $n-i(1\leqslant i\leqslant n-1)$，故总的比较次数达到最大值。

$$C_{\max}=n(n-1)/2=O(n^2)$$

2) 最好时间复杂度

在最好情况下，每次将序列一分两半，划分的结果是支点的左、右两个无序子区间的长度大致相等，总的关键字比较次数：

$$O(n\lg n)$$

3) 平均时间复杂度

尽管快速排序的最坏时间为 $O(n^2)$，但就平均性能而言，它是基于关键字比较的内部排序算法中速度最快的，快速排序亦因此得名，它的平均时间复杂度为 $O(n\lg n)$。

4) 空间复杂度

快速排序在系统内部需要一个栈来实现递归。若每次划分较为均匀，则其递归树的高度为

$O(\lg n)$，故递归后需要的栈空间为 $O(\lg n)$。最坏情况下，递归树的高度为 $O(n)$，所需的栈空间为 $O(n)$。

任务9.4 学习选择排序

【工作任务】

上任务9.3中已经学会了如何使用交换排序来实现学生成绩管理系统中各记录的排序，在本任务中将以一种选择排序的排序方式来实现。要用选择排序实现学生成绩信息的非递减排序，必须解决下面的问题。

(1) 什么是选择排序？有哪些方法？

(2) 各种选择排序的基本思想是什么？算法是什么？

(3) 学生成绩管理系统中根据各种关键字进行选择排序应如何实现？

选择排序的基本思想是每一趟从待排序序例的记录中选出关键字最小的记录，顺序放在已排好序序列的最后，直到全部记录排序完毕。

子任务9.4.1 简单选择排序——使用简单选择排序来实现按学号排序

【课堂任务】掌握简单选择排序的基本思想及算法，了解其算法的效率，利用学号对学生成绩管理系统进行排序。

1. 基本思想

对于一组关键字$\{K_1,K_2,\cdots,K_n\}$，首先从$K_1,K_2,\cdots,K_n$中选择最小值，假如它是K_z，则将K_z与K_1对换，然后从K_2，K_3，…，K_n中选择最小值K_z，再将K_z与K_2对换，如此进行选择和调换$n-2$趟。第$(n-1)$趟，从K_{n-1}、K_n中选择最小值K_z，将K_z与K_{n-1}对换，最后剩下的就是该序列中的最大值，便形成一个由小到大的有序序列。

引用学生成绩查询系统中用8个学生记录进行简单选择排序，其每条记录的关键字为学生的学号{23，13，45，34，16，17，26，50}，利用简单选择排序过程如图9.11所示。

关键字下标	[1]	[2]	[3]	[4]	[5]	[6]	[7]	[8]
初始关键字	23	13	45	34	16	17	26	50
最小关键字下标 k=[2]	13	23	45	34	16	17	26	50
最小关键字下标 k=[5]	13	16	45	34	23	17	26	50
最小关键字下标 k=[6]	13	16	17	34	23	45	26	50
最小关键字下标 k=[5]	13	16	17	23	34	45	26	50
最小关键字下标 k=[7]	13	16	17	23	26	45	34	50
最小关键字下标 k=[7]	13	16	17	23	26	34	45	50
最小关键字下标 k=[7]	13	16	17	23	26	34	45	50
最终有序序列	13	16	17	23	26	34	45	50

图9.11 简单选择排序过程

2. 简单选择排序算法

简单选择排序算法如算法9-6所示。

算法【9-6】

```
void Selectsort (SeqList *L)
{
   for(i=1;i<L.length;++i)
   {
      k=i;                                 //k 中记录最小关键字的下标，初值为 i
      for(j=i+1;j<L.length;++j)
       if(L.r[k].key>L.r[j].key)  k=j; //条件成立，则 j 中关键字更小
       if(k!=i) L.r[k] ⟷ L.r[i];
   }
}
```

对学生成绩查询系统按照学号进行简单选择排序的程序段 9-5 如下。

程序段【9-5】

```
void Selectsort  (SeqList *L)                      //简单选择排序
{
   int k,i,j;
   for(i=1;i<L->length;++i)
   {
   k=i;                                             //k 中记录最小关键字的下标，初值为 i
     for(j=i+1;j<L->length;++j)
       if(L->elem[k].num>L->elem[j].num)  k=j; //条件成立，则 j 中关键字更小
       if(k!=i)
       {
          L->elem[0]=L->elem[k];
          L->elem[k]=L->elem[i];
          L->elem[i]=L->elem[0];
       }
    }
    printf("学号       姓名    性别    成绩\n");
    for(i=1;i<=L->length;i++)
    printf("%7d%10s%4s%7.0f\n",L->elem[i].num,L->elem[i].name,L->elem[i].sex,
    L->elem[i].score);
}
```

运行结果如图 9.12 所示。

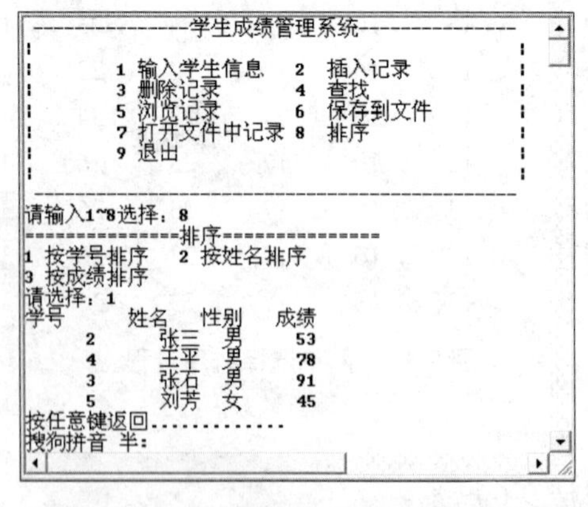

图 9.12　简单选择排序算法运行结果

3. 算法分析

1) 关键字比较次数

无论待排序列序列初始状态如何，在第 i 趟排序中选出最小关键字的记录，需做 $n-i$ 次比较，因此，总的比较次数为：

$$n(n-1)/2=O(n^2)$$

2) 记录的移动次数

当初始序列为正序时，移动次数为 0。

序列初态为反序时，每趟排序均要执行交换操作，总的移动次数取最大值 $3(n-1)$。

直接选择排序的平均时间复杂度为 $O(n^2)$。

3) 直接选择排序是一个就地排序

4) 稳定性分析

直接选择排序是不稳定的。

任务 9.5　学生成绩管理系统排序案例

【课堂任务】利用各种排序方法实现学生成绩管理系统的排序功能。

1. 案例说明

设计一个学生成绩管理系统，要求可以根据其中学号、姓名、成绩等关键字进行排序。

2. 案例目的

(1) 了解排序在数据处理中的重要性，了解排序方法稳定性的含义，了解排序方法的分类及算法好坏的评判标准。

(2) 掌握直接插入排序的基本思想和算法实现，以及在最好、最坏和平均情况下的时间复杂度的性能分析，了解直接插入排序中哨兵的作用。

(3) 掌握冒泡排序的基本思想和算法实现，以及在最好、最坏和平均情况下的时间复杂度的性能分析，了解算法的稳定性。

(4) 掌握快速排序的基本思想和算法实现，以及在最好、最坏和平均情况下的时间复杂度的性能分析，了解算法的稳定性。

(5) 能够针对给定的输入实例，写出直接插入排序、冒泡排序、快速排序的排序过程。

3. 源代码说明

```
#define MAXSIZE 100
#include "string.h"
#include "stdio.h"
#define MAXSIZE 100
#include "string.h"
#include "stdio.h"

typedef struct
{  long int num;
   char name[10];
   char sex[3];
```

```
  float score;
}ElemType;

typedef  struct
{  ElemType  elem[MAXSIZE];
   int length;                          /*  线性表长度  */
} SeqList;

int  Insert_SeqList(SeqList *L,int i,ElemType  x)
{
    int j;
    if (L->length==MAXSIZE-1)
    {printf("表满"); return -1; }
    if (i<1 || i>L->length+1)
                                   /*检查插入位置的正确性 */
     {printf("位置错"); return 0  ; }
     for ( j=L->length;j>=i;j--)
          L->elem[j+1]=L->elem[j];
          L->elem[i]=x;
          L->length++;
  return 1;                        /* 插入成功，返回 */
}

int  Delete_SeqList(SeqList *L, int i)
{
    int  j;
    if(i<1 || i>L->length)
{
        printf ("不存在第 i 个元素");
        return -1 ;
    }
    for(j=i;j<=L->length-1; j++)
        L->elem[j]=L->elem[j+1];
        L->length--; return  1 ;
 }

int Location_SeqList_num(SeqList *L, int x)
{
    int  i=1;
    while(i<=L->length && L->elem[i].num!=x) i++;
      if (i>L->length)
        return -1;                 /*查找失败*/
    else
        return i;                  /* 返回 x 的存储位置 */
}

void InsertSort(SeqList *L)       /*按照学号进行排序*/
{
    int j,i;
    for(i=2;i<=L->length;++i)     /*按照学号进行排序的循环语句*/
        if(L->elem[i].num<L->elem[i-1].num)
      {
```

```
        L->elem[12]=L->elem[i];
        for(j=i-1;L->elem[i].num<L->elem[j].num;--j)
                L->elem[j+1]=L->elem[j];
        L->elem[j+1]=L->elem[12];
      }
    printf("学号      姓名    性别    成绩\n");
    for(i=1;i<=L->length;i++)
      printf("%7d%10s%4s%7.0f\n",L->elem[i].num,
          L->elem[i].name,L->elem[i].sex,L->elem[i].score);
}

void BInsertSort (SeqList *L)                    /*按照成绩进行排序 */
{
    int i,low,high,m,j;
    for(i=2;i<=L->length;++i)
    {
       L->elem[12]=L->elem[i];
       low=1;
       high=i-1;
       while(low<=high)
       {
          m=(low+high)/2;
          if(L->elem[12].score<L->elem[m].score)
             high=m-1;
          else
             low=m+1;
       }
        for(j=i-1;j>=low;--j)
          L->elem[j+1]=L->elem[j];
          L->elem[high+1]=L->elem[12];
    }
    printf("学号      姓名    性别    成绩\n");
    for(i=1;i<=L->length;i++)
       printf("%7d%10s%4s%7.0f\n",L->elem[i].num,
            L->elem[i].name,L->elem[i].sex,L->elem[i].score);
}
void Bubblesort (SeqList *L)                    /*按姓名排序，冒泡排序*/
{
   int i,change,j;
   change=1;
   for(i=1;i<=L->length-1 && change;++i)
   {
     change=0;
     for (j=L->length;j>=2;--j)
     if(strcmp(L->elem[j].name,L->elem[j-1].name)<0)
     {
       L->elem[12]=L->elem[j];
      L->elem[j]=L->elem[j-1];
      L->elem[j-1]=L->elem[12];
      change=1;
     }
   }
```

```
   printf("学号      姓名    性别    成绩\n");
   for(i=1;i<=L->length;i++)
      printf("%7d%10s%4s%7.0f\n",L->elem[i].num,
          L->elem[i].name,L->elem[i].sex,L->elem[i].score);
}

void Selectsort  (SeqList *L)             /*按学号排序，简单选择排序*/
{
   int k,i,j;
   for(i=1;i<L->length;++i)
{
       k=i;                               /*k 中记录最小关键字的下标，初值为 i */
       for(j=i+1;j<L->length;++j)
          if(L->elem[k].num>L->elem[j].num)  k=j;/*条件成立则 j 中关键字更小*/
       if(k!=i)
        {
           L->elem[0]=L->elem[k];
           L->elem[k]=L->elem[i];
           L->elem[i]=L->elem[0];
        }
     }
   printf("学号      姓名    性别    成绩\n");
   for(i=1;i<=L->length;i++)
      printf("%7d%10s%4s%7.0f\n",L->elem[i].num,
            L->elem[i].name,L->elem[i].sex,L->elem[i].score);
}

void Location_SeqList_name(SeqList *L, char *x)
{  int i=1;
   int a[MAXSIZE],n=0;
    while(i<=L->length)
    { if(strcmp(L->elem[i].name,x)==0)
       {a[n]=i;n++;}
          i++;
    }
   if (n==0)
      printf("没找到! "); /*查找失败*/
    else
    {   printf("共查找到%d 条记录\n",n);
        printf("学号      姓名    性别    成绩\n");
   for(i=0;i<n;i++)
    printf("%7d%10s%4s%7.0f\n",L->elem[a[i]].num,
          L->elem[a[i]].name,L->elem[a[i]].sex,L->elem[a[i]].score);
    }
 }

void Location_SeqList_sex(SeqList *L, char *x)
{  int i=1;
   int a[MAXSIZE],n=0;
   while(i<=L->length)
     { if(strcmp(L->elem[i].sex,x)==0)
        {a[n]=i;n++;}
```

```
        i++;
    }
   if (n==0)
      printf("没找到! "); /*查找失败*/
    else
    {  printf("共查找到%d条记录\n",n);
       printf("学号       姓名    性别    成绩\n");
   for(i=0;i<n;i++)
    printf("%7d%10s%4s%7.0f\n",L->elem[a[i]].num,
       L->elem[a[i]].name,L->elem[a[i]].sex,L->elem[a[i]].score);
    }
}

void Location_SeqList_score(SeqList *L, float x)
{  int i=1;
   int a[MAXSIZE],n=0;
    while(i<=L->length)
    {
       if(L->elem[i].score==x)
       { a[n]=i;n++;}
         i++;
    }
   if (n==0)
      printf("没找到! "); /*查找失败*/
         else
         {   printf("共查找到%d条记录\n",n);
             printf("学号       姓名    性别    成绩\n");
         for(i=0;i<n;i++)
           printf("%7d%10s%4s%7.0f\n",L->elem[a[i]].num,
                L->elem[a[i]].name,L->elem[a[i]].sex,L->elem[a[i]].score);
         }
   }
void writef(SeqList *L)                       /*写文件  */
{
    FILE *fp;
    char outfile[10];
    int n=0;
    printf("请输入要保存的路径及文件名(例如c:\\stus.txt):");
    scanf("%s",outfile);
    if((fp=fopen(outfile,"wb"))==NULL)
    { printf("\n\t\t无法打开!\n");
       exit(0);
    }
    printf("请输入学号，姓名，性别，成绩: ");
    do{
    n++;
    fwrite(&L->elem[n],sizeof(L->elem[1]),1,fp);
    }while(L->elem[n].num!=0);
    L->length=--n;
    fclose(fp);
      printf("Saving file.....\n");
      printf("======================保存成功! ==================\n");
```

```
}

void readf(SeqList *L)          /*读文件*/
{    FILE *fp;
     char outfile[10];
     int i=1;
     fflush(stdin);
     printf("请输入要打开的路径及文件名(例如 c:\\stus.txt):");
     scanf("%s",outfile);
     if((fp=fopen(outfile,"rb+"))==NULL){
     printf("no!");
     }
      printf("=====================out===================\n");
      printf("  学号     姓名   性别    成绩\n");
      fread(&L->elem[i],sizeof(L->elem[1]),1,fp);
while(L->elem[i].num!=0)
     {
        printf("%7d%10s%4s%7.0f\n",L->elem[i].num,
               L->elem[i].name,L->elem[i].sex,L->elem[i].score);
       i++;
        fread(&L->elem[i],sizeof(L->elem[1]),1,fp);
     }
}

main()
{
ElemType  x;/*插入的记录 */
   int deltnum,delt; /*删除序号   */
   SeqList L;
   int i,sys_n,n=0,locnum,findnum,sea_n,ins;
   float locscore;
   char locname[10],locsex[3];
   int insplace;
a:
   system("cls");
   printf(" -------------学生成绩管理系统------------- \n");
   printf("|                                           |\n");
   printf("|       1 输入学生信息   2  插入记录         | \n");
   printf("|       3 删除记录       4  查找             |\n");
   printf("|       5 浏览记录       6  保存到文件       | \n");
   printf("|       7 打开文件中记录 8  排序             | \n");
   printf("|       9 退出                               | \n");
   printf("|                                           |\n");
   printf(" ------------------------------------------\n");
   printf("请输入 1~8 选择: ");
   scanf("%d",&sys_n);
   switch (sys_n)
     {
    case 1:
       printf("===============输入===============\n");
       printf("请输入学号，姓名，性别，成绩:(输入学号为 0 结束)\n");
       do{
```

```
    n++;
    scanf("%d%s%s%f",&L.elem[n].num,
          L.elem[n].name,L.elem[n].sex,&L.elem[n].score);
    }while(L.elem[n].num!=0);
    L.length=--n;
    printf("按任意键返回.............\n");
    getchar(); getchar();
    goto a;
 case 2:
    printf("===================插入记录===================\n");
    printf("学号：");
    scanf("%d",&x.num);
    printf("姓名：");
    scanf("%s",x.name);
    printf("性别：");
    scanf("%s",x.sex);
    printf("成绩：");
    scanf("%f",&x.score);
    printf("插入位置：");
    scanf("%d",&insplace);
    ins=Insert_SeqList(&L,insplace,x);   /*函数插入记录*/
    printf("===================插入后===================\n");
    printf("学号      姓名    性别    成绩\n");
     for(i=1;i<=L.length;i++)
    printf("%7d%10s%4s%7.0f\n",L.elem[i].num,
          L.elem[i].name,L.elem[i].sex,L.elem[i].score);
    printf("按任意键返回.............\n");
    getchar(); getchar();
     goto a;
 case 3:
    printf("===================删除=====================\n");
    printf("请输入删除第几条记录：");
    scanf("%d",&deltnum);
    delt=Delete_SeqList(&L,deltnum);
    if(delt)
    {  printf("===================显示删除后=====================\n");
       printf("  学号      姓名    性别    成绩\n");
       for(i=1;i<=L.length;i++)
            printf("%7d%10s%4s%7.0f\n",L.elem[i].num,
       L.elem[i].name,L.elem[i].sex,L.elem[i].score);
    }
    else  printf("删除不成功！");
    printf("按任意键返回.............\n");
    getchar(); getchar();
    goto a;
case 4:
    printf("===============查找===============\n");
    printf("1 按学号查找   2 按姓名查找 \n");
    printf("3 按性别查找   4 按成绩查找 \n 请选择：");
    scanf("%d",&sea_n);
    switch (sea_n)
    {
```

```
        case 1:
              printf("请输入要查找的学生学号：");
              scanf("%d",&locnum);
              findnum=Location_SeqList_num(&L,locnum);
              if(findnum>=1)
              {
              printf("学号      姓名    性别    成绩\n");
              printf("%7d%10s%4s%7.0f\n",L.elem[findnum].num,
                L.elem[findnum].name,L.elem[findnum].sex,L.elem[findnum].score);
              }
              else  printf("没找到！");
                break;
        case 2:
               printf("请输入要查找的学生姓名：");
               scanf("%s",locname);
               Location_SeqList_name(&L,locname);
               break;
        case 3:
                printf("请输入要查找的学生性别：");
                scanf("%s",locsex);
                Location_SeqList_name(&L,locsex);
               break;
       case 4:
                printf("请输入要查找的学生成绩：");
                scanf("%f",&locscore);
                Location_SeqList_score(&L,locscore);
                break;
       }
      printf("按任意键返回……\n");
      getchar(); getchar();
      goto a;
  case 5:
      printf("  学号      姓名    性别    成绩\n");
      for(i=1;i<=L.length;i++)
      printf("%7d%10s%4s%7.0f\n",L.elem[i].num,
      L.elem[i].name,L.elem[i].sex,L.elem[i].score);
       printf("按任意键返回……\n");
      getchar(); getchar();
      goto a;
case 6:
      writef(&L);
      printf("按任意键返回……\n");
      getchar(); getchar();
      goto a;
   case 7:
      readf(&L);
      printf("按任意键返回……\n");
      getchar(); getchar();
      goto a;
   case 8:
      printf("==============排序===============\n");
      printf("1 按学号排序   2 按姓名排序 \n");
```

```
    printf("3 按成绩排序        \n 请选择: ");
    scanf("%d",&sea_n);
    switch (sea_n)
    {
     case 1:
            Selectsort(&L);
            printf("按任意键返回……\n");
            getchar(); getchar();
            goto a;
            break;
     case 2:
            Bubblesort (&L);
            printf("按任意键返回……\n");
            getchar(); getchar();
            goto a;
            break;
     case 3:
            BInsertSort(&L);
            printf("按任意键返回……\n");
            getchar(); getchar();
            goto a;
            break;
     case 4:
            printf("请输入要查找的学生成绩: ");
            scanf("%f",&locscore);
            Location_SeqList_score(&L,locscore);
            break;
    }
    printf("按任意键返回……\n");
    getchar(); getchar();
    goto a;
  case 9:
     exit(0);
  }
}
```

4. 运行结果

运行结果如图9.13所示。

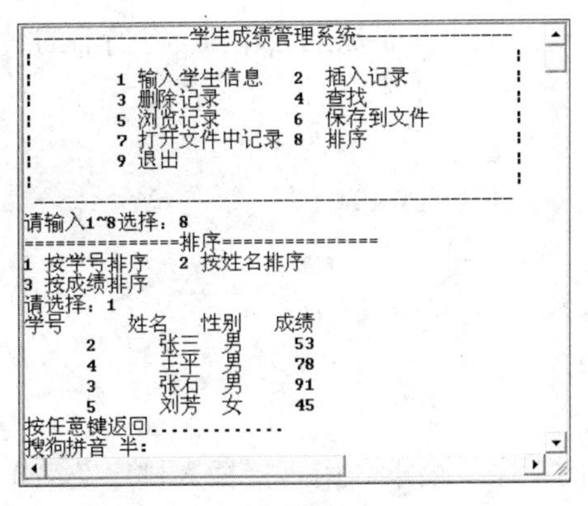

图9.13　综合排序运行结果

小　　结

本项目主要介绍了插入排序、交换排序、选择排序这 3 类内部排序方法的基本思想、排序过程、算法实现、时间和空间性能的分析以及各种排序方法的比较和选择。每一种排序方法各有特点，没有哪一种方法是绝对最优的。实际应用中应根据具体情况选择合适的排序方法，也可以将多种方法结合起来使用。

实训：排序

1. 实训目的

(1) 进一步了解各种排序的基本概念。

(2) 掌握插入排序的基本思路和实现方法。

(3) 掌握交换排序的基本思路和实现方法。

(4) 掌握选择排序的基本思路和实现方法。

2. 实训内容

(1) 设计一个算法，对一组关键字序列实现双向起泡排序，要求输出每一趟排序后的排序结果。例如，关键字序列为{42,38,65,97,76,13,27,49}，程序运行结果如图 9.14 所示。

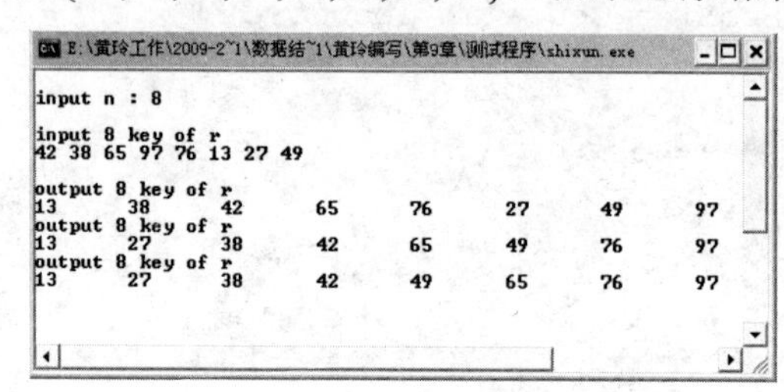

图 9.14　双向起泡排序运行结果

【技术要点】

双向起泡排序的第 i 趟起泡时，分别从序列的两端开始，逐个比较相邻元素，找出当前的最小元素及最大元素，将当前的最小元素放到 $r[i]$中，将当前的最大元素放到 $r[N-i]$中。

测试数据：

输入关键字个数：8

输入关键字：42 38　65 97 76 13 27 49

程序输出如下：

13 38 42 65 76　27 49 97

13 27 38 42 65　49 76 97

13 27 38 42 49　65 76 97

(2) 修改实训内容 1 中的程序。要求利用直接插入排序及简单选择排序实现。

3. 实训准备

(1) 复习插入排序、交换排序、选择排序等相关内容。

(2) 上机前，请根据题目要求画出程序流程图，并按程序流程图编写好源程序。

4. 实训报告

1) 上交内容。

(1) 源文件。

(2) 可执行文件。

(3) 系统设计过程说明文档。

2) 系统设计过程说明文档包含的内容。

(1) 系统主程序流程图及说明。

(2) 主程序中所有所用变量的说明。

(3) 所有函数说明。

(4) 调试说明(调试中遇到的问题及最终解决的方法)。

(5) 制作感想。

习　题

一、选择题

1．从未排序的序列中依次取出一个元素与已排序序列中的元素依次进行比较，然后将其放在排序序列的合适位置，该排序方法称为(　　)排序法。

A．插入　　B．选择　　C．快速　　D．希尔

2．快速排序方法在(　　)情况下最不利于发挥其长处。

A．要排序的数量太大　　B．要排序的数据中含有多个相同值

C．要排序的数据已基本有序　　D．要排序的数据个数为奇数

3．一组记录的关键字为{46，79，56，38，40，84}，则利用快速排序的方法，以第一个记录为基准得到的一次划分结果为(　　)。

A．38,40,46,56,79,84　　B．40,38,46,79,56,84

C．40,38,46,56,79,84　　D．40,38,46,84,56,79

4．对一组数据{84，47，25，15，21}排序，数据的排列次序在排序的过程中的变化为(　　)

A．84,47,25,15,21

B．15,47,25,84,21

C．15,21,25,84,47

D．15,21,25,47,84

5．若用冒泡排序方法对序列{10,14,26,29,41,52}从大到小排序，需进行(　　)次比较。

A．3　　B．10　　C. 15　　D．25

二、填空题

1．若待排序的序列中存在多个记录具有相同的键值，经过排序，这些记录的相对次序仍然保持不变，则称这种排序方法是________的，否则称为________的。

2．按照排序过程涉及的存储设备的不同，排序可分为________。

三、应用题

1．已知一组记录为{46,74,53,14,26,38,86,65,27,34}，给出采用直接插入排序法进行排序时每一趟的排序结果。

2．已知一组记录为{46,74,53,14,26,38,86,65,27,34}，给出采用冒泡排序法进行排序时每一趟的排序结果。

3．已知一组记录为{46,74,53,14,26,38,86,65,27,34}，给出采用快速排序法进行排序时每一趟的排序结果。

4．已知一组记录为(46,74,53,14,26,38,86,65,27,34)，给出采用简单选择排序法进行排序时每一趟的排序结果。

四、算法设计题

1．编写一个双向起泡的排序算法，即相邻两趟向相反方向起泡。

2．设计一个链表表示的直接选择排序算法。

课 程 设 计

数据结构课程设计实施方案

1. 教学目的

课程设计是课程教学中的一项重要内容，是完成教学计划达到教学目标的重要环节，也是教学计划中综合性较强的实践教学环节，它对帮助学生全面牢固地掌握课堂教学内容、培养学生的实践和实际动手能力、提高学生全面素质具有重要的意义。数据结构是计算机软件的一门基础课程，计算机科学各领域及有关的应用软件都要用到各种类型的数据结构，学好数据结构对掌握实际编程能力很有帮助。为了学好数据结构，必须掌握编写一些在特定数据结构上的算法，并通过上机调试，更好地掌握各种数据结构及其特点，数据结构课程设计正是根据这种需要而设置的。

本课程设计应达到以下教学目的。

(1) 使学生对于数据结构基本理论和存储结构及算法设计有更加深入的理解。

(2) 提高学生在实际设计操作中系统分析、结构确定、算法选择、数学建模和信息加工的能力。

(3) 提高学生的C语言程序设计能力。

2. 设计内容

本课程设计要求学生完成典型问题的数据结构确立和程序实现。

(1) 学生根据自己的掌握情况，制作两个设计题目，部分作品可两人共同完成。

(2) 根据确定的主题进行分析，确定采用的存储结构，并复习掌握相关知识。

(3) 设计整体结构，确定算法流程，实现算法程序。

(4) 测试完成的程序。

(5) 写出课程设计报告。

(6) 按要求完成课程设计答辩。

3. 设计与答辩要求

(1) 整个课程设计的各个环节都要求学生自己动手独立完成。

(2) 确定的数据结构应符合题意、简捷适用。

(3) 画出流程图，写出算法要点。

(4) 完成程序编译测试。

(5) 对课程设计进行总结，撰写一份课程设计报告。

(6) 作好答辩前的准备(作好PPT讲稿，准备好软件演示)，按指定时间进行答辩，答辩时间为每人讲解、演示10分钟，提问5分钟(3个问题)。

4. 课程设计报告(文档)

课程设计报告是课程设计工作的总结和提高，课程设计报告应该反映出作者在课程设计过程中所做的主要工作及取得的主要成果，以及作者在课程设计过程中的心得体会。

1) 课程设计报告主要内容

课程设计报告的写作方法是多种多样的，并没有一个固定的格式，对于本课程设计，要求包括以下几个主要部分。

(1) 前言，进行问题描述、算法输入、算法输出。

(2) 算法要点描述与实现思想。

(3) 数据结构确定和数据类型 ADT 定义。

(4) 主要算法程序框图、各算法程序清单。

(5) 测试数据及结果分析(含时间、空间复杂度分析)。

(6) 设计体会，存在的问题及对问题的分析。

2) 课程设计报告编写基本要求

(1) 每个学生必须独立完成课程设计报告。

(2) 课程设计报告书写规范、文字通顺、图表清晰、数据完整、结论明确。

(3) 课程设计报告后应附参考文献，附录为带注释的源程序。

(4) 要求打印文档、有关程序清单，并装订成册。

(5) 要求一级标题宋体 3 号字(加粗)，二级标题宋体 4 号字，其他下级标题和正文宋体 5 号字，页注等楷体 6 号字。

(6) 报告有封面(包含题目、班级、学号、姓名、完成日期、指导教师)、有目录、有正文、有参考文献。

5. 课程设计的检查考核

(1) 作品(70 分)。

(2) 文档(30 分)。

附：作品评分标准。

(1) 算法思想(30%)。

(2) 界面(不少于 20 个页面)布局合理，整体效果美观(10%)。

(3) 技术含量(30%)。

(4) 创新点(10%)。

(5) 实用性(10%)。

(6) 其他(10%)。

软件设计开发流程

1. 分析问题

2. 概要设计

从软件需求规格说明出发，将设计对象用数据流或数据结构表示为抽象的实体，即结构清晰、层次分明的模块组合，并定义实体与外部环境的接口(不涉及模块内部细节)。

3. 详细设计

对模块过程进行描述，应避免歧义性，为编码提供充足信息。

4. 编码

采用一种合适的程序设计语言，按设计说明编写程序代码。

5. 测试

设计测试用例，对软件进行测试。

6. 总结

7. 编写设计报告

课程设计选题

1. 飞机票订票和退票系统

假设某民航机场有 m 个航次的班机，每个航次都只到达一个目的地，试为该机场售票处设计一个自动订票和退票系统。

2. 家谱管理系统设计与实现

家谱用于记录某家族历代家族成员的情况与关系。本课程设计要求设计并实现一个计算机软件，支持对家谱的存储、更新、查询、统计等操作。

3. 停车场管理

设停车场内只有一个可停放几辆汽车的狭长通道，且只有一个大门可供汽车进出。汽车在停车场内按车辆到达时的先后顺序排放，并依次由北向南排列(大门在最南端，最先到达的第一辆车停放在车场的最北端)，若车场内已停满几辆汽车，则后来的汽车只能在门外的便道上等候，一旦停车场内有车开走，则排在便道上的第一辆车即可开入。当停车场内某辆车要离开时，由于停车场是狭长的通道，在它之后开入车场的车辆必须先退出车场为它让路，待该辆车开出大门外后，为它让路的车辆再按原次序进入车场。在这里假设汽车不能从便道上开走。试设计一个停车场管理程序。

4. 运动会分数统计

参加运动会有 n 个学校，学校编号为 1，…，n。比赛分成 m 个男子项目和 w 个女子项目。项目编号为男子 1，…，m，女子 m+1，…，m+w。不同的项目取前五名或前三名积分；取前五名的积分分别为 7、5、3、2、1，前三名的积分分别为 5、3、2；哪些取前五名或前三名由学生自己设定，($m \leqslant 20$，$n \leqslant 20$)。

5. 文章编辑

输入一页文字，程序可以统计出文字、数字、空格的个数

6. 汽车过渡问题

一渡口，每条渡轮一次能装载 6 辆汽车过江，车辆分为客车、鲜货车和普通货车 3 类，规定如下，①同类汽车先到的先上船；②上船的优先级为客车优先于鲜货车、鲜货车优先于普通货车；③每上 3 辆客车才允许上两辆鲜货车，然后再允许上一辆货车。若等待的客车不足 3 辆时，用鲜货车填补，当等待的鲜货车不足两辆时，按客车优先于普通货车的原则填补；当没

有普通货车等待时，按客车优先于鲜货车的原则填补；④当装满 6 辆后则自动开船。

7. 算术表达式

输入算术表达式，计算出它的值。

以上选题仅供读者参考，读者也可根据实际情况进行选题设计。

参 考 文 献

[1] Will Ford，Willian Topp．Data Structures C++ [M]．Prentice Hall，Inc.，1996．

[2] Andrew S，Tarjan．Structured Computer Organization [M]．Prentice Hall，Inc.，1990．

[3] Clifford A．Shafffer．数据结构与算法分析(C++版)[M]．2 版．张铭，刘晓丹，译．北京：电子工业出版社，2010．

[4] 谭浩强．C 语言程序设计[M]．北京：清华大学出版社，1991．

[5] 严蔚敏，吴伟民．数据结构(C 语言版)[M]．北京：清华大学出版社，1997．

[6] 李筠，姜学军．数据结构[M]．北京：清华大学出版社，2008．

[7] 薛铁鹰．数据结构基础与应用[M]．北京：海洋出版社，2005．

[8] 陈锐．零基础学编程[M]．北京：机械工业出版社，2010．

[9] 曹玲焕，孙萍．C 语言程序设计[M]．北京：中国铁道出版社，2009．

[10] 耿国华．数据结构 C 语言描述[M]．西安：西安电子科技大学出版社，2002．

[11] 杨晓光．数据结构实例教程[M]．北京：清华大学出版社、北京交通大学出版社，2008．

[12] 崔进平，王聪华．数据结构[M]．北京：中国铁道出版社，2008．

[13] 许秀林，董杨琴．程序设计基础教程(C 语言与数据结构)[M]．北京：中国电力出版社，2005．

[14] 徐翠霞．数据结构案例教程(C 语言版)[M]．北京：北京大学出版社，2009．

全国高职高专计算机、电子商务系列教材推荐书目

【语言编程与算法类】

序号	书号	书名	作者	定价	出版日期	配套情况
1	978-7-301-13632-4	单片机 C 语言程序设计教程与实训	张秀国	25	2011	课件
2	978-7-301-15476-2	C 语言程序设计(第 2 版)(2010 年度高职高专计算机类专业优秀教材)	刘迎春	32	2011	课件、代码
3	978-7-301-14463-3	C 语言程序设计案例教程	徐翠霞	28	2008	课件、代码、答案
4	978-7-301-16878-3	C 语言程序设计上机指导与同步训练(第 2 版)	刘迎春	30	2010	课件、代码
5	978-7-301-17337-4	C 语言程序设计经典案例教程	韦良芬	28	2010	课件、代码、答案
6	978-7-301-09598-0	Java 程序设计教程与实训	许文宪	23	2010	课件、答案
7	978-7-301-13570-9	Java 程序设计案例教程	徐翠霞	33	2008	课件、代码、习题答案
8	978-7-301-13997-4	Java 程序设计与应用开发案例教程	汪志达	28	2008	课件、代码、答案
9	978-7-301-10440-8	Visual Basic 程序设计教程与实训	康丽军	28	2010	课件、代码、答案
10	978-7-301-15618-6	Visual Basic 2005 程序设计案例教程	靳广斌	33	2009	课件、代码、答案
11	978-7-301-17437-1	Visual Basic 程序设计案例教程	严学道	27	2010	课件、代码、答案
12	978-7-301-09698-7	Visual C++ 6.0 程序设计教程与实训(第 2 版)	王　丰	23	2009	课件、代码、答案
13	978-7-301-15669-8	Visual C++程序设计技能教程与实训——OOP、GUI 与 Web 开发	聂　明	36	2009	课件
14	978-7-301-13319-4	C#程序设计基础教程与实训	陈　广	36	2011	课件、代码、视频、答案
15	978-7-301-14672-9	C#面向对象程序设计案例教程	陈向东	28	2011	课件、代码、答案
16	978-7-301-16935-3	C#程序设计项目教程	宋桂岭	26	2010	课件
17	978-7-301-15519-6	软件工程与项目管理案例教程	刘新航	28	2011	课件、答案
18	978-7-301-12409-3	数据结构(C 语言版)	夏　燕	28	2011	课件、代码、答案
19	978-7-301-14475-6	数据结构(C#语言描述)	陈　广	28	2009	课件、代码、答案
20	978-7-301-14463-3	数据结构案例教程(C 语言版)	徐翠霞	28	2009	课件、代码、答案
21	978-7-301-18800-2	Java 面向对象项目化教程	张雪松	33	2011	课件、代码、答案
22	978-7-301-18947-4	JSP 应用开发项目化教程	王志勃	26	2011	课件、代码、答案
23	978-7-301-19821-6	运用 JSP 开发 Web 系统	涂　刚	34	2012	课件、代码、答案
24	978-7-301-19890-2	嵌入式 C 程序设计	冯　刚	29	2012	课件、代码、答案
25	978-7-301-19801-8	数据结构及应用	朱　珍	28	2012	课件、代码、答案

【网络技术与硬件及操作系统类】

序号	书号	书名	作者	定价	出版日期	配套情况
1	978-7-301-14084-0	计算机网络安全案例教程	陈　昶	30	2008	课件
2	978-7-301-16877-6	网络安全基础教程与实训(第 2 版)	尹少平	30	2011	课件、素材、答案
3	978-7-301-13641-6	计算机网络技术案例教程	赵艳玲	28	2008	课件
4	978-7-301-18564-3	计算机网络技术案例教程	宁芳露	35	2011	课件、习题答案
5	978-7-301-10226-8	计算机网络技术基础	杨瑞良	28	2011	课件
6	978-7-301-10290-9	计算机网络技术基础教程与实训	桂海进	28	2010	课件、答案
7	978-7-301-10887-1	计算机网络安全技术	王其良	28	2011	课件、答案
8	978-7-301-12325-6	网络维护与安全技术教程与实训	韩最蛟	32	2010	课件、习题答案
9	978-7-301-09635-2	网络互联及路由器技术教程与实训(第 2 版)	宁芳露	27	2010	课件、答案
10	978-7-301-15466-3	综合布线技术教程与实训(第 2 版)	刘省贤	36	2011	课件、习题答案
11	978-7-301-15432-8	计算机组装与维护(第 2 版)	肖玉朝	26	2009	课件、习题答案
12	978-7-301-14673-6	计算机组装与维护案例教程	谭　宁	33	2010	课件、习题答案
13	978-7-301-13320-0	计算机硬件组装和评测及数码产品评测教程	周　奇	36	2008	课件
14	978-7-301-12345-4	微型计算机组成原理教程与实训	刘辉珞	22	2010	课件、习题答案
15	978-7-301-16736-6	Linux 系统管理与维护(江苏省省级精品课程)	王秀平	29	2010	课件、习题答案
16	978-7-301-10175-9	计算机操作系统原理教程与实训	周　峰	22	2010	课件、答案
17	978-7-301-16047-3	Windows 服务器维护与管理教程与实训(第 2 版)	鞠光明	33	2010	课件、答案
18	978-7-301-14476-3	Windows2003 维护与管理技能教程	王　伟	29	2009	课件、习题答案
19	978-7-301-18472-1	Windows Server 2003 服务器配置与管理情境教程	顾红燕	24	2011	课件、习题答案

【网页设计与网站建设类】

序号	书号	书名	作者	定价	出版日期	配套情况
1	978-7-301-15725-1	网页设计与制作案例教程	杨森香	34	2011	课件、素材、答案

序号	书号	书名	作者	定价	出版日期	配套情况
2	978-7-301-15086-3	网页设计与制作教程与实训(第2版)	于巧娥	30	2011	课件、素材、答案
3	978-7-301-13472-0	网页设计案例教程	张兴科	30	2009	课件
4	978-7-301-17091-5	网页设计与制作综合实例教程	姜春莲	38	2010	课件、素材、答案
5	978-7-301-16854-7	Dreamweaver 网页设计与制作案例教程(2010 年度高职高专计算机类专业优秀教材)	吴 鹏	41	2010	课件、素材、答案
6	978-7-301-11522-0	ASP .NET 程序设计教程与实训(C#版)	方明清	29	2009	课件、素材、答案
7	978-7-301-13679-9	ASP .NET 动态网页设计案例教程(C#版)	冯 涛	30	2010	课件、素材、答案
8	978-7-301-10226-8	ASP 程序设计教程与实训	吴 鹏	27	2011	课件、素材、答案
9	978-7-301-13571-6	网站色彩与构图案例教程	唐一鹏	40	2008	课件、素材、答案
10	978-7-301-16706-9	网站规划建设与管理维护教程与实训(第2版)	王春红	32	2011	课件、答案
11	978-7-301-17175-2	网站建设与管理案例教程(山东省精品课程)	徐洪祥	28	2010	课件、素材、答案
12	978-7-301-17736-5	.NET 桌面应用程序开发教程	黄 河	30	2010	课件、素材、答案
13	978-7-301-19846-9	ASP .NET Web 应用案例教程	于 洋	26	2012	课件、素材

【图形图像与多媒体类】

序号	书号	书名	作者	定价	出版日期	配套情况
1	978-7-301-09592-8	图像处理技术教程与实训(Photoshop 版)	夏 燕	28	2010	课件、素材、答案
2	978-7-301-14670-5	Photoshop CS3 图形图像处理案例教程	洪 光	32	2010	课件、素材、答案
3	978-7-301-12589-2	Flash 8.0 动画设计案例教程	伍福军	29	2009	课件
4	978-7-301-13119-0	Flash CS 3 平面动画案例教程与实训	田启明	36	2008	课件
5	978-7-301-13568-6	Flash CS3 动画制作案例教程	俞 欣	25	2011	课件、素材、答案
6	978-7-301-15368-0	3ds max 三维动画设计技能教程	王艳芳	28	2009	课件
7	978-7-301-14473-2	CorelDRAW X4 实用教程与实训	张祝强	35	2011	课件
8	978-7-301-10444-6	多媒体技术与应用教程与实训	周承芳	32	2011	课件
9	978-7-301-17136-3	Photoshop 案例教程	沈道云	25	2011	课件、素材、视频
10	978-7-301-19304-4	多媒体技术与应用案例教程	刘辉珞	34	2011	课件、素材、答案

【数据库类】

序号	书号	书名	作者	定价	出版日期	配套情况
1	978-7-301-10289-3	数据库原理与应用教程(Visual FoxPro 版)	罗 毅	30	2010	课件
2	978-7-301-13321-7	数据库原理及应用 SQL Server 版	武洪萍	30	2010	课件、素材、答案
3	978-7-301-13663-8	数据库原理及应用案例教程(SQL Server 版)	胡锦丽	40	2010	课件、素材、答案
4	978-7-301-16900-1	数据库原理及应用(SQL Server 2008 版)	马桂婷	31	2011	课件、素材、答案
5	978-7-301-15533-2	SQL Server 数据库管理与开发教程与实训(第2版)	杜兆将	32	2010	课件、素材、答案
6	978-7-301-13315-6	SQL Server 2005 数据库基础及应用技术教程与实训	周 奇	34	2011	课件
7	978-7-301-15588-2	SQL Server 2005 数据库原理与应用案例教程	李 军	27	2009	课件
8	978-7-301-16901-8	SQL Server 2005 数据库系统应用开发技能教程	王 伟	28	2010	课件
9	978-7-301-17174-5	SQL Server 数据库实例教程	汤承林	38	2010	课件、习题答案
10	978-7-301-17196-7	SQL Server 数据库基础与应用	贾艳宇	39	2010	课件、习题答案
11	978-7-301-17605-4	SQL Server 2005 应用教程	梁庆枫	25	2010	课件、习题答案

【电子商务类】

序号	书号	书名	作者	定价	出版日期	配套情况
1	978-7-301-10880-2	电子商务网站设计与管理	沈凤池	32	2011	课件
2	978-7-301-12344-7	电子商务物流基础与实务	邓之宏	38	2010	课件、习题答案
3	978-7-301-12474-1	电子商务原理	王 震	34	2008	课件
4	978-7-301-12346-1	电子商务案例教程	龚 民	24	2010	课件、习题答案
5	978-7-301-12320-1	网络营销基础与应用	张冠凤	28	2008	课件、习题答案
6	978-7-301-18604-6	电子商务概论（第2版）	于巧娥	33	2012	课件、习题答案

【专业基础课与应用技术类】

序号	书号	书名	作者	定价	出版日期	配套情况
1	978-7-301-13569-3	新编计算机应用基础案例教程	郭丽春	30	2009	课件、习题答案
2	978-7-301-18511-7	计算机应用基础案例教程(第2版)	孙文力	32	2011	课件、习题答案
3	978-7-301-16046-6	计算机专业英语教程(第2版)	李 莉	26	2010	课件、答案
4	978-7-301-19803-2	计算机专业英语	徐 娜	30	2012	课件、素材、答案

电子书(PDF 版)、电子课件和相关教学资源下载地址：http://www.pup6.cn，欢迎下载。

联系方式：010-62750667，liyanhong1999@126.com.，linzhangbo@126.com，欢迎来电来信。